AF571079

EUL
VERLAG

Entwicklung eines Modells zur situationsadäquaten Implementierung von Supply Chain Risikomanagement

Vom Promotionsausschuss der

Technischen Universität Hamburg-Harburg

zur Erlangung des akademischen Grades

Doktor-Ingenieur

genehmigte Dissertation

von

Max Feser

aus

Hamburg

2015

1. Gutachter:	Prof. Dr. Dr. h. c. Wolfgang Kersten Institut für Logistik und Unternehmensführung Technische Universität Hamburg-Harburg
2. Gutachter:	Prof. Dr.-Ing. Carlos Jahn Institut für Maritime Logistik Technische Universität Hamburg-Harburg

Tag der mündlichen Prüfung: 12. Oktober 2015

Reihe: Supply Chain, Logistics and Operations Management · Band 21
Herausgegeben von Prof. Dr. Dr. h. c. Wolfgang Kersten, Hamburg

Max Feser

Entwicklung eines Modells zur situationsadäquaten Implementierung von Supply Chain Risikomanagement

Mit einem Geleitwort von Prof. Dr. Dr. h. c. Wolfgang Kersten,
Technische Universität Hamburg-Harburg

Bibliografische Information der Deutschen Nationalbibliothek

Die Deutsche Nationalbibliothek verzeichnet diese Publikation in der Deutschen Nationalbibliografie; detaillierte bibliografische Daten sind im Internet über <http://dnb.d-nb.de> abrufbar.

Dissertation, Technische Universität Hamburg-Harburg, 2015

ISBN 978-3-8441-0432-5
1. Auflage Dezember 2015

JOSEF EUL VERLAG GmbH
Brandsberg 6
53797 Lohmar
Tel.: 0 22 05 / 90 10 6-6
Fax: 0 22 05 / 90 10 6-88
E-Mail: info@eul-verlag.de
http://www.eul-verlag.de

Bei der Herstellung unserer Bücher möchten wir die Umwelt schonen. Dieses Buch ist daher auf säurefreiem, 100% chlorfrei gebleichtem, alterungsbeständigem Papier nach DIN 6738 gedruckt.

Geleitwort

Kaum ein Unternehmen kann heute noch ohne Supply Chain Management im Wettbewerb bestehen und attraktive Produkte und Dienstleistungen wirtschaftlich anbieten. Die verstärkte Verbreitung von modernen Informations- und Kommunikationstechnologien ermöglicht dabei die effiziente Steuerung global verzweigter Wertschöpfungsketten. Supply Chains sind allerdings auch von einer Vielzahl von Supply Chain Risiken bedroht, die zu erheblichen negativen Auswirkungen führen können. Unternehmen greifen deshalb verstärkt auf das Konzept des Supply Chain Risikomanagements (SCRM) zurück, um Supply Chain Risiken zu erkennen, diese zu bewerten und geeignete Maßnahmen zur Beherrschung zu ergreifen.

Herr Feser greift in seiner Arbeit dieses Thema auf und entwickelt ein Modell, das die Implementierung von SCRM unterstützt. Da in der Praxis unterschiedliche Anforderungen an die Implementierung von SCRM beobachtet werden können, wird in seinem Modell der Fokus auf eine situationsadäquate Ableitung von Gestaltungsempfehlungen gelegt. Die Arbeit zeigt Schritt für Schritt auf, welche Elemente bei der Einführung eines SCRM eine Rolle spielen. Neben der Einbettung in den spezifischen Kontext eines Unternehmens werden organisatorische, informationstechnologische und personelle Aspekte in die Betrachtung einbezogen. Weiterhin wird der Einsatz von geeigneten Methoden für die einzelnen Phasen des SCRM-Prozesses betrachtet. Die Implementierung von SCRM anhand dieser Systematik hilft Unternehmen besser mit der Vielzahl von Supply Chain Risiken umzugehen und trägt zur Wettbewerbsfähigkeit von Supply Chains bei.

Die von Herrn Feser entwickelte Vorgehensweise basiert auf einer detaillierten Literaturanalyse sowie einer umfangreichen empirischen Untersuchung und wurde gemeinsam mit Praxispartnern evaluiert. Die erzielten Ergebnisse sind sowohl für die Wissenschaft als auch für die Praxis von Bedeutung, so dass der Arbeit eine möglichst große Verbreitung zu wünschen ist.

Hamburg, November 2015 Prof. Dr. Dr. h. c. Wolfgang Kersten

Vorwort

Die vorliegende Dissertation ist während meiner Zeit als wissenschaftlicher Mitarbeiter am Institut für Logistik und Unternehmensführung an der Technischen Universität Hamburg-Harburg entstanden. Mein besonderer Dank gilt Herrn Prof. Dr. Dr. h. c. Wolfgang Kersten für die Betreuung der Arbeit. Aufgrund seiner Expertise im Forschungsfeld Supply Chain Risikomanagement wurde meine Neugierde für das gewählte Thema geweckt und hilfreiche Diskussionen haben zum Entstehen dieser Arbeit maßgeblich beigetragen. Mein herzlicher Dank gilt Herrn Prof. Dr.-Ing. Martin Kaltschmitt für die Übernahme des Prüfungsausschussvorsitzes sowie Herrn Prof. Dr.-Ing. Carlos Jahn für die Betreuung als Zweitgutachter.

Für den stetigen wissenschaftlichen Diskurs und der angenehmen Arbeitsatmosphäre bin ich allen Kolleginnen und Kollegen am Institut zum Dank verpflichtet. Insbesondere der fachliche Austausch mit Frau Dr. Meike Schröder hat wertvollen Input geliefert und zum Gelingen dieser Arbeit beigetragen. Für die hilfreiche Unterstützung durch die studentischen Hilfskräfte bedanke ich mich ebenfalls.

Ohne die Bereitschaft der befragten und interviewten Vertreter aus der Wirtschaft wäre diese Forschungsarbeit nicht möglich gewesen. Ich bedanke mich für die gewährten Einblicke.

Meiner Familie und insbesondere meinen Eltern bin ich zu besonderem Dank verpflichtet. Die Zeit des wissenschaftlichen Arbeitens wurde weiterhin von allen meinen Freunden und meiner Freundin in vielfältiger und nicht zu ersetzender Weise unterstützt.

Hamburg, November 2015 Max Feser

Inhaltsverzeichnis

ABBILDUNGSVERZEICHNIS .... **XIII**

TABELLENVERZEICHNIS .... **XV**

ABKÜRZUNGSVERZEICHNIS .... **XVII**

1 EINLEITUNG **1**

1.1 . AUSGANGSSITUATION UND PROBLEMSTELLUNG 1

1.2 . ZIEL DER ARBEIT 2

1.3 . AUFBAU DER ARBEIT 4

2 STAND DER FORSCHUNG **7**

2.1 . RISIKO UND RISIKOMANAGEMENT 7

2.1.1 Risikoverständnis **7**

2.1.2 Grundlagen des Risikomanagements **9**

2.1.3 Gesetzliche Notwendigkeit und internationale Standards **11**

2.1.4 Organisation des Risikomanagements **15**

2.2 . SUPPLY CHAIN UND SUPPLY CHAIN MANAGEMENT 20

2.2.1 Supply Chain **20**

2.2.2 Supply Chain Management **23**

2.3 . IMPLEMENTIERUNG 25

2.3.1 Der situative Ansatz **28**

2.3.2 Hindernisse und Erfolgsfaktoren **30**

2.4 . SUPPLY CHAIN RISIKOMANAGEMENT 31

2.4.1 Definition und Abgrenzung **32**

2.4.1.1 Supply Chain-Risiko *32*

2.4.1.2 Supply Chain Risikomanagement *34*

2.4.2 Ziele und Aufgaben des Supply Chain Risikomanagements **36**

2.4.2.1 Supply Chain Risikomanagement-Ansätze *36*

2.4.2.2 Supply Chain Risikomanagement-Prozess 37

2.5 . Supply Chain Risikomanagement-Implementierung 43

2.5.1 Definition der Supply Chain Risikomanagement-Implementierung .. 43

2.5.2 Supply Chain Risikomanagement-Implementierungsansätze 44

2.6 . Grundlagen der Entscheidungstheorie und Einführung in Entscheidungsunterstützungssysteme 50

2.6.1 Entscheidungstheorie 50

2.6.2 Multiattributive Entscheidungsverfahren 53

2.6.3 Entscheidungsunterstützungssysteme 56

2.6.4 Wissens- und expertenbasierte Systeme 58

2.6.5 Zusammenführung von Entscheidungsunterstützungssystemen und Expertensystemen 61

2.7 . Fazit zum Stand der Forschung und Ableitung von Gestaltungsempfehlungen 64

3 STAND DER PRAXIS 67

3.1 . Gang der Untersuchung und verwendeter Forschungsansatz 67

3.2 . Basisanalyse 74

3.3 . Detailanalyse 84

3.3.1 Fokusgruppe: Anforderungen an die Supply Chain Risikomanagement-Implementierung 85

3.3.2 Experteninterviews zu rechtlichen Aspekten 96

3.3.3 Fallstudienforschung: Ist-Analyse des Implementierungsprozesses 103

3.4 . Fazit zum Stand der Praxis 118

4 MODELLENTWICKLUNG ZUR SITUATIONSADÄQUATEN IMPLEMENTIERUNG EINES SUPPLY CHAIN RISIKOMANAGEMENTS 121

4.1 . Zielformulierung und Anforderungsanalyse 121

4.2 . ENTWICKLUNG DES MODELLS 125

4.2.1 Grundstruktur 125

4.2.1.1 Vorbereitungsphase 125

4.2.1.2 Implementierungsphase 128

4.2.1.3 Dauerhafte Anwendung 134

4.2.2 Berücksichtigte situative Faktoren und Entscheidungsregeln 135

4.2.3 Situative Ausgestaltung des Modells 138

4.2.4 Berücksichtigtes Expertenwissen 141

4.2.5 Ausgabe von Handlungsempfehlungen 141

4.3 . PROTOTYPISCHE SOFTWARE-UMSETZUNG DES MODELLS 143

4.4 . VERIFIZIERUNG DES MODELLS MIT HILFE DER ANFORDERUNGEN 146

5 PRAKTISCHE EVALUATION DES MODELLS 149

5.1 . GANG DER EVALUATION 149

5.2 . ERGEBNISSE DER DISKUSSION ZUR PROTOTYPISCHEN ANWENDUNG DES MODELLS 150

5.3 . KRITISCHE WÜRDIGUNG DER ERGEBNISSE UND GESTALTUNGSEMPFEHLUNGEN ... 160

6 SCHLUSSBETRACHTUNG 165

6.1 . ZUSAMMENFASSUNG 165

6.2 . AUSBLICK 169

ANHANG 171

LITERATURVERZEICHNIS 205

GESETZE 227

Abbildungsverzeichnis

Abb. 1-1: Aufbau der Arbeit ... 4
Abb. 2-1: Unsicherheitsarten ... 8
Abb. 2-2: Elemente eines Risikomanagements ... 10
Abb. 2-3: Kontrollinstanzen des Risikomanagements ... 13
Abb. 2-4: Organisationsformen des Risikomanagements ... 17
Abb. 2-5: Aufbau- und Ablauforganisation des Risikomanagements ... 19
Abb. 2-6: Supply Chain-Modell ... 21
Abb. 2-7: Supply Chain Management-Modell ... 24
Abb. 2-8: Implementierungskonzept ... 26
Abb. 2-9: Einteilung von Ansätzen der Reorganisationsforschung ... 26
Abb. 2-10: Situativer Ansatz ... 29
Abb. 2-11: Verständnis eines Supply Chain-Risikos ... 33
Abb. 2-12: Exemplarische Supply Chain-Risikomatrix ... 39
Abb. 2-13: Beispielhafte organisatorische Verankerung eines SCRM ... 49
Abb. 2-14: Elemente der präskriptiven Entscheidungstheorie ... 52
Abb. 2-15: Grundstruktur eines EUS ... 57
Abb. 2-16: Elemente wissensbasierter Systeme ... 60
Abb. 3-1: Gang der Untersuchung ... 67
Abb. 3-2: Mixed Method-Ansätze ... 70
Abb. 3-3: Verteilung nach Supply Chain-Stufe ... 76
Abb. 3-4: Weitere Branchenzugehörigkeit ... 77
Abb. 3-5: Verteilung nach Unternehmensgröße ... 77
Abb. 3-6: Position der Befragten ... 78
Abb. 3-7: Stand des SCRM-Einsatzes ... 79
Abb. 3-8: Stand des SCRM-Einsatzes nach Unternehmensgröße ... 80
Abb. 3-9: Organisatorische Einbettung des eingesetzten SCRM ... 81
Abb. 3-10: Einsatz von SCRM-Instrumenten der Steuerung auf Beschaffungsseite ... 82
Abb. 3-11: Kategoriensystem der rechtlichen Experteninterviews ... 97
Abb. 3-12: Kategorie Gesetze ... 98
Abb. 3-13: Kategorie SCRM ... 101
Abb. 3-14: Erhebungszeitraum und -arten der Fallstudien ... 105
Abb. 3-15: Kategoriensystem der Fallstudien ... 111
Abb. 4-1: Systematisierung von Modellzwecken ... 122
Abb. 4-2: Zielsetzung und Anforderungen an die Modellentwicklung ... 124
Abb. 4-3: Phasen des Modells ... 125
Abb. 4-4: Ebene der Vorbereitungsphase ... 126
Abb. 4-5: Ebenen der Implementierungsphase ... 128

Abb. 4-6: Zentrale Navigationsmaske und dazugehöriges Hilfefenster 143
Abb. 4-7: Methodenausgabe der Risikoidentifikations- und Risikoanalysephase 144
Abb. 4-8: Methodensuche und -eingabe 145
Abb. 4-9: Soll-Ist-Abgleich der Vorbereitung und Eingabe der Regelbasis 146
Abb. 5-1: Ablauf der praktischen Evaluierung 149

Tabellenverzeichnis

Tab. 2-1: SCRM-Definitionen 35
Tab. 2-2: Exemplarischer Katalog von Supply Chain-Risiken 38
Tab. 2-3: Exemplarischer Maßnahmenplan eines SCRM 41
Tab. 2-4: Exemplarischer Berichtsbogen eines SCRM 42
Tab. 2-5: Literaturrecherche situative Implementierung eines SCRM 45
Tab. 2-6: Aufbau einer Ergebnismatrix 54
Tab. 2-7: Eigenschaften von menschlichen Experten 61
Tab. 2-8: Unterschiede von EUS und XPS 62
Tab. 2-9: Vor- und Nachteile von regelbasierten Systemen 63
Tab. 2-10: Gestaltungsempfehlungen aus dem Stand der Forschung 65
Tab. 3-1: Vor- und Nachteile von ausgewählten Forschungsmethoden 69
Tab. 3-2: Vor- und Nachteile von Mixed Method 72
Tab. 3-3: Einfluss von Supply Chain-Risikotreibern 83
Tab. 3-4: Bewertung von Hindernissen zur SCRM-Implementierung 84
Tab. 3-5: Zusammensetzung der Fokusgruppe 86
Tab. 3-6: Gruppierung von Hindernissen zur SCRM-Implementierung 88
Tab. 3-7: Gruppierung von situativen Faktoren 89
Tab. 3-8: Interviewpartner zu rechtlichen Aspekten 96
Tab. 3-9: Kategorie Ordnungsgemäße Unternehmensführung 100
Tab. 3-10: Informationen zu Unternehmen der Fallstudien 108
Tab. 3-11: Unterkategorie Unternehmensgröße 112
Tab. 3-12: Strukturelle Aspekte 114
Tab. 3-13: Erfolgsfaktoren für eine SCRM-Implementierung 116
Tab. 3-14: Hindernisse für eine SCRM-Implementierung 117
Tab. 3-15: Status quo der SCRM-Implementierung 118
Tab. 3-16: Gestaltungsempfehlungen aus dem Stand der Praxis 119
Tab. 4-1: Strukturelle Aspekte und deren Ausprägungen in der Vorbereitungsphase 126
Tab. 4-2: Beispielhafte Methodenkarte 131
Tab. 4-3: Ausprägungen der strukturellen Aspekte in der Implementierungsphase 132
Tab. 4-4: Situative Faktoren und deren Ausprägungen 136
Tab. 4-5: Beispielhafter Auszug aus den Entscheidungsregeln (strukturelle Ebene) 138
Tab. 4-6: Beispielhafter Auszug aus der Ergebnismatrix (prozessuale Ebene) ... 139
Tab. 4-7: Beispielhafter Auszug aus der Ergebnismatrix (strukturelle Ebene) 141
Tab. 4-8: Beispielhafte Darstellung der Methodenausgabe (prozessuale Ebene) 142

Tab. 4-9: Beispielhafte Darstellung der Methodenausgabe (prozessuale Ebene) ... 142
Tab. 4-10: Verifizierung des Modells mit Hilfe der Anforderungen ... 148
Tab. 5-1: Teilnehmer der Fokusgruppe ... 151
Tab. 5-2: Teilnehmer des Expertenworkshops ... 152
Tab. 5-3: Workshopteilnehmer ... 154
Tab. 5-4: Gewählte Ausprägungen der situativen Faktoren ... 156
Tab. 5-5: Nach Nutzwert sortierte Ausgabe von Methoden in der Steuerungsphase ... 157
Tab. 5-6: Ist- und Soll-Werte der Vorbereitungsphase auf struktureller Ebene ... 159

Abkürzungsverzeichnis

Abs.	Absatz
AI	Artificial Intelligence
AktG	Aktiengesetz
Art.	Artikel
BDSG	Bundesdatenschutzgesetz
BGB	Bürgerliches Gesetzbuch
BilMoG	Bilanzrechtsmodernisierungsgesetz
BWE	Bundesverband WindEnergie
Co	Controlling
COSO	Committee of Sponsoring Organizations of the Treaway Commission
DCGK	Deutscher Corporate Governance Kodex
DIN	Deutsches Institut für Normung
DRS	Deutscher Rechnungslegungs Standard
EEG	Erneuerbare-Energien-Gesetz
EKG	Elektrokardiograph
ERP	Enterprise Resource Planning
EUS	Entscheidungsunterstützungssystem
EUS/XPS	Kombination aus Entscheidungsunterstützungs- und Expertensystem
F&E	Forschung & Entwicklung
FMEA	Fehler-, Möglichkeits- und Einflussanalyse
GmbHG	Gesetz betreffend die Gesellschaften mit beschränkter Haftung
HAZOP	Hazard and Operability Study
HGB	Handelsgesetzbuch
IDW	Institut der Deutschen Wirtschaftsprüfer
IKT	Informations- und Kommunikationstechnik
ISO	International Organization for Standardization
IT	Informationstechnologie
KI	Künstliche Intelligenz
KonTraG	Gesetz zur Kontrolle und Transparenz im Unternehmensbereich
MADM	Multiple Attribute Decision Making
MCDM	Multiple Criteria Decision Making
MODM	Multiple Objective Decision Making
MPG	Medizinproduktegesetz

OEM	Anlagenhersteller (Original Equipment Manufacturer)
PESTEL	Political, Economic, Sociological, Technological, Environmental & Legal
ProdHaftG	Produkthaftungsgesetz
PS	Prüfungsstandard
RM	Risikomanagement
SBA	System Business Area
SC	Supply Chain
SCOR	Supply Chain Operations Reference
SCRM	Supply Chain Risikomanagement
SGB	Schmalenbach-Gesellschaft für Betriebswirtschaft e.V.
SOA	Sarbanes Oxley Act
StGB	Strafgesetzbuch
SWOT	Strengths, Weaknesses, Opportunities, and Threats
US	Vereinigte Staaten
USA	Vereinigte Staaten von Amerika
UWG	Gesetz gegen unlauteren Wettbewerb
VBA	Visual Basic for Applications
XPS	Expertensystem

1 Einleitung

Unternehmen greifen zunehmend auf Techniken des Supply Chain Managements zurück, um die Vorteile verteilter Wertschöpfung zu nutzen. Eine Reihe von Supply Chain Risiken können allerdings dazu führen, dass ganze Wertschöpfungsnetzwerke mit negativen Auswirkungen konfrontiert sind. Daher bietet sich das Betreiben eines Supply Chain Risikomanagements (SCRM) zur Beherrschung solcher Risiken an. Im Folgenden wird die Aktualität des Themas hervorgehoben, um anschließend das Ziel und den Aufbau der Arbeit vorzustellen.

1.1 Ausgangssituation und Problemstellung

Supply Chain Management verfolgt das Ziel, einen möglichst hohen Kundennutzen durch die Koordination unternehmensinterner und -externer Prozesse zu erzielen und dabei ein möglichst positives Ergebnis für alle beteiligten Supply Chain-Partner zu erwirtschaften (vgl. Beckmann 2004, S. 4; Lambert & Cooper 2000, S. 66; Mentzer et al. 2001, S. 18). Dabei stehen Supply Chains vermehrt im gegenseitigen Wettbewerb, so dass Programme zur Effizienzsteigerung gestartet werden (vgl. Christopher & Peck 2004, S. 1; Sheffi 2005, S. 210). Insbesondere in den 1990er Jahren wurden Initiativen, die mit Hilfe von Kosteneinsparungen oder einer Verringerung der Aktivseite der Bilanzen zu einer erhöhten Wettbewerbsfähigkeit von Supply Chains führen sollten, propagiert (vgl. Sodhi & Tang 2012, S. 6). Produzierende Unternehmen verfügen als Folge dieser Entwicklung heutzutage vermehrt über globale und komplexe Wertschöpfungsnetzwerke, die häufig mit reduzierten Lagerbeständen arbeiten (vgl. Jüttner 2005, S. 134). Diese Art von Wertschöpfungsnetzwerken sind verwundbar und werden mit einer Vielzahl von Supply Chain-Risiken konfrontiert (vgl. Ghadge et al. 2012, S. 314).

Im Jahr 2011 haben ein Erdbeben und ein dadurch ausgelöster Tsunami in Japan der Weltbevölkerung die verheerende Wirkung von Naturkatastrophen wieder einmal vor Augen geführt. Dieses Ereignis zeigte die weltweite Vernetzung von Wertschöpfungspartnern sowie deren Verwundbarkeit auf (vgl. Park et al. 2013; Punter 2013). Eine Supply Chain kann jedoch ebenso durch den Ausfall eines Partners oder durch ein Qualitätsproblem eines einzelnen Bauteils gestört werden (vgl. Supply Chain Council 2012, S. 3.2.5). Dieser Vielzahl von potentiellen Ereignissen bedarf es in einem systematischen Ansatz zu begegnen.

In der Wissenschaft hat sich das Forschungsfeld SCRM, welches an Lösungskonzepten für diese Problemstellung arbeitet, etabliert (vgl. Paulsson 2004, S. 80). Es existiert eine Reihe von Ansätzen, die unter anderem ein gemeinsames Verständnis begründen, dass zur Beherrschung von Supply Chain-Risiken ein iterativer Prozess durchlaufen werden sollte (vgl. Ghadge et al. 2012, S. 322): Zunächst sind Supply Chain-Risiken zu identifizieren. Anschließend ist es zweckmäßig eine Bewertung der identifizierten Supply Chain-Risiken vorzunehmen und auf dieser Grundlage eine Priorisierung durchzuführen. Im Anschluss sind geeigneter Maßnahmen zur Steuerung einzusetzen. Die Effektivität dieser Maßnahmen sollte abschließend überwacht und das gesamte SCRM kontrolliert werden.

Hinsichtlich der Implementierung von SCRM existieren einige konzeptionelle Arbeiten. Ein standardisiertes Konzept hat sich bisher allerdings nicht durchsetzen können, so dass weiterer Forschungsbedarf in diesem Gebiet besteht (vgl. Pfohl et al. 2010, S. 43). Auch in der Praxis wird nach geeigneten Ansätzen zur SCRM-Implementierung gesucht, da ein hoher Bedarf, aber auch ein niedriger Grad der Anwendung des Konzepts zu beobachten ist (vgl. Sodhi & Tang 2012, S. 7f.).

Viele SCRM-Ansätze postulieren generische Konzepte. Kajüter (2007, S. 19) weist allerdings darauf hin, „[...] dass es eine für alle Unternehmen bzw. Supply Chains generell gültige optimale Gestaltungsalternative für das [Supply Chain] Risikomanagement nicht gibt, sondern die Eignung alternativer Lösungen von der Ausprägung bestimmter Kontextfaktoren abhängt." Zur situationsadäquaten Implementierung lässt sich auf die Kontingenztheorie zurückgreifen (vgl. Ritchie & Brindley 2004, S. 36).

Die Implementierung eines SCRM geht mit einer Vielzahl von Entscheidungen einher. Für die einzelnen SCRM-Prozessphasen sind geeignete Methoden auszuwählen (vgl. Jüttner et al. 2003, S. 203). Weiterhin sind Gestaltungsempfehlungen für eine organisatorische Einbettung zu geben (vgl. Ziegenbein 2007, S. 120ff.). Hierfür lassen sich Erkenntnisse aus der Entscheidungstheorie heranziehen und auf das Forschungsthema dieser Arbeit anwenden.

1.2 Ziel der Arbeit

Die Ausgangssituation und die beschriebene Problemstellung zeigen einen Forschungsbedarf auf, aus dem sich folgendes Ziel für diese Arbeit ableiten lässt:

Die Entwicklung eines Modells zur situationsadäquaten Implementierung eines Supply Chain Risikomanagements (SCRM).

Das Forschungsthema ist den anwendungsorientierten Wissenschaften zuzuordnen, da eine praxistaugliche Lösung für das zugrunde liegende Problem generiert wird (vgl. Ulrich 1970, S. 138f.). Das Forschungsvorgehen orientiert sich hierbei an Ulrich (1970), der die Bedeutung der angewandten Forschung hervorhebt und aufzeigt, wie betriebs- und ingenieurwissenschaftliche Ansätze gemeinsam zur Lösung von systemtheoretischen Fragestellungen genutzt werden können. In dieser Arbeit ist das Ziel des Systems die Unterstützung einer situationsadäquaten SCRM-Implementierung. Hierbei werden Ansätze der Entscheidungstheorie im Rahmen einer Modellentwicklung genutzt. Zur Gewährleistung der Anwendbarkeit des Modells wird dieses nach Anforderungen sowohl aus der Theorie als auch Praxis, die in dieser Arbeit abgeleitet und erhoben werden, entwickelt. Als Implementierungsobjekt steht hierbei das SCRM im Fokus der Betrachtung, welches Schnittmengen zur Betriebswirtschaftslehre, Logistik und Informatik aufweist. Die Betriebswirtschaftslehre bietet Lösungsansätze hinsichtlich organisatorischer Fragestellungen der SCRM-Implementierung. Zur Planung, Steuerung und Kontrolle der betrachteten Flüsse wird auf Theorien der Logistik zurückgegriffen. Diese ist wie die Informatik als interdisziplinäre Wissenschaft einzuordnen und umfasst natur- sowie ingenieurwissenschaftliche Lösungsansätze (vgl. Klaus 2008, S. 884).

Zur Erreichung des Forschungsziels wird eine Aufgliederung in folgende Forschungsfragen, die im Laufe der Arbeit untersucht werden, vorgenommen:

- Welche Anforderungen können für eine SCRM-Implementierung aus der Theorie und Praxis abgeleitet werden?
- Welche situativen Faktoren beeinflussen eine SCRM-Implementierung?
- Welche rechtlichen Aspekte wirken sich auf eine SCRM-Implementierung aus?
- Welche Ebenen umfasst eine SCRM-Implementierung?
- Wie wird SCRM in der Praxis unternehmensspezifisch umgesetzt?
- Welche Entscheidungen zur situationsadäquaten Implementierung eines SCRM kann ein Modell unterstützen?

Nachfolgend wird das mehrstufige Forschungsvorgehen der Arbeit beschrieben.

1.3 Aufbau der Arbeit

Abb. 1-1 illustriert den Aufbau der Arbeit in einer komprimierten Form.

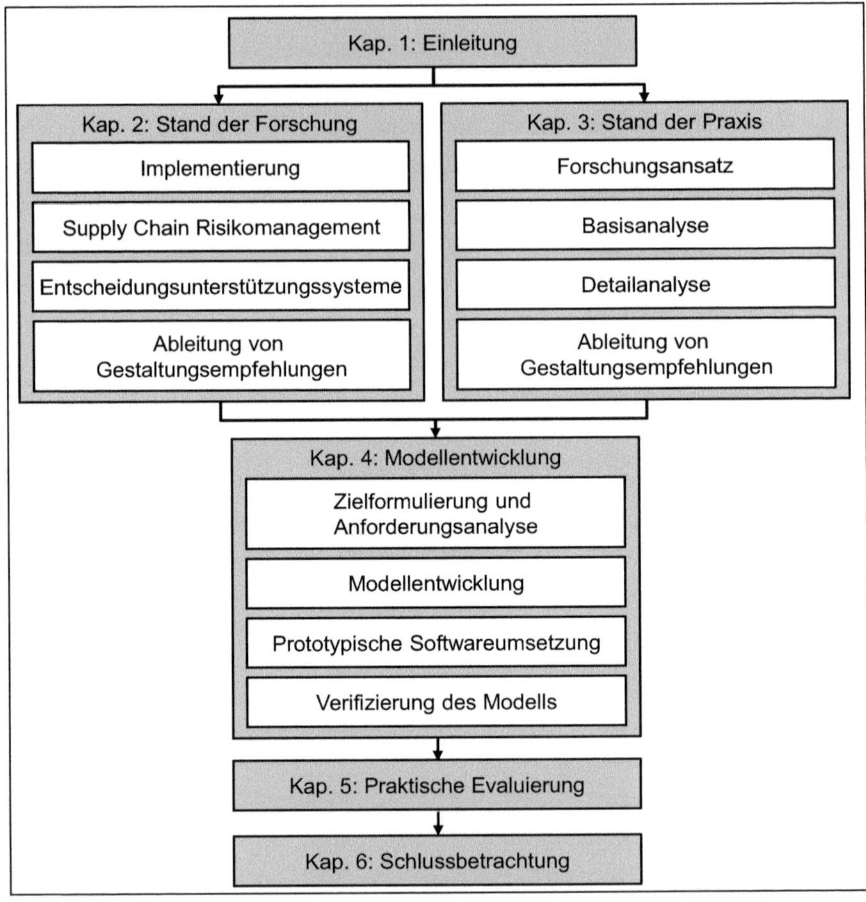

Abb. 1-1: Aufbau der Arbeit
Quelle: eigene Darstellung

Nach der Einleitung in diesem Kapitel erfolgt zunächst eine Literaturanalyse, um den Forschungsbedarf ableiten zu können. Weiterhin werden Gestaltungsempfehlungen für die Entwicklung des Modells aus Erkenntnissen bereits existierender Ansätze identifiziert (vgl. Kap. 2). Diese Gestaltungsempfehlungen werden mit Hilfe empirischer Untersuchungen um Aspekte aus der Praxis ergänzt (vgl. Kap. 3). Zur Untersuchung der Forschungsfragen ist ein Forschungsvorgehen gewählt worden, das sowohl quantitative als auch qualitative Elemente umfasst. In Kap. 4 erfolgt die Modellentwicklung, wofür einleitend die Zielsetzung präzisiert wird und Anforderungen definiert werden. Anschließend erfolgt die Ergebnisdarstellung des entwickelten Modells. Die Ergebnisse sind weiterhin in Form einer prototypischen Software umgesetzt worden. Das Kapitel schließt mit einer Verifizierung des Modells mit Hilfe von Anforderungen ab. Die Evaluierung erfolgt mit Praxisvertretern (vgl. Kap. 5). Abschließend umfasst Kap. 6 eine Schlussbetrachtung.

2 Stand der Forschung

In diesem Kapitel werden notwendige theoretische Grundlagen diskutiert, sowie der Stand der Forschung aufgezeigt. Einleitend wird das Risikomanagement behandelt (vgl. Kap. 2.1). Anschließend werden die für diese Arbeit relevanten Grundlagen des Supply Chain Managements (vgl. Kap. 2.2) sowie der Implementierung gegeben (vgl. Kap. 2.3). Diese Themenbereiche werden bei der Betrachtung des SCRM (vgl. Kap. 2.4) bzw. der Implementierung eines SCRM (vgl. Kap. 2.5) zusammengefügt. In Kap. 2.6 werden Theorien zur Entscheidungsunterstützung diskutiert. Abschließend erfolgt eine Zusammenfassung in Form eines Fazits sowie die Ableitung von Gestaltungsempfehlungen für die spätere Modellentwicklung (vgl. Kap. 2.7).

2.1 Risiko und Risikomanagement

In diesem Abschnitt wird zunächst das dieser Arbeit zugrunde liegende Verständnis des Begriffs Risiko abgeleitet (vgl. Kap. 2.1.1). Darauf aufbauend erfolgt eine Einführung in die Grundlagen des Risikomanagements (vgl. Kap. 2.1.2). Kap. 2.1.3 erörtert, welche gesetzlichen Grundlagen und internationalen Standards für die Ausgestaltung eines Risikomanagements existieren. Abschließend werden mögliche Organisationsformen des Risikomanagements dargestellt (vgl. Kap. 2.1.4).

2.1.1 Risikoverständnis

Der Begriff Risiko wird je nach Kontext unterschiedlich interpretiert, so dass es im jeweiligen Forschungsbereich zweckmäßig ist, eine Abgrenzung vorzunehmen (vgl. Luhmann 1991, S. 9). Umgangssprachlich wird mit Risiko häufig eine Gefahr assoziiert, so dass ein negatives Verständnis zugrunde liegt (vgl. Kratzheller 1997, S. 12). Positive Abweichungen von etwas Erwartetem werden dagegen in der Alltagssprache mit dem Begriff Chance verbunden (vgl. Jonen 2007, S. 26). Von einer Unterscheidung zwischen positiven und negativen Abweichungen wird abstrahiert, wenn davon ausgegangen wird, dass unternehmerisches Handeln risikobehaftet ist und es daher keine sicheren Entscheidungen gibt (vgl. Luhmann 1991, S. 30). In diesem Zusammenhang definiert Haller (1986a, S. 18) Risiko als die „[...] Summe der Möglichkeiten, daß sich Erwartungen des Systems Unternehmung aufgrund von Störprozessen nicht erfüllen“. In der Entscheidungstheorie wird dieses Verständnis aufgegriffen und angenommen, dass es grundsätzlich eine negative als auch positive Streuung vom Erwartungswert geben kann (Arrow 1965, S. 12). Diese Streuung wird durch Unsicherheit bestimmt, welche den Zustand beschreibt, dass Entscheidungen unter unvollständigen Informationen getroffen werden müssen und der Zielzustand nicht mit Sicherheit vorhergesagt werden kann (vgl. Kratzheller 1997, S. 12). Diese Informationsstände werden seit Knight (1921, S. 20) in quantifizierbare und nicht-quantifizierbare Unsicherheit unterschieden. Für die Quantifizierung eignen sich die Dimensionen Eintrittswahrscheinlichkeit und Ausmaß der Abweichung einer Alternative (vgl. March & Shapira 1987, S. 1404). Abb. 2-1 zeigt eine mögliche Klassifikation von unterschiedlichen Unsicherheitsstufen auf.

Art der Unsicherheit	**Alle wichtigen Faktoren bekannt?**	**Einfluss der Faktoren bekannt?**	**Verteilung der Faktoren bekannt?**	**Auswirkungen auf die Vermögens-, Finanz- und Ertragslage**
1	ja	ja	ja (empirisch)	Verteilung der Auswirkung kann vollständig quantifiziert werden
2	ja	ja	ja (subjektive Glaubwürdigkeitsurteile)	Verteilung der Auswirkung kann vollständig quantifiziert werden
3	ja	ja	nur die maximalen Ausprägungen	Chancen und/oder Risiken können in ihren maximalen Ausprägungen dargestellt werden
4	ja	ja (zumindest die Einflussrichtung)	nein	Die Einflussfaktoren von Chancen und Risiken können genannt werden
5	nein	nein	nein	Es besteht kein explizites Wissen über die Faktoren und über mögliche Auswirkungen auf die Vermögens-, Finanz- und Ertragslage

Abb. 2-1: Unsicherheitsarten
Quelle: Weber & Liekweg 2001, S. 462

Die Einteilung nach der Art von Unsicherheit orientiert sich hierbei an Knight (1921). Weber & Liekweg (2001, S. 462) leiten fünf Abstufungen aus dem Vorhandensein von explizitem Wissen ab. Sind alle Faktoren bekannt und können diese objektiv quantifiziert werden, herrscht ein mathematisches Verständnis von Risiko vor. Sind keinerlei Faktoren bekannt, so beschreibt Risiko den Zustand einer allgemeinen Unsicherheit, die auf einer unvollständigen Informationslage basiert (vgl. Kratzheller 1997, S. 12). Risiken im Unternehmens- und Supply Chain-Kontext können alle Arten von Unsicherheit aufweisen (vgl. Jüttner et al. 2003, S. 204; Sodhi & Tang 2012, S. 20).

Unterschieden wird in der Risikoforschung mit betriebswirtschaftlichem Bezug in ursachen- und wirkungsbezogene Ansätze (vgl. Fiege 2006, S. 37). Ursachenbezogene Ansätze stellen die Unsicherheit in den Vordergrund, so dass bei Entscheidungen nicht mit Sicherheit ein Ergebnis vorhergesagt werden kann (vgl. Laux et al. 2012, S. 81). Dies spielt insbesondere in der Entscheidungstheorie eine Rolle. Wirkungsbezogene Ansätze betrachten Auswirkungen in Folge von Risikoeintritten (vgl. Fiege 2006, S. 42). Konzepte zum Risikomanagement und SCRM behandeln klassischerweise Risiken sowohl aus ursachen- als auch wirkungsbezogenen Ansätzen (vgl. Fiege 2006, S.43).

2.1.2 Grundlagen des Risikomanagements

Das heute in der wirtschaftswissenschaftlichen Forschung verbreitete Verständnis von Risikomanagement begründet sich aus dem US-amerikanischen Versicherungsmanagement (vgl. Haller 1986a, S. 9). In den 1970er Jahren trat dieses Versicherungsmanagement als neue Disziplin in Europa zu Tage mit dem Ziel die Versicherungsdeckung von Organisationen zu optimieren (vgl. Mikus 2001a, S. 10). In diesem Zusammenhang fanden nur versicherbare Risiken Einzug in die Betrachtung. Allerdings ist mit diesem frühen Ansatz die Basis für eine Kultur des Risikomanagements gelegt worden. Auf organisatorischer Ebene ist weiterhin die Position des Risikomanagers entstanden (vgl. Haller 1986a, S. 9). Heutige Risikomanagementansätze gehen über versicherbare Risiken hinaus und heben auf die Absicherung der Unternehmensziele ab (vgl. Fiege 2006, S. 51). Sowohl negative als auch positive Abweichungen vom Erwartungswert werden hierfür berücksichtigt (ISO 2009, S. 1; DRS 2012, S. 13).

Risikomanagement ist Teil moderner Unternehmensführung (vgl. Crouhy et al. 2006, S. 21). Dabei unterstützt diese wissenschaftliche Disziplin Entscheidungsträger bei der Wahl von unternehmerischen Aktivitäten und damit dem Eingehen von Risiken, welches aufgrund von Unsicherheit erforderlich ist (vgl. Haller 1986a, S. 8; Kap. 2.1.1). Risikomanagement umfasst dabei alle Aktivitäten, die dazu geeignet sind mit Risiken umzugehen (vgl. Gleißner & Romeike 2005, S. 28). Die Vorgaben zur Ausgestaltung eines solchen Systems des Risikomanagements entwickeln sich ständig weiter. Risikomanagement und Risikomanagementsystem werden, wie in der Literatur, in dieser Arbeit synonym verwendet. Aktuell wird in Deutschland die Risikoberichterstattung im Deutschen Rechnungslegungs Standard (DRS) zum Konzernlagebericht geregelt. Hier wird ein Risikomanagementsystem wie folgt definiert (DRS 2012, S. 13): „Gesamtheit aller Regelungen, die einen strukturierten Umgang mit Risiken oder mit Chancen und Risiken im Unternehmen bzw. Konzern sicherstellen." Im Unterschied zum bis zum Jahr 2012 geltenden DRS-Nr. 5 umfasst der DRS-Nr.

20 explizit eine konzernweite Ausgestaltung eines Risikomanagementsystems (vgl. DRS 2012, S. 54). Die Integration eines solchen Risikomanagements in einen Konzern umfasst Geschäfts-, Planungs- und Kontrollprozesse (vgl. Kajüter 2003a, S. 110).

Abb. 2-2 illustriert den Aufbau eines Risikomanagementsystems auf Basis einer von der International Organization for Standardization (ISO) im Jahr 2009 herausgegebenen Norm. Die Phasen der Identifikation, Analyse, Bewertung, Steuerung und Kontrolle werden hier detailliert aufgezeigt sowie über das Element der Kommunikation und Berichterstattung in den Kontext von Organisationen gesetzt (vgl. ISO 2009, S. 3).

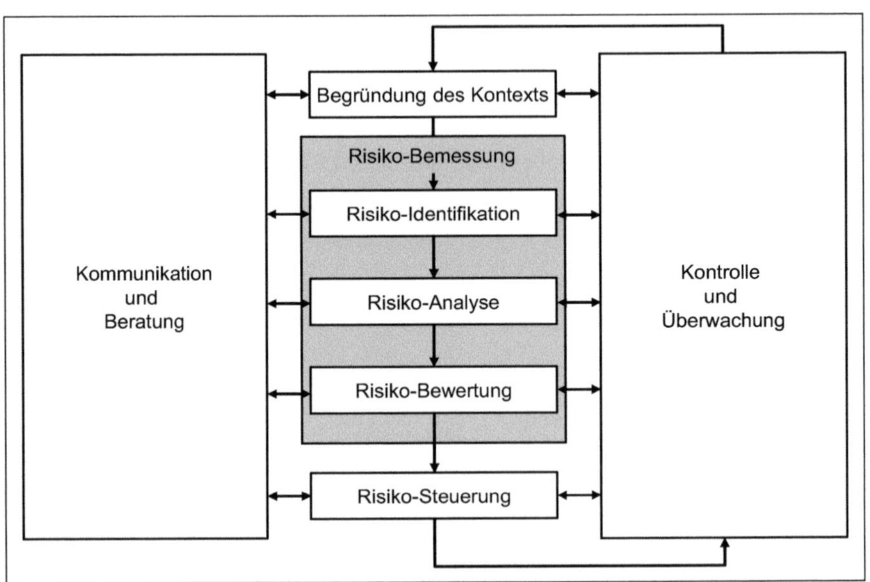

Abb. 2-2: Elemente eines Risikomanagements
Quelle: übersetzt nach ISO 2009, S.14

Die Phasen der Analyse und Bewertung können zusammengefasst werden, so dass ein Risikomanagement im Allgemeinen über die Phasen der Identifikation, Analyse, Steuerung und Kontrolle verfügt, um seiner Funktion gerecht zu werden (vgl. Burger & Burchhard 2002, S. 31; Elfgen & Sieler 2001, S. 379; Hertlein et al. 2007, S. 15). Der diese Phasen umfassende Prozess des Risikomanagements ist hierbei iterativ und systematisch zu durchlaufen (vgl. ISO 2009, S. 3).

2.1.3 Gesetzliche Notwendigkeit und internationale Standards

Die Verpflichtung ein Risikomanagement zu betreiben ist in nationalen Gesetzen niedergelegt. In Deutschland sind entsprechende Regelungen für börsennotierte Gesellschaften im Aktiengesetz (AktG) und Handelsgesetzbuch (HGB) zu finden. Die hierfür relevanten Vorschriften basieren auf Änderungen, die durch die Verabschiedung des Gesetzes zur Kontrolle und Transparenz im Unternehmensbereich (KonTraG) vom 27. April 1998 erlassen worden sind (vgl. Lorenz 2008, S. 5). Auslöser dieser Gesetzesänderungen waren folgenreiche Unternehmensinsolvenzen in den 1990er Jahren (vgl. Fiege 2006, S. 31). Spektakuläre Insolvenzverfahren lenkten in der Vergangenheit wiederholt die öffentliche Diskussion auf die Notwendigkeit gesetzlicher Vorschriften für das Betreiben eines Risikomanagements.[1] In § 91 Abs. 2 AktG heißt es nunmehr:

> „Der Vorstand hat geeignete Maßnahmen zu treffen, insbesondere ein Überwachungssystem einzurichten, damit den Fortbestand des Unternehmens gefährdende Entwicklungen früh erkannt werden."

Es wird allerdings darauf verzichtet, entsprechende Regelungen für andere Gesellschaftsformen, z.B. im Gesetz betreffend die Gesellschaften mit beschränkter Haftung (GmbHG) zu verankern. In der Gesetzesbegründung wird ausgeführt, dass „[...] für Gesellschaften mit beschränkter Haftung je nach ihrer Größe, Komplexität ihrer Struktur usw. nichts anderes gilt und die Neuregelung Ausstrahlungswirkung auf den Pflichtenrahmen der Geschäftsführer auch anderer Gesellschaftsformen hat" (Deutscher Bundestag 1998, S. 15).[2] Auch die Ausgestaltung des sogenannten Überwachungssystems wird durch das Gesetz nicht explizit vorgegeben (vgl. z.B. Burger & Buchhart 2002, S. 8; Lorenz 2008, S. 6). Durch die Gesetzesänderung wird keine neue Leitungsaufgabe für den Vorstand von Kapitalgesellschaften eingeführt, sondern es werden bereits bestehende Pflichten hervorgehoben (Deutscher Bundestag 1998, S. 15; Arbeitskreis SGB e.V. 2000, RZ 12). Beispielhaft sei hier die Sorgfaltspflicht, die in § 93 Abs. 1 S. 1 AktG verankert ist, genannt, wonach Vorstandsmitglieder bei ihrer Geschäftsführung die „[...] Sorgfalt eines ordentlichen und gewissenhaften Geschäftsleiters anzuwenden" haben. Diese Pflicht bleibt auch nach der Gesetzesänderung oberstes Gebot. Weiterhin wird in § 90 Abs. 1 AktG die Berichtspflicht

---

[1] Bekannte Fälle sind z.B. Holzmann und Mobilcom in Deutschland sowie Enron und Worldcom in den USA (Kajüter 2003b, S. 323).

[2] Diese Einschätzung wird auch nach Inkrafttreten der Gesetzesänderung geteilt (vgl. Burger & Buchhart 2002, S. 8; Lorenz 2008, S. 6).

des Vorstands geregelt und damit auf die Notwendigkeit hingewiesen, ein Risikomanagementsystem zu betreiben (vgl. § 90 Abs. 1 AktG). Durch das Inkrafttreten des Bilanzrechtsmodernisierungsgesetzes (BilMoG) am 25. Mai 2009 wurden die Änderungen, welche vom KonTraG angestoßen wurden, weiterentwickelt. Es war strittig, ob § 91 Abs. 2 AktG a.F. lediglich die Einführung eines Risikofrüherkennungssystems fordert oder bereits die Implementierung eines Risikomanagementsystems vorsieht (vgl. Lorenz 2008, S. 6f.). Das BilMoG hat mit einer Änderung klargestellt, dass ein ganzheitliches Risikomanagementsystem eingeführt werden muss (vgl. Gleißner 2011, S. 37). Im Wortlaut des relevanten Paragraphens zur inneren Ordnung des Aufsichtsrats von Aktiengesellschaften heißt es hierzu wie folgt (§ 107 Abs. 3 S. 2 AktG n.F.): „Er [der Aufsichtsrat] kann insbesondere einen Prüfungsausschuss bestellen, der sich mit der Überwachung des Rechnungslegungsprozesses, der Wirksamkeit des internen Kontrollsystems, des Risikomanagementsystems und des internen Revisionssystems sowie der Abschlussprüfung, hier insbesondere der Unabhängigkeit des Abschlussprüfers und der vom Abschlussprüfer zusätzlich erbrachten Leistungen, befasst."

Die Änderungen im HGB betreffen die Berichterstattung und Prüfung. Gemäß § 289 Abs. 1 HGB ist „[...] im Lagebericht die voraussichtliche Entwicklung mit ihren wesentlichen Chancen und Risiken zu beurteilen und zu erläutern".[3] Nach § 290 HGB besteht die entsprechende Überwachungspflicht auch für Tochtergesellschaften, die den Fortbestand der Mutterunternehmung gefährden könnten. Die Berichte sind zwingender Teil der Prüfung, die damit erweitert worden ist (vgl. § 317 Abs. 2 HGB; Gleißner 2011, S. 35). Die Ausgestaltung wird in dem DRS-Nr. 20 konkretisiert (vgl. DRS 2012).

Abb. 2-3 gibt einen Überblick über die Kontrollinstanzen des Risikomanagements, die sich aus § 91 Abs. 2 AktG ergeben. Es wird zwischen einer externen Kontrolle durch *Abschlussprüfer* und einer internen Kontrolle durch die *interne Revision* unterschieden. Der *Aufsichtsrat* ist eine von der *Unternehmensführung* unabhängige Kontrollinstanz. Zur Kontrolle sind unter anderem die entsprechenden Informationsflüsse erforderlich (vgl. Burger & Buchhart 2002, S. 276ff.).

In den Vereinigten Staaten von Amerika (USA) basiert die gesetzliche Vorschrift ein Risikomanagementsystem zu betreiben auf dem Sarbanes Oxley Act (SOA) aus dem

[3] Dies gilt ebenfalls für den Konzernlagebericht (§ 315 Abs. 1 HGB).

Jahr 2002 (vgl. Brühwiler 2003, S. 49). Der SOA ist von Unternehmen, die an Wertpapierbörsen der USA zugelassen sind sowie von deren Tochterunternehmen, zu befolgen (vgl. Denk et al. 2008, S. 52; Lorenz 2008, S. 18). In Deutschland ansässige Tochtergesellschaften US-amerikanischer, börsennotierter Unternehmen sind somit in der Berichterstattung an den SOA gebunden. Die Pflichten gehen dabei über denen im AktG und HGB festgelegten Regelungen hinaus, da nicht nur bestandsgefährdende Risiken beachtet werden müssen (vgl. Lorenz 2008, S. 19). Der SOA stellt den Schutz von Investoren in den Vordergrund. Die Umsetzung muss dabei regelmäßig überprüft werden (vgl. Fiege 2005, S. 34).

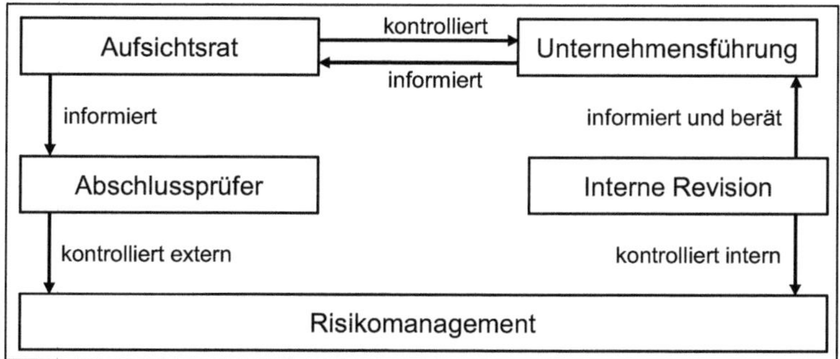

Abb. 2-3: Kontrollinstanzen des Risikomanagements
Quelle: in Anlehnung an Burger & Buchhart 2002, S. 278

Prüfer nehmen somit eine wichtige Rolle ein und tragen zur Ausgestaltung etablierter Systeme durch die vom Institut der Deutschen Wirtschaftsprüfer (IDW) herausgegebenen Prüfungsstandards (PS) bei. Im IDW-PS-340 sind Anforderungen für die organisatorische Verankerung von Risikomanagementsystemen festgehalten (vgl. Gleißner & Pflaum 2008, S. 185):

- Die Geschäftsleitung hat die Risikopolitik des Unternehmens zu formulieren.
- Auf der Ebene des leitenden Managements sind Risikofelder abzugrenzen.
- Für die Risikoidentifikation sind geeignete Methoden auszuwählen.
- Es müssen Verantwortlichkeiten für die Kontrolle festgelegt werden.
- Ein Frühwarnsystem muss eingeführt werden.
- Die Dokumentation ist mit Hilfe eines geeigneten Berichtswesens auszugestalten.
- Die Leitlinien sowie Formatvorlagen sind in einem zentralen Risikomanagementhandbuch festzuhalten.

Es existieren noch eine Reihe weiterer Standards, die für ein Risikomanagement von Interesse sind. Teilweise sind Standards aufgrund von Gesetzen zwingend zu befolgen, ansonsten handelt es sich um etablierte Ansätze, die freiwillig beachtet werden können (vgl. Brühwiler & Romeike 2010, S. 81). Neben branchenspezifischen Standards, die im Maschinenbau, in der Informations- und Kommunikationstechnik (IKT) oder Medizintechnik von Bedeutung sind, existieren auch branchenübergreifende Ansätze (vgl. Brühwiler & Romeike 2010, S. 82). Der Deutsche Corporate Governance Kodex (DCGK) umfasst die existierenden Regularien und weist darüber hinaus auf die Vielfalt von Standards hin (vgl. Fiege 2005, S. 31f.). Obwohl der DCGK keinen Gesetzesstatus hat, ist in § 161 AktG festgeschrieben, dass erklärt werden muss, ob den Empfehlungen gefolgt worden ist oder nicht.

Die Auditierung eines ganzheitlichen Risikomanagementsystems wurde durch das amerikanische Committee of Sponsoring Organizations of the Treadway Commission (COSO) mit der Veröffentlichung des Berichts „Internal Control – Integrated Framework" im Jahr 1992 auf die Tagesordnung gebracht (vgl. Knechel 2007, S. 388). Eine Erweiterung erfolgte im Jahr 2004 (vgl. Denk et al. 2008, S. 53). Daneben existieren internationale Standards, wie z.B. die ISO 31000, welche die effiziente Gestaltung eines Risikomanagementsystems betrachten (vgl. Brühwiler 2003, S. 52f.; ISO 2009). Dabei wird ein Managementsystem als ein systematisches Vorgehen zur aktiven Beherrschung und Überwachung von Unternehmen verstanden (vgl. Brühwiler & Romeike 2010, S. 83). Die ISO 31000 baut dabei auf dem österreichischen Standard ONR 49000 und dem australisch-neuseeländischen Standard AS/NZS 4360 auf (vgl. Denk et al. 2008, S. 60).

Da die gesetzlichen Vorgaben nicht für alle Unternehmensformen gelten und Standards nicht verpflichtend sind, ist weiterhin die Notwendigkeit für das Betreiben eines Risikomanagementsystems von Interesse. Hierbei spielt die ökonomische Vorteilhaftigkeit eine entscheidende Rolle (vgl. z.B. Burger & Buchhart 2002, S. 17; Gleißner 2011, S. 3; Rogler 2002, S. 2). Selbst für kleine und mittlere Unternehmen rentiert sich häufig der Aufwand eines Risikomanagementsystems, da diese aufgrund ihrer geringeren Tragfähigkeit häufiger mit existenzbedrohenden Risiken konfrontiert sind (vgl. Barodte et al. 2008, S. 141). Weiterhin sind Unternehmen durch die zuvor beschriebenen Initiativen zum Risikomanagement in ihrer Umwelt einem Druck zur Befolgung des Praxisstands ausgesetzt (vgl. Münzel & Jenny 2005, S. 168). Auch die

Gefährdung durch Wirtschaftskriminalität dient als Motivation zur Einführung eines Risikomanagementsystems (vgl. Münzel & Jenny 2005, S. 168).

Zusammenfassend kann festgehalten werden, dass Unternehmen aller Gesellschaftsformen neben gesetzlichen Regelungen angehalten sind, auch ein Risikomanagementsystem für bestandsgefährdende Risiken zu betreiben (vgl. Deutscher Bundestag 1998, S. 15). Teilweise sind darüber hinausgehende Anforderungen, wie z.B. des amerikanischen Rechts, zu beachten (vgl. Lorenz 2008, S. 19). Die existierenden Standards erleichtert dabei die Einführung (vgl. Fiege 2005, S. 31f.). Die entsprechende Umsetzung ist mit Hilfe einer regelmäßigen, zum Teil auch externen Prüfung zu kontrollieren (vgl. Gleißner & Pflaum 2008, S. 185).

2.1.4 Organisation des Risikomanagements

Bei der Organisation des Risikomanagements sind alle Institutionen und Funktionen, die für die Zielerreichung und Aufgabenerfüllung des Risikomanagementprozesses beteiligt sind, in einem Unternehmen zu berücksichtigen. Dabei sind Verantwortlichkeiten, Strukturen und Prozesse zu klären (vgl. Diederichs 2012, S. 135). Bei der organisatorischen Verankerung von Risikomanagement wird zwischen der Ausgestaltung der Aufbau- und Ablauforganisation unterschieden (vgl. Burger & Buchhart 2002, S. 261). Diese beiden Organisationsarten lassen sich wie folgt abgrenzen (Krüger 1994, S. 13):

> „Die Regelung und Abgrenzung von Aufgaben, Kompetenzen und Unterstellungsverhältnissen (**Aufbauorganisation**) gehört ebenso dazu wie die Prozeßgestaltung (**Ablauforganisation**)."

Während die Aufbauorganisation dauerhafte Regelungen für die Koordination innerhalb eines Unternehmens umfasst, beinhaltet die Ablauforganisation eine inhaltliche, räumliche sowie zeitliche Komponente (vgl. Vahs 2007, S. 33). Um die Funktionsfähigkeit des Risikomanagements zu gewährleisten, ist eine Verankerung in die bestehende aufbau- und ablauforganisatorische Struktur erforderlich (vgl. Fiege 2006, S. 233). Bei der Ausgestaltung sollten zwei Grundprinzipien befolgt werden: Zum einen die Bildung einer Einheit zwischen Entscheidung und Verantwortung sowie zum anderen eine Trennung zwischen Entscheidung und Kontrolle (vgl. Burger & Buchhart 2002, S. 264).

Die Umsetzung der Organisation des Risikomanagements hängt von einer Reihe von Kontextfaktoren, wie z.B. der Unternehmensgröße, der Komplexität des Betriebes sowie der Dynamik der Umwelt, ab (vgl. z.B. Brühwiler 2003, S. 204; Burger & Buchhart 2002, S. 261; Denk et al. 2008, S. 246). Um den gesetzlichen Anforderungen gerecht zu werden, bietet sich eine Anlehnung der unternehmensspezifischen Ausgestaltung am IDW-PS-340 an (vgl. Kap 2.1.3). Hierfür umfasst die Aufbauorganisation des Risikomanagements eine Auswahl der folgenden Funktionen (vgl. Burger & Buchhart 2002, S. 262):

- Die Unternehmensführung trägt die Verantwortung für das gesamte Risikomanagement. Auf dieser Ebene wird die zugrunde liegende Risikostrategie formuliert (vgl. Wildemann 2006, S. 30). Die Erfüllung der Risikomanagementaufgabe durch die Unternehmensführung kann durch eine Delegation und die Vorgabe der strategischen Ziele erfolgen (vgl. Fiege 2006, S. 234).
- Das Risikomanagement kann als separates Führungsteilsystem ausgestaltet sein. Bei dieser Option ist das Risikomanagement entweder als eigenständige organisatorische Einheit (eigene Stabsfunktion) oder in einer anderen organisatorischen Einheit (Integration in Linienfunktion oder Stabsstelle) verankert (vgl. Denk et al. 2008, S. 247).
- Neben den zentralen Funktionen spielen die operativen Bereiche eine wesentliche Rolle, da in diesen Risiken entstehen und verhindert werden können. Die Einbindung dieser dezentralen Funktionen hat den Vorteil, dass spezielles Wissen und Informationen zur Verfügung stehen (vgl. Fiege 2006, S. 234).
- Zur Trennung zwischen Entscheidung und Kontrolle, ist das Controlling als verantwortliche Funktion für die Koordination der einzelnen Risikomanagementaktivitäten, der Überwachung und Berichterstattung von Bedeutung. Insbesondere die Sammlung der in der Organisation zur Verfügung stehenden Informationen ist hier von Relevanz (vgl. Haller 1986b, S. 127).
- Darüber hinaus spielen noch interne und externe Kontrollinstanzen zur Überwachung des Risikomanagements eine Rolle. Die Wirksamkeit des eingeführten Systems kann mit Hilfe eines internen und externen Audits überprüft werden (vgl. Brühwiler 2003, S. 241).

Die Alternativen zur Ausgestaltung des Risikomanagements als separates Führungsteilsystem gehen jeweils mit Vor- und Nachteilen einher, so dass in der Praxis eine individuelle Lösung, die unternehmensbezogen eine Minimierung der Schwächen und Maximierung der Stärken bewirkt, gefunden werden muss (vgl. Krüger

1994, S. 95). Abb. 2-4 illustriert mögliche Organisationsformen des Risikomanagements.

Wird *Risikomanagement* als eigene *Stabsfunktion* umgesetzt, garantiert dies einen direkten Zugang zur *Geschäftsführung*. Vorteilhaft ist hierbei eine beidseitige Informationsversorgung zwischen diesen Funktionen. Gegenüber den *Linienfunktionen* (*Produktion*, *Finanzen* etc.) verfügt das Risikomanagement über Neutralität und kann eine übergeordnete Sicht wahrnehmen. Ein weiterer Vorteil ist die mögliche Spezialisierung in der Stabsfunktion. Als nachteilig ist eine weniger durchsetzungsfähige Wahrnehmung zu nennen. Die Informationsflüsse zwischen dem Risikomanagement und den Linienfunktionen sind indirekt. Außerdem agieren Abteilungen mit ähnlichen Aufgaben, wie z.B. das finanzielle Controlling separat zur Stabsfunktion. Insbesondere in der Startphase einer solchen organisatorischen Verankerung ist eine Isolationsgefahr gegeben (vgl. Denk et al. 2008, S. 248).

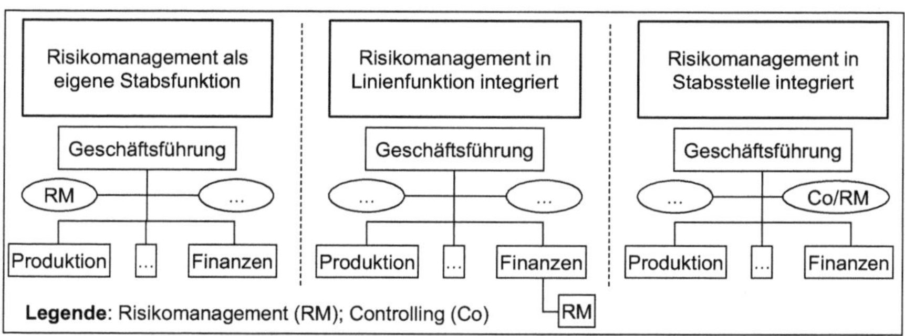

Abb. 2-4: Organisationsformen des Risikomanagements
Quelle: in Anlehnung an Denk et al. 2008, S. 247

Wird das Risikomanagement in eine Linienfunktion integriert, sichert dies die enge Zusammenarbeit mit der jeweiligen Stelle. Hierbei kann es sich beispielhaft um die Finanzen handeln. Aus dieser Linienfunktion wird das Risikomanagement direkt mit Informationen versorgt. Vorteilhaft ist außerdem, dass bei kleineren Organisationen das Risikomanagement mit weniger zusätzlichem Personal umgesetzt werden kann (vgl. Denk et al. 2008, S. 248f.). Als Nachteil ist zu nennen, dass häufig eine Konzentration auf Risiken aus der verbundenen Funktion vorkommt. So wird z.B. bei einer Integration in Finanzen regelmäßig auf finanzielle Risiken fokussiert. Dies geht auch mit einer fehlenden Neutralität gegenüber anderen Linienfunktionen einher (vgl. Krüger 1994, S. 96). Der Kontakt zur Geschäftsführung ist weniger direkt ausgeprägt, was zu einer schlechten Einbindung in Informations- und Entscheidungsprozesse führt. Weiterhin wirkt sich dies negativ auf die Akzeptanz des Risikomanagements aus Sicht der Geschäftsführung aus (vgl. Denk et al. 2008, S. 248f.).

Risikomanagement kann auch in eine existierende *Stabsstelle*, wie z.B. dem *Controlling* integriert werden. Dies geht mit vielen Vorteilen der eigenen Stabsfunktion einher, da ebenfalls ein direkter Draht zur Geschäftsführung besteht (vgl. Diederichs 2012, S. 138). Zusätzlich ist allerdings auch eine Umsetzung mit weniger Personal möglich, da innerhalb der Stabsstelle aufgabenübergreifend gearbeitet werden kann (vgl. Denk et al. 2008, S. 249). Wie bei der Integration in eine Linienfunktion ist nachteilig zu sehen, dass eine Konzentration auf bestimmte Risiken begünstigt wird (vgl. Diederichs 2012, S. 138). Dies kann bei einer Integration in andere Stabsstellen, wie z.B. dem Qualitätsmanagement auch zu einer Fokussierung auf eine prozessuale Ebene führen (vgl. Denk et al. 2008, S. 249).

Die ablauforganisatorische Einbindung des Risikomanagements ist aufgrund des iterativ zu durchlaufenden Risikomanagementprozesses von großer Bedeutung (vgl. Wildemann 2006, S. 29). Die zugrunde liegende Prozessgestaltung erfolgt mit dem Ziel der Rationalisierung und Automatisierung der Risikomanagementaufgaben. Die Unterstützung der Prozesse durch IKT spielt daher eine entscheidende Rolle (vgl. Krüger 1994, S. 119). Die ablauforganisatorische Einbindung des Risikomanagements erfolgt im Zusammenspiel mit der aufbauorganisatorischen Ausgestaltung. Es besteht somit ein Wechselspiel zwischen diesen beiden Gestaltungsfeldern (vgl. Krüger 1994, S. 120).

Die Einbindung des Risikomanagementprozesses muss sowohl in den strategischen als auch operativen Planungsprozess des Unternehmens erfolgen (vgl. Burger & Buchhart 2002, S. 273). Die Geschäftsführung kann eine Delegation von einzelnen Risikomanagementaufgaben an operative Stellen vornehmen, bleibt allerdings gesamtverantwortlich (vgl. Fiege 2006, S. 234). Die Gestaltung der Ablauforganisation hilft bei der Formalisierung der Verantwortlichkeiten (vgl. Probst 1992, S. 108).

Gleißner (2011, S. 246) weist auf die Möglichkeit der Geschäftsführung hin, eine Delegation auf Risikomanagementverantwortliche vorzunehmen. Diese sind in ihren operativen Einheiten zur Überwachung, der in ihrem Einflussbereich liegenden Risikofelder verantwortlich. Der Delegationsgrad kann für die einzelnen Phasen des Risikomanagementsprozesses – der Identifikation, Analyse, Steuerung und Kontrolle – unterschiedlich ausfallen (vgl. Burger & Buchhart 2002, S. 274). Eine dezentrale

Ausgestaltung des Risikomanagements ermöglicht es, risikobewusstes Verhalten auf alle Organisationsmitglieder zu übertragen. Hierbei können alle Mitarbeiter als Risikomanager agieren, was eine unternehmensweite Risikokultur fördert (vgl. Diederichs 2012, S. 136). Bei einer Delegation einzelner Aufgaben des Risikomanagements ist auf übergeordneter Stelle eine Abstimmung der Prozesse erforderlich (vgl. Burger & Buchhart 2002, S. 274).

Abb. 2-5 illustriert den Zusammenhang zwischen der Aufbau- und Ablauforganisation. Die *Geschäftsführung* wird über einen *Informationsprozess* mit Berichten zum *Risikomanagement* informiert. Hierdurch wird eine *vertikale Informationstransparenz* sichergestellt. Die zentrale Stabsfunktion *Risikomanagement* überwacht den Risikomanagementprozess im gesamten Unternehmen und sorgt für eine übergeordnete *Abstimmung* (vgl. Burger & Buchhart 2002, S. 274). Die Durchführung der Risikoidentifikation, -analyse, -steuerung und -kontrolle ist auf Verantwortliche in den einzelnen Linienfunktionen (z.B. *Beschaffung*, *Produktion*, Forschung & Entwicklung (*F&E*), *Absatz* etc.) delegiert und wird in *Risikokomitees* abgestimmt. Die *horizontale Informationstransparenz* kann durch die Abstimmung in einem übergeordneten Risikokomitee unterstützt werden (vgl. Schorcht 2004, S. 294).

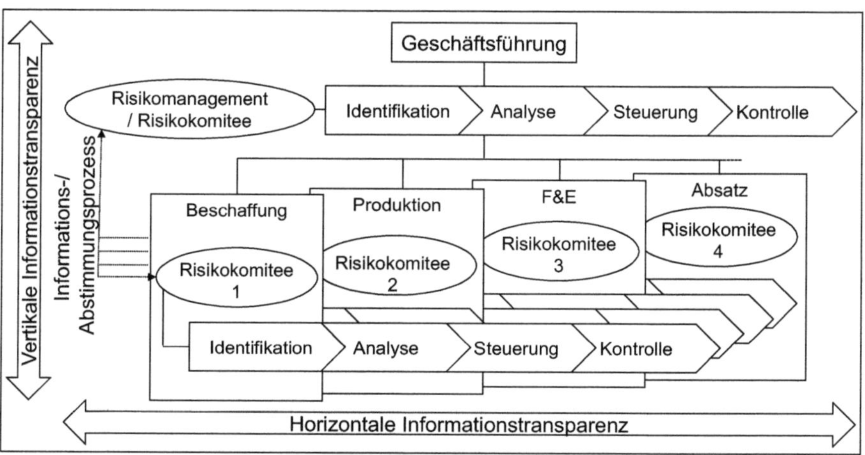

Abb. 2-5: Aufbau- und Ablauforganisation des Risikomanagements
Quelle: eigene Darstellung in Anlehnung an Diederichs 2012, S. 149; Krüger 1994, S. 119; Wittmann 2000, S. 287

Ein Risikomanagementhandbuch ist ein geeignetes Hilfsmittel, um die aufbau- und ablauforganisatorische Ausgestaltung festzuhalten. Ein solches umfasst typischerweise auch die Risikostrategie des Unternehmens, Verantwortlichkeiten und Prozesse für alle Phasen des Risikomanagements sowie eine Sammlung geeigneter Werkzeuge und Vorlagen (vgl. Gleißner 2011, S. 219).

2.2 Supply Chain und Supply Chain Management

Im Folgenden erfolgt zunächst eine Erörterung des Konzepts einer Supply Chain (vgl. Kap. 2.2.1), um anschließend auf das Supply Chain Management einzugehen (vgl. Kap. 2.2.2).

2.2.1 Supply Chain

Im Rahmen von Wertschöpfungsprozessen kooperieren gewöhnlich rechtlich unabhängige Unternehmen miteinander (vgl. La Londe & Masters 1994, S. 38). Ausgangspunkt dieser Überlegung ist, dass Supply Chains Wettbewerbsvorteile gegenüber einzelnen Unternehmen haben (vgl. Peck & Jüttner 2000, S. 33f.; Skjott-Larsen et al. 2007, S. 17). Unter dem Begriff Supply Chain wird die Verbindung von Unternehmen, die über physische, informationelle als auch monetäre Flüsse verbunden sind, verstanden (vgl. Beckmann 2004, S. 1; Kajüter 2003a, S. 111). Das Verständnis einer Supply Chain hat sich hierbei von anfänglichen sequentiellen Konzepten zu einem Netzwerkgedanken, der eine Vielfalt von Beziehungen zwischen einzelnen Wertschöpfungspartnern umfasst, weiterentwickelt (vgl. Christopher 2005, S. 4f.; Langley et al. 2008, S. 19). Diese Beziehungen dienen dazu einen möglichst hohen Nutzen für den Endkunden zu schaffen (vgl. Beckmann 2004, S. 3; Langley et al. 2008, S. 20).

Während über das Ziel den Endkunden zu befriedigen weitgehend Einigkeit in aktuellen Definitionen herrscht (vgl. Mentzer et al. 2001, S. 4; Christopher 2005, S. 17; Peck 2006, S. 128), gibt es unterschiedliche Auffassungen über das Ausmaß des Konzepts. Mentzer et al. (2001, S. 4) unterscheiden in diesem Zusammenhang zwischen einer direkten, erweiterten und ultimativen Supply Chain. Die direkte Supply Chain bezieht nach dem Konzept der Autoren lediglich drei Unternehmen ein: eine Firma sowie einen Zulieferer und einen Kunden. Die erweiterte Supply Chain umfasst ausgehend von einer Firma deren direkte sowie indirekte Zulieferer und Kunden. Die ultimative Supply Chain wird aus allen Unternehmen, die an physischen, informationellen als auch monetären Flüssen beteiligt sind, gebildet. Dabei werden auch Dienstleistungsunternehmen wie Marktforschungsinstitute oder Finanzdienstleister in die Betrachtung mit aufgenommen. Mentzer et al. (2001) weisen auf die hohe Komplexität der ultimativen Supply Chain hin und differenzieren zwischen einer ungesteuerten und gesteuerten Supply Chain. Da Unternehmen weiterhin Teil mehrerer Supply Chains sein können, empfiehlt sich eine Eingrenzung des Betrachtungsraumes.

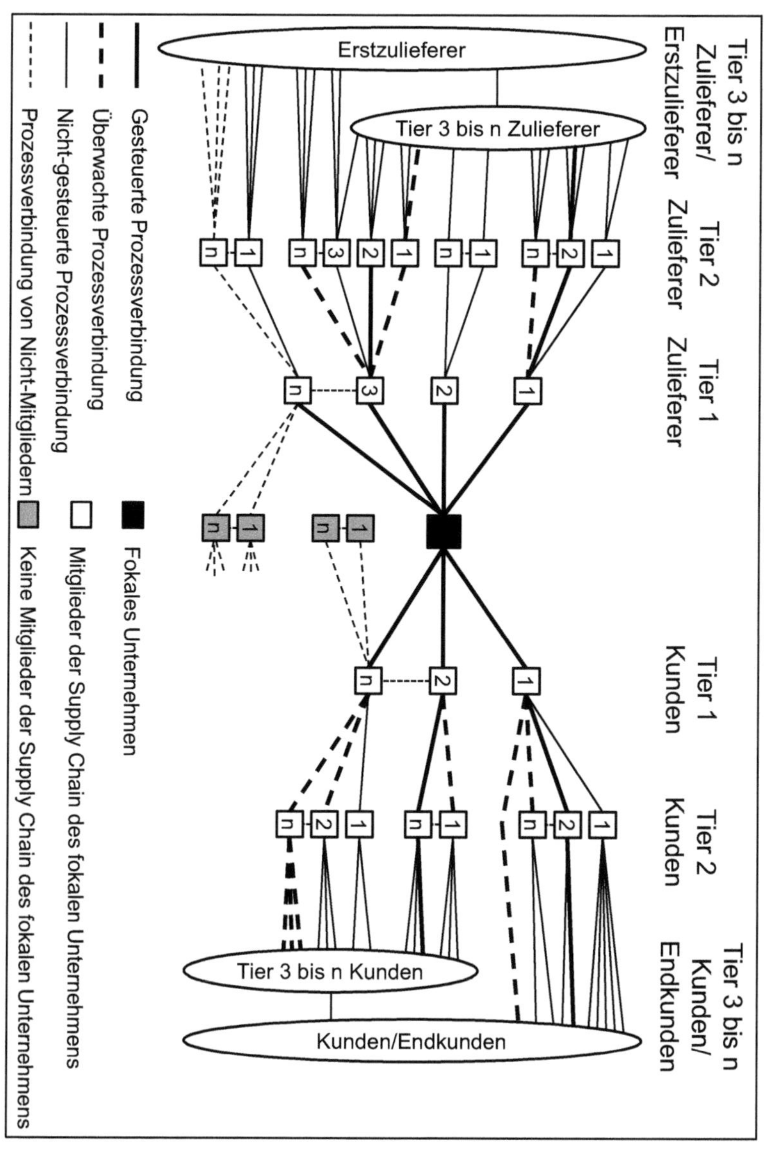

Abb. 2-6: Supply Chain-Modell
Quelle: übersetzt nach Lambert et al. 1998, S. 7

Svensson (2004, S. 743) weist auf eine eingeschränkte Transparenz innerhalb von Supply Chains hin. Dies führt zu einer Sichtbarkeitsgrenze, die zwischen steuerbaren und nicht-steuerbaren Supply Chain-Partnern unterteilt. Lambert et al. (1998) weisen hier auf die unterschiedlichen Ausprägungen von Supply Chains hin. Ausgehend von einem *fokalen Unternehmen*, welches seine Supply Chain-Partner aktiv steuert, können auf Zulieferer- und Abnehmerseite unterschiedliche horizontale Stufen unterschieden werden (vgl. Lambert et al. 1998, S. 6). Direkte Zulieferer werden hierbei als *Tier 1*, indirekte als *Tier 2* usw. bezeichnet (vgl. Sheffi 2005, S. 214). Die horizontalen Stufen weisen Supply Chain-spezifisch wiederum auf vertikaler Ebene unterschiedlich viele Unternehmen auf (vgl. Lambert et al. 1998, S. 6). Je nach Transparenz in der jeweiligen Supply Chain können eine unterschiedliche Anzahl von Partnern auf den jeweiligen horizontalen Stufen *gesteuert* oder lediglich *überwacht* werden. Abb. 2-6 illustriert ein solches Supply Chain-Modell.

Für diese Arbeit wird die Definition von Christopher (2005) mit der Einschränkung zugrunde gelegt, dass in Abhängigkeit von der Transparenz der steuerbare Teil einer Supply Chain betrachtet wird. Somit werden alle wichtigen Supply Chain-Partner sowie sämtliche Flüsse in Wertschöpfungsnetzwerken berücksichtigt, aber nicht die hohe Komplexität einer ultimativen Supply Chain nach Mentzer et al. (2001, S. 4) in die Untersuchung aufgenommen. Ziel einer solchen Supply Chain ist es dazu beizutragen, Nutzen für den Endkunden zu schaffen (Christopher 2005, S. 17):

> „The supply chain is the network of organizations that are involved, through upstream and downstream linkages, in the different processes and activities that produce value in the form of products and services in the hands of the ultimate consumer."

Da die Endkunden eigentlicher Ausgangspunkt der Überlegungen sind, wird in der Literatur auch der Begriff der Demand Chain diskutiert (vgl. Christopher 2005, S. 5). Der Begriff Supply Chain vereinfacht die netzwerkartige Realität von Zulieferer-Abnehmer-Beziehungen in Wertschöpfungsprozessen. Es existieren daher viele unterschiedliche Begriffe, wie Wertschöpfungsnetzwerk, Lieferkette oder Lieferantennetzwerk, die synonym zu verstehen sind (vgl. Langley et al. 2008, S. 17). Aufgrund der Verbreitung im Deutschen wird für diese Arbeit neben den zuvor genannten Synonymen hauptsächlich der Begriff Supply Chain verwendet.

2.2.2 Supply Chain Management

Wie für den Begriff Supply Chain bedarf es auch für das Supply Chain Management einer Einordnung, da zahlreiche Definitionen existieren (vgl. Gibson et al. 2005, S. 17). Entwicklungen wie Globalisierung, technologischer Fortschritt, Unternehmenszusammenschlüsse, individualisierte Kundennachfrage und regulatorische Neuordnungen haben zur Verbreitung des Konzepts beigetragen (vgl. Langley et al. 2008, S. 7). Hierbei waren auch Ansätze, die eine funktions- und unternehmensübergreifende Perspektive für die Planung und Steuerung von Flüssen in Wertschöpfungsnetzwerken verfolgen, aus der strategischen Managementberatung beteiligt (vgl. Oliver & Webber 1982, S. 66). Ausgangspunkt dieser Überlegungen ist die Notwendigkeit zur Abstimmung mit Partnern in der Supply Chain (vgl. Bowersox 1969, S. 67), worauf eine Reihe von Konzepten zur funktionsübergreifenden Optimierung abzielten (vgl. Stadtler 2005, S. 25).

Die veränderten Anforderungen an unternehmensübergreifende Abstimmungen in Lieferketten haben zu einer Diskussion zur Unterscheidung der Begriffe Logistik und Supply Chain Management geführt. Unbestrittener Weise stehen die Konzepte in einem Zusammenhang, allerdings gibt es in der Theorie sowie Praxis unterschiedliche Auffassungen über eine Abgrenzung voneinander (vgl. Larson et al. 2007, S. 3). Larson et al. (2007) haben in einer empirischen Untersuchung vier Richtungen identifiziert. Logistik wird als übergeordneter Begriff, welcher Supply Chain Management umfasst, verstanden. Im Gegensatz dazu kann auch Supply Chain Management das Konzept Logistik als Unterpunkt aufnehmen. Weiterhin kann als Supply Chain Management lediglich eine neue Bezeichnung für Logistik verstanden werden. Abschließend gibt es noch das Verständnis, dass Logistik und Supply Chain Management unterschiedliche Konzepte, die eine gemeinsame Schnittmenge haben, sind.

Supply Chain Management als ein übergeordnetes Konzept zu verstehen, das Logistik mit einbezieht, ist mit Blick auf die organisatorischen Auswirkungen für die vorliegende Arbeit zielführend. Abb. 2-7 illustriert die verschiedenen Prozesse, die im Rahmen des Supply Chain Managements koordiniert werden müssen.

Lambert et al. (1998, S. 10) unterscheiden in ihrer prozessorientierten Sicht zwischen *Customer Relationship Management*, *Service*, *Verkauf*, *Auftragsabwicklung*, *Produktionsplanung*, *Einkauf*, *Produktentwicklung und Marketing* sowie *Reklamationsmanagement*. Die Koordinationsrolle des Supply Chain Managements ist nicht auf diese

Prozesse begrenzt, sondern kann um weitere Unternehmensfunktionen erweitert werden (vgl. Mentzer et al. 2001, S. 18). Die Implementierung von Supply Chain Management umfasst die unternehmensübergreifende Abstimmung dieser Prozesse mit dem Ziel, die Wettbewerbsfähigkeit und Profitabilität einer Supply Chain zu erhöhen (vgl. Lambert et al. 1998, S. 4).

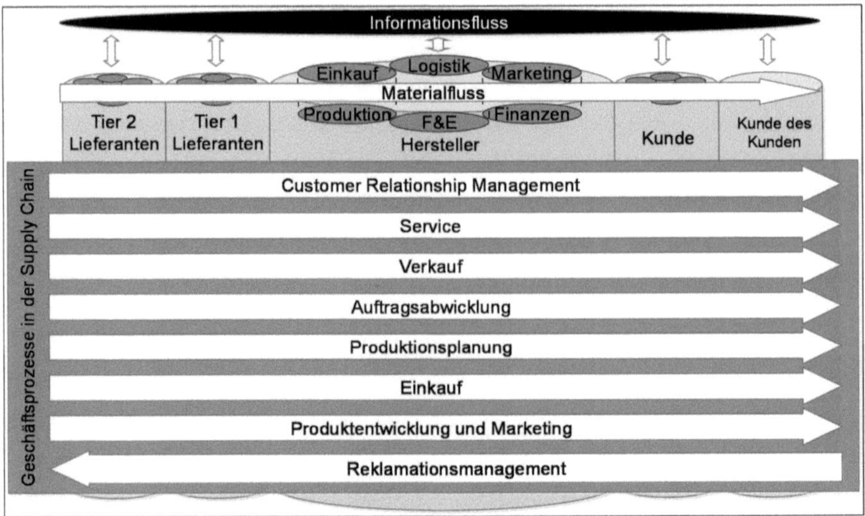

Abb. 2-7: Supply Chain Management-Modell
Quelle: übersetzt nach Lambert et al. 1998, S. 10

Prozessorientierte Verständnisse werden von verschiedenen Autoren formuliert. Johannson (1994, S. 525) versteht die Zusammenarbeit auf Basis eines Informationsaustausches mit dem Ziel die Performance in der Supply Chain zu erhöhen als Aufgabe des Supply Chain Managements. Hierbei nimmt er allerdings eine beschaffungsseitige Perspektive ein. Lambert & Cooper (2000, S. 66) erweitern die Perspektive um Kunden sowie Stakeholder und definieren Supply Chain Management wie folgt:

> „Supply Chain Management is the integration of key business processes from end user through original suppliers that provide products, services, and information that add value for customers and stakeholders."

Supply Chain Management umfasst dabei unternehmensinterne und -übergreifende Prozesse (vgl. Beckmann 2004, S. 4). Mentzer et al. (2001, S. 18) erweitern diese Sichtweise noch um den Nutzen von Supply Chain Management:

> „Supply Chain Management is defined as the systemic, strategic coordination of the traditional business functions and the tactics across these business functions within a particular company and across businesses within the supply chain, for the purposes of improving the long-term performance of the individual companies and the supply chain as a whole."

Diese Arbeit folgt dieser Definition von Mentzer et al. (2001, S. 18). Es werden daher unternehmensinterne sowie -übergreifende Prozesse in die Betrachtung mit aufgenommen und eine sowohl beschaffungs- als auch absatzseitige Perspektive verfolgt. Als Ziel des Supply Chain Managements wird der übergeordneten Sichtweise, welche die Wettbewerbsfähigkeit und Profitabilität der Supply Chain in den Vordergrund stellt, entsprochen (vgl. Lambert et al. 1998, S. 4).

2.3 Implementierung

Der Begriff Implementierung wird vielfach in ingenieurwissenschaftlichen Disziplinen und bei der Entwicklung von Software verwendet (vgl. Seibt 1980, Sp. 853). Allgemein wird darunter eine geplante Transformation eines Implementierungsobjekts von einem Ist- in einen Soll-Zustand verstanden (vgl. Zeyer 1996, S. 7). Synonym werden in der deutschen Literatur unter anderem Einführung, Realisation oder Umsetzung verwendet.

Nach Nutt (1986, S. 233) kann die Implementierung als „[...] a procedure directed by a manager to install planned change in an organization" verstanden werden. Ein standardisiertes Vorgehen ist aufgrund der unterschiedlichen Anwendungsgebiete allerdings schwierig zu definieren (vgl. Witte 1989, S. 662). Allgemein kann die Implementierung als Projekt aufgefasst werden, dass mehrere Maßnahmen vereint, um Widerstände zu überwinden (vgl. Zeyer 1996, S. 7).

Das grundlegende Konzept einer Implementierung ist in Abb. 2-8 veranschaulicht. Hierbei wird ein *Ausgangszustand* in einen *Zielzustand transformiert*. Als Schritte werden neben einer *Ist-Analyse*, die *Formulierung von Zielvorgaben*, die eigentliche *Implementierung* sowie die abschließende *Beurteilung der Ergebnisse* unterschieden. Die Phase der eigentlichen Implementierung kann noch in die Herleitung von Maßnahmen unterteilt werden (vgl. Witte 1989, S. 660f.). Der Prozess steht im Spannungsfeld einer jeweiligen Situation, die durch existierende *Hindernisse*, das *Umfeld* und das *Personal* spezifiziert wird.

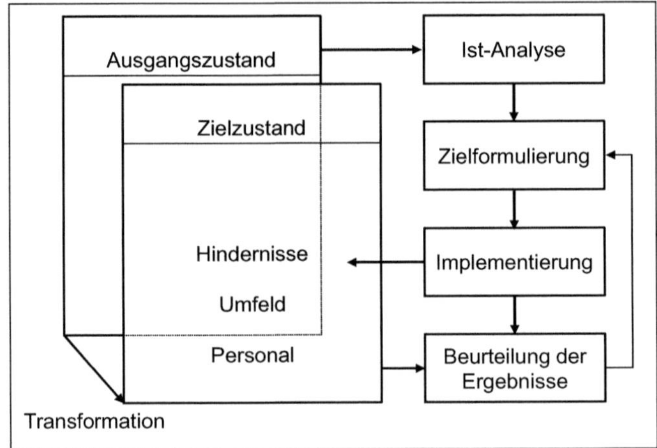

Abb. 2-8: Implementierungskonzept
Quelle: in Anlehnung an Witte 1989, S. 660 basierend auf Hammond 1979

Abzugrenzen ist die Implementierung von anderen Ansätzen der Restrukturierung, die häufig im gleichen Zusammenhang genannt werden (vgl. Heusler 2004, S. 147). Für die folgenden Ausführungen dient Abb. 2-9 als Orientierungshilfe.

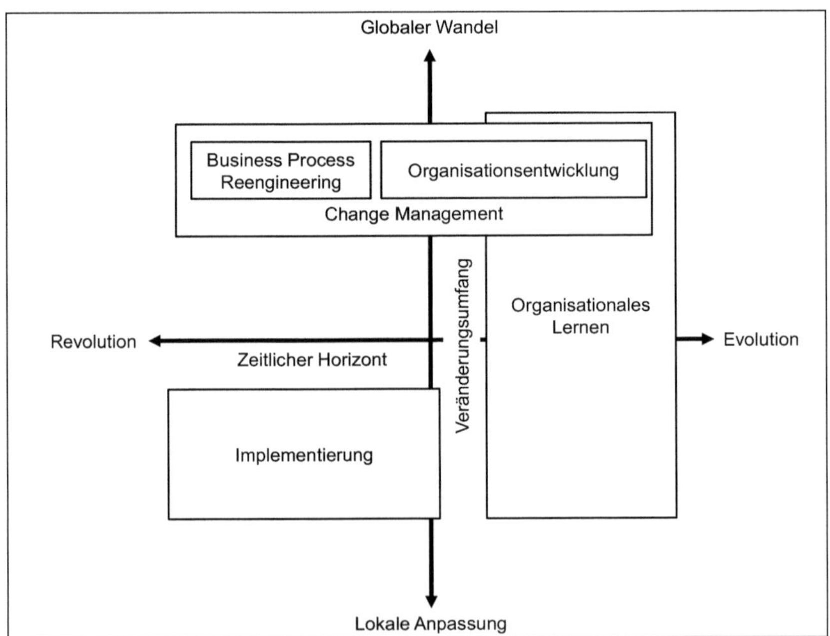

Abb. 2-9: Einteilung von Ansätzen der Reorganisationsforschung
Quelle: in Anlehnung an Heusler 2004, S. 148 basierend auf Reiß 1995

Zur Differenzierung verschiedener Ansätze lassen sich die Dimensionen Veränderungsumfang und zeitlicher Horizont heranziehen (vgl. Abb. 2-9). Die einzelnen Ansätze lassen sich allerdings je nach Verständnis nicht immer trennscharf voneinander abgrenzen, sondern verfügen zum Teil über Schnittmengen. Gegenstand der Veränderungsansätze sind häufig existierende Prozesse, personelle Ressourcen und informationstechnologische Systeme (vgl. Schulte-Zurhausen 2010, S. 357).

Ansätze des *Change Managements*, wie das *Business Process Reengineering* oder die *Organisationsentwicklung*, verfolgen das Ziel eines *globalen Wandels* in einer Organisation. Beim Business Process Reengineering wird die geplante Veränderung über eine konsequente prozessuale Ausrichtung der Organisation sichergestellt (vgl. Bea & Haas 2009, S. 443). Die Prozessausrichtung hat zum Ziel, in möglichst kurzer Zeit einen Veränderungsprozess zu durchlaufen. Bei der Organisationsentwicklung steht dagegen eine kontinuierliche Verbesserung im Fokus, so dass keine zeitliche Begrenzung der Veränderung angestrebt wird. „Die Organisationsentwicklung zielt in erster Linie darauf ab, die Einstellungen und Verhaltensweisen der Organisationsmitglieder zu verändern, weniger darauf formale Organisationsstrukturen zu gestalten“ (Schulte-Zurhausen 2010, S. 5).

Im Mittelpunkt des Ansatzes steht die Einbeziehung der Mitarbeiter, so dass gemeinsam ein globaler Wandel langfristig vorangetrieben werden kann. Eine solche langfristige Veränderung strebt auch der Ansatz des *organisatorischen Lernens* an. Bea & Haas (2009, S. 451) definieren diesen wie folgt: „**Organisationales Lernen** ist der Prozess der Schaffung und stetigen Weiterentwicklung der organisationalen Wissensbasis, auf deren Grundlage Anpassungs- und Entwicklungsstrategien generiert werden können.“ Hierbei soll eine Lernkultur, die sowohl das Aneignen als auch die Anwendung von Wissen unterstützt, in einer Organisation verankert werden. Hierdurch sollen globale sowie *lokale* Veränderungen ermöglicht und initiiert werden.

Bei der Implementierung handelt es sich dagegen um einen revolutionären, also zeitlich begrenzten Ansatz (vgl. Daniel 2001, S. 35). Weiterhin handelt es sich bei der Implementierung um eine lokale Anpassung. Ziel der Implementierung ist es, Teilaspekte in eine Organisation einzuführen, ohne eine allumfassende Veränderung anzustreben (Heusler 2004, S. 151). Hier sind Anlehnungen an das Projektmanagement erkennbar, da ein Ziel verfolgt wird, das unter Einhaltung von Restriktionen und trotz Widerständen systematisch erbracht werden soll (vgl. Lord 1993, S. 77).

Ein Projekt lässt sich als „ein zeitlich begrenztes Vorhaben, zur Schaffung eines neuartigen Produkts oder einer neuartigen Dienstleistung" definieren (Jakoby 2010, S. 6). Weiterhin umfassen Projekte eine Reihe von Eigenschaften (vgl. Bea & Haas 2009, S. 227; Jakoby 2010, S. 6): Zielklarheit, Einmaligkeit, Komplexität der Aufgabe, prozessualer Ablauf, Einsatz mehrerer Personen und Ressourcenknappheit (Zeit und Geld).

Steht eine Strategie als Implementierungsobjekt im Mittelpunkt der Betrachtung, eignet sich eine schrittweise Vorgehensweise. Hierbei sollte über die Phasen des Projektstarts, der Zielpräzisierung über die Projektumsetzung zum Projektabschluss, eine Einengung des Problemfelds entstehen (vgl. Bea & Haas 2009, S. 228f.).

2.3.1 Der situative Ansatz

Als Antithese zu organisationstheoretischen Ansätzen, die von einer idealtypischen Organisationsform ausgehen (vgl. z.B. Bürokratieansatz[4] oder Taylorismus[5]), hat sich Ende der 50er Jahre der situative Ansatz etabliert (vgl. Bea & Haas 2009, S. 405). Die Grundaussage dieses Ansatzes ist, dass es unterschiedliche Organisationsformen, die je nach Situation geeignet sind, gibt (vgl. Kieser 2006, S. 215). Im deutschsprachigen Raum wurde der Begriff situativer Ansatz von Staehle (1973) begründet. Im Englischen wird vom contingency approach gesprochen (vgl. Kieser 2006, S. 217). In Anlehnung daran wird auch der Begriff Kontingenzansatz oder -theorie in der deutschsprachigen Literatur verwendet (vgl. Bea & Haas 2009, S. 406; Kieser 2006, S. 217). Die Begriffe werden in dieser Arbeit synonym gebraucht.

Der situative Ansatz eignet sich für empirische Untersuchungen, um drei wichtige Ziele der Organisationstheorie zu verfolgen (Bea & Haas 2009, S. 406; Kieser 2006, S. 215): Erstens können verschiedene Organisationsstrukturen in Abhängigkeit von situativen Faktoren erklärt werden. Zweitens kann prognostiziert werden, welche Organisationsstrukturen in Abhängigkeit von situativen Faktoren entstehen. Und drittens ist es möglich, Gestaltungsempfehlungen für bestimmte Organisationsstrukturen für verschiedene Situationen abzugeben. In dieser Arbeit wird dieses dritte, präskriptive Ziel verfolgt, Gestaltungsempfehlungen in Abhängigkeit von situativen Faktoren zu formulieren.

[4] Vgl. hierzu Weber 1946, zitiert nach Jones & Bouncken 2008, S. 323.

[5] Vgl. hierzu Taylor 1913, zitiert nach Picot et al. 2008, S. 193.

Abb. 2-10 illustriert die Abhängigkeiten zwischen *Situation*, *Organisationsstruktur* sowie *Verhalten von Organisationsmitgliedern*. Die Situation bzw. der Kontext (beide Begriffe werden in der Literatur oft synonym verwendet) steht hierbei für die Menge aller relevanten Faktoren, die einen Einfluss auf die formale Organisationsstruktur haben (vgl. Kieser & Walgenbach 2010, S. 197). Das Verhalten von Organisationsmitgliedern spiegelt wider, dass die Organisationsstruktur nicht nur von externen Faktoren beeinflusst wird, sondern auch Auswirkungen auf die beteiligten Organisationsmitglieder hat (vgl. Child 1970, S. 378).

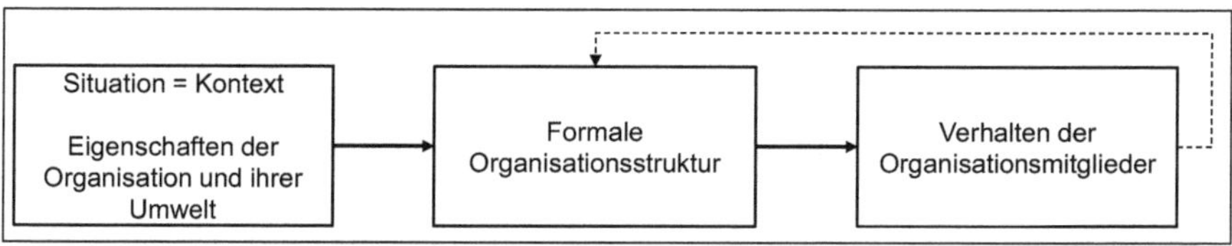

Abb. 2-10: Situativer Ansatz
Quelle: Kieser & Walgenbach 2010, S. 199

Die Einflussgrößen, welche sich auf die Situation auswirken, werden als Kontextvariablen, Kontextfaktoren oder situative Faktoren bezeichnet. Beispielhaft kann es sich hierbei um die Unternehmensgröße oder den Fertigungstyp handeln (vgl. Kieser 2006, S. 215). Mit Hilfe der situativen Faktoren sollen für möglichst viele Situationen Gestaltungsempfehlungen abgeleitet werden. Eine unternehmensindividuelle Ausgestaltung der Organisationsstruktur ist allerdings nicht das Ziel der Kontingenztheorie. Der Ansatz stellt vielmehr einen Mittelweg zwischen generischen und individuellen Lösungen dar (vgl. Ritchie & Brindley 2004, S. 35).

Die Kontingenztheorie entwickelt sich stetig weiter und steht in Konkurrenz zu alternativen Ansätzen. So behandeln die Transaktionskostentheorie oder die Principal-Agent-Theorie ebenfalls Fragestellungen der effizienten Organisationsstruktur (vgl. Kratzheller 1997, S. 43). Kieser & Walgenbach 2010 (S. 41f.) zeigen die Hauptkritikpunkte des situativen Ansatzes auf: Der Ansatz geht mit forschungsmethodischen Nachteilen einher, da die empirische Signifikanz der zugrunde liegenden Untersuchungen in Frage gestellt werden kann. Hier sind entsprechende Gütekriterien zu beachten, um belastbare Forschungsergebnisse zu erzielen. Weiterhin tendiert die Kontingenztheorie dazu, nur bekannte Organisationsstrukturen zu untersuchen und somit einer Weiterentwicklung zu effizienteren Lösungen entgegenzustehen. Die Autoren weisen allerdings darauf hin, dass insbesondere die bekannten Organisationsstrukturen in der Praxis nachvollzogen werden können und der Ansatz es ermöglicht, eine Vielzahl von unterschiedlichen Faktoren zu berücksichtigen (vgl. Kieser & Walgenbach 2010, S. 42f.).

Vorteilhaft ist weiterhin, dass die Kontingenztheorie nicht nur auf Organisationsstrukturen im Allgemeinen angewendet werden kann, sondern auch Erklärungsansätze für einzelne Unternehmensfunktionen bietet. Im strategischen Management erfolgt z.B. eine Übertragung auf das Rechnungswesen und Controlling (vgl. Welge 1988). Hierbei spielt der Einfluss von Umwelt und Technologie als situative Faktoren eine Rolle wie IKT organisatorisch eingebettet werden kann (vgl. Welge 1988, S. 54). Kratzheller (1997, S. 212) fokussiert wiederum auf das Risikomanagement und thematisiert die prozessorientierte Einbettung desselben in den organisationalen Kontext. Eine Übertragung auf das Supply Chain Management wird beispielsweise von Magnus (2007) vorgenommen. Dabei werden unter anderem die Kooperationsformen zwischen Supply Chain-Partnern hinsichtlich der prozessualen und informationstechnologischen Ausgestaltung als unterschiedliche Ausprägungen von Organisationsstrukturen beleuchtet (Magnus 2007, S. 107).

Der situative Ansatz kann ferner auf das SCRM übertragen werden. Ritchie & Brindley (2004, S. 35) zeigen auf, dass es je nach Situation unterschiedlicher Organisationsformen bedarf. Kajüter (2007, S. 19) schlussfolgert in diesem Zusammenhang, „[...] dass es eine für alle Unternehmen bzw. Supply Chains generell gültige optimale Gestaltungsalternative für das [Supply Chain] Risikomanagement nicht gibt, sondern die Eignung alternativer Lösungen von der Ausprägung bestimmter Kontextfaktoren abhängt."

2.3.2 Hindernisse und Erfolgsfaktoren

Bei der mit einer Implementierung einhergehenden Restrukturierung von Prozessen und Strukturen ist mit einer Reihe von Hindernissen zu rechnen. Küßner (1999, S. 269) weist hier allgemein auf mangelnde Änderungsbereitschaft, die sich in hinderlichem persönlichen Verhalten von Mitarbeitern äußern kann, hin. Auf Organisationsebene spielt die Unternehmenskultur, die Machtbasis des Managements, die Häufigkeit von Restrukturierungen, das Vorhandensein geeigneter Projektmanager sowie die Ressourcenverfügbarkeit eine wichtige Rolle (vgl. Schulte-Zurhausen 2010, S. 353). Alle diese Punkte haben das Potential sich negativ auf einen Implementierungsprozess auszuwirken. Auf der anderen Seite betont Parvis-Trevisany

(2006, S. 77f.) die Möglichkeit Hindernisse als Indikatoren zu verstehen, in welchen Bereichen Handlungs- bzw. Verbesserungsbedarf existiert. In diesem Sinne kann es sich bei Widerständen auch um kritische Erfolgsfaktoren, die bei entsprechender, positiver Ausprägung zum Erfolg einer Implementierung beitragen, handeln (vgl. Krüger 1994, S. 361).

Neben den erwähnten internen, personellen und organisatorischen Faktoren, existiert auch eine Reihe von externen Barrieren, die einer Implementierung entgegenstehen können. Krüger (1994, S. 363) verweist hier auf die Abhängigkeiten von Unternehmen von ihrer Umwelt, die z.B. aus Lieferanten und Kunden besteht. Power (2005, S. 260) greift diesen Gedanken in Bezug zum Supply Chain Management auf und weist darauf hin, dass unternehmensinterne als auch -übergreifende Veränderungen bei hoher Komplexität nur durch eine inkrementelle Vorgehensweise erreicht werden können.

Als weiterer Erfolgsfaktor wird die Einbeziehung aller Mitarbeiter über eine entsprechende Kommunikation, insbesondere in einem dynamischen Umfeld genannt (vgl. Sheffi 2005, S. 278). Darüber hinaus wird die Etablierung eines Anreizsystems, welches eine Involvierung von Mitarbeitern gewährleistet und zur Akzeptanzsicherung dient, diskutiert (vgl. Grewe 2012, S. 39).

Der Erfolg einer Implementierung sollte sich an den drei Größen Qualität, Kosten und Zeit orientieren (vgl. Zeyer 1996, S. 136). Damit unterliegt die Zielerfüllung der Implementierung dem gleichen Spannungsverhältnis der Zielgrößen wie dem des Projektmanagements (vgl. Reichert 2011, S. 24). Die Verbesserung einer Zielgröße geht häufig mit einer Verschlechterung einer anderen Zielgröße einher. Die Prioritäten zwischen den einzelnen Zielgrößen und die Lösungsfindung müssen aufgrund der hohen Bedingungskomplexität durch eine Einzelfallbetrachtung vorgenommen werden (vgl. Zeyer 1996, S. 136).

2.4 Supply Chain Risikomanagement

SCRM bildet als Forschungsfeld die Schnittmenge zwischen Supply Chain Management und Risikomanagement (vgl. Paulsson 2004, S. 80). Im Folgenden werden daher die bereits eingeführten theoretischen Grundlagen genutzt, um darauf aufbauend die Besonderheiten in diesem Forschungsfeld darzustellen und eine für diese Arbeit dienliche Abgrenzung vorzunehmen.

2.4.1 Definition und Abgrenzung

Dieses Kapitel dient zur Bestimmung einer Definition sowohl für den Begriff Supply Chain-Risiko (vgl. Kap. 2.4.1.1) als auch für das SCRM (vgl. Kap. 2.4.1.2).

2.4.1.1 Supply Chain-Risiko

Die durch physische, informationelle sowie monetäre Flüsse ermöglichte Zusammenarbeit von Supply Chain-Partnern ist mit einer hohen Anzahl an potentiellen Störquellen konfrontiert. Die Definition von einem Supply Chain-Risiko liegt daher nahe, allerdings hat sich in der Literatur noch kein einheitliches Verständnis durchgesetzt (vgl. Manuj & Mentzer 2008, S. 193). Dies wird nachvollziehbar, wenn der Argumentation von Kajüter (2003a, S. 112) gefolgt wird, dass sich die Definition eines Supply Chain-Risikos an den Zielen des Supply Chain Managements orientieren sollte. Da in der Literatur hierfür keine einheitliche Definition existiert, gibt es auch für Supply Chain-Risiken unterschiedliche Abgrenzungen (vgl. Kap. 2.2.2). Für ein flussorientiertes Verständnis des Supply Chain Managements lässt sich die Definition von Jüttner et al. (2003, S. 200) für Supply Chain-Risiken anführen:

> „[...] supply chain risks [hence] comprise any risks for the information, material and product flows from original supplier to the delivery of the final product for the end user."

Als Folgen solcher Supply Chain-Risikoeintritte können z.B. höhere Kosten oder Qualitätsmängel entstehen und damit die Ziele des Supply Chain Managements nicht erreicht werden (vgl. Jüttner et al. 2003, S. 200; Lambert et al. 1998, S. 4). Die Definition von Jüttner et al. (2003) geht allerdings nicht auf unternehmensinterne und -übergreifende Prozesse, die dem prozessorientierten Supply Chain Management-Verständnis dieser Arbeit zugrunde liegen, ein. Kajüter (2003a, S. 112) bezieht dagegen in seinem Verständnis die Beziehungen zu Supply Chain-Partnern mit ein. Kersten et al. (2011b, S. 154) greifen dies auf und nehmen eine sowohl ursachen- als auch wirkungsbezogene Perspektive, welcher in dieser Arbeit gefolgt wird, ein:

> „Supply chain risk is the damage – assessed by its probability of occurrence – that is caused by an event within a company, within its supply chain or its environment affecting the business processes of more than one company in the supply chain negatively."

Als Supply Chain-Risiko wird demnach ein Ereignis verstanden, dass innerhalb oder außerhalb einer Wertschöpfungskette ausgelöst wird und sich auf mindestens zwei Unternehmen auswirkt. Sodhi & Tang (2012) verdeutlichen mit Hilfe dieser ursachen-

und wirkungsbezogenen Perspektive, wie sich Supply Chain-Risiken über die Zeit auf eine Supply Chain auswirken. Abb. 2-11 illustriert das Konzept, welches in eine lokale und globale Supply Chain-Ebene differenziert. Die Ursachen und Auswirkungen werden in diese Ebenen eingeordnet. Maßnahmen, die zum Umgang mit Supply Chain-Risikoereignissen zur Verfügung stehen, können in proaktiv und reaktiv aufgeteilt werden (vgl. Sodhi & Tang 2012, S. 15ff.).

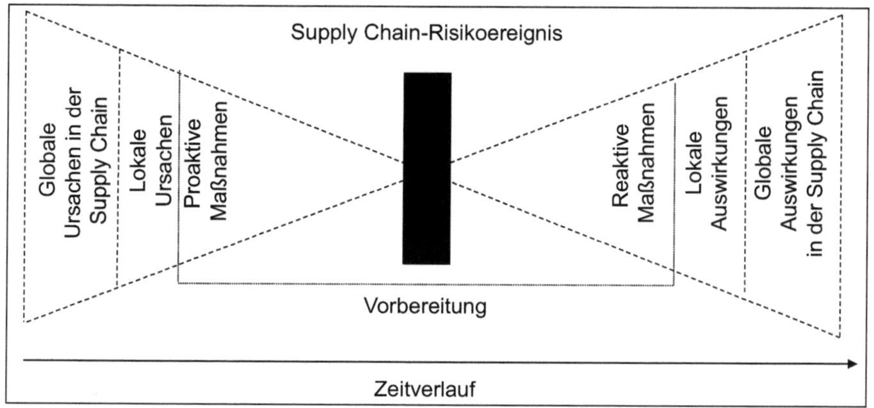

Abb. 2-11: Verständnis eines Supply Chain-Risikos
Quelle: übersetzt nach Sodhi & Tang 2012, S. 16

Eine solche ursachen- als auch wirkungsbezogene Perspektive wird ebenfalls von Svensson (2000, S. 739) geteilt. Diesem Verständnis folgend existiert eine große Anzahl von möglichen Ereignissen, die zu einem Supply Chain-Risiko werden können (vgl. Chapman et al. 2002, S. 60; Christopher & Peck 2004, S. 1; Narasimhan & Talluri 2009, S. 115). Christopher & Peck (2004, S. 4ff.) schlagen daher eine Kategorisierung nach Herkunft in Umfeld-, Versorgungs-, Nachfrage-, Prozess- und Steuerungsrisiken vor. Hierbei wird zwischen einer Unternehmens-, Supply Chain- und Umfeldebene unterschieden. Rao & Goldsby (2009, S. 114) fügen noch eine Kategorie der Risiken aus Managemententscheidungen hinzu. Sodhi & Tang (2012, S. 55) betrachten dagegen in ihrer Klassifizierung sowohl ursachen- als auch wirkungsbezogene Supply Chain-Risiken. Die Vielzahl von möglichen Kategorisierungen verdeutlicht die große Anzahl von möglichen Supply Chain-Risiken, wie ökonomische Krisen, Streiks oder Lieferantenausfälle (vgl. Tang 2006, S.452).

Um die Entstehung von Supply Chain-Risiken nachvollziehen zu können, erscheint die Betrachtung von Supply Chain-Risikotreibern zweckmäßig. Ritchie & Brindley

(2007, S. 1402) verstehen darunter den Einfluss von Supply Chain-spezifischen Einflusssphären, wie der Umwelt oder die Eigenschaften von Supply Chain-Partnern. Jüttner (2005, S. 134) hat hier beispielhaft die zunehmend globale Ausdehnung von Supply Chains, die Reduzierung von Lagerbeständen und eine Reduzierung der Lieferantenbasis identifiziert. Supply Chain-Risiken und Supply Chain-Risikotreiber wirken sich vereint auf die Verletzbarkeit von Supply Chains, die Jüttner et al. (2003, S. 200) wie folgt definieren, aus:

> „[...] the propensity of risk sources and risk drivers to outweigh risk mitigating strategies, thus causing adverse supply chain consequences."

Verwundbare Supply Chains können erhebliche Schäden erleiden. Hendricks & Singhal (2005, S. 50f.) zeigen in einer empirischen Untersuchung auf, dass Supply Chain-Risikoeintritte eine langfristig negative Auswirkung auf den Aktienwert des betreffenden Unternehmens haben. In einem weiteren Beitrag auf gleicher empirischer Datengrundlage weisen Hendricks et al. (2009, S. 244) auf die Vorteilhaftigkeit von Investitionen in ein SCRM hin.

2.4.1.2 Supply Chain Risikomanagement

In dem relativ jungen Forschungsfeld SCRM hat sich bisher keine einheitliche Definition durchgesetzt. Tab. 2-1 gibt einen Überblick über existierende Verständnisse zu diesem Thema.

Eine Reihe von SCRM-Definitionen stellen den Umgang mit Supply Chain-Risiken in den Vordergrund und nehmen somit eine ursachenbezogene Perspektive ein (vgl. Jüttner et al. 2003; Kersten et al. 2007; Norrman & Lindroth 2002; Paulsson 2004). „[...] [D]as Risiko innerhalb der Supply Chain zu verkleinern [...]" wird als Ziel dieser Ansätze formuliert (Kersten et al. 2007, S. 1169). Kajüter (2003b) und Tang (2006) stellen dagegen die Erreichung der Supply Chain Management-Ziele in den Vordergrund (vgl. Kap. 2.2.2). Pfohl et al. (2010) beziehen in ihrer Definition kein explizites Ziel mit ein, der Ansatz wird vielmehr als höchste Entwicklungsstufe in ihrem Beitrag eingeführt. Das Supply Chain Council (2012) vereint die beiden Zielsetzungen und nimmt sowohl eine ursachen- als auch wirkungsbezogene Perspektive ein.

Neben der verfolgten Zielsetzung unterscheiden sich die Ansätze bezüglich des Ausmaßes eines SCRM. Es herrscht Einigkeit bezüglich einer Abgrenzung zu unternehmenseigenen Risikomanagementsystemen (Rao & Goldsby 2009, S. 101):

„[...] any approach to SCRM needs to look at understanding and reducing vulnerability to the supply chain as a whole, rather than at a focal firm level. In other words, the quest is for a global optimum rather than a local one."

Tab. 2-1: SCRM-Definitionen
Quelle: eigene Darstellung

Quelle	Definition
Jüttner et al. (2003, S. 201)	„[...] the identification and management of risks for the supply chain, through a co-ordinated approach amongst supply chain members, to reduce supply chain vulnerability as a whole."
Kajüter (2003b, S. 327)	„Supply chain risk management is a collaborative and structured approach to risk management, embedded in the planning and control processes of the supply chain, to handle risks that might adversely affect the achievement of supply chain goals."
Kersten et al. (2007, S. 1169)	„[...] der Baustein innerhalb des Supply Chain Managements zu verstehen, der alle Strategien und Maßnahmen, alles Wissen, alle Institutionen, alle Prozesse sowie alle Technologien umfasst, die auf technischer, personeller und organisatorischer Ebene dazu geeignet sind, das Risiko innerhalb der Supply Chain zu verkleinern."
Norrman & Lindroth (2002 zitiert nach Norrman & Jansson 2004, S. 436)	„Supply chain risk management is to [collaborate] with partners in a supply chain apply risk management process tools to deal with risks and uncertainties caused by, or impacting on, logistics related activities or resources."
Paulsson (2004, S. 80)	„Supply chain risk management is to, collaboratively with partners in a supply chain or on your own, apply risk management process tools to deal with risks and uncertainties caused by, or impacting on, logistics related activities or resources in the supply chain."
Pfohl et al. (2010, S. 42)	„All actors within the supply chain run a collaborative Supply Chain Risk Management system. There exist general standards, definitions, structures, and processes for the latter."
Supply Chain Council (2012, S. 3.2.5)	„Supply chain risk management is the systematic identification, assessment and mitigation of potential disruptions in logistics networks with the objective to reduce their negative impact on the logistics network's performance."
Tang (2006, S. 453)	„[...] the management of supply chain risks through coordination or collaboration among the supply chain partners so as to ensure profitability and continuity."

Ob es sich bei einem SCRM aber um ein gemeinschaftliches, also unternehmensübergreifendes Vorgehen handelt, wird in den Definitionen unterschiedlich behandelt. Eine Fraktion führt explizit ein solches kollaboratives Verständnis ein (vgl. Jüttner et al. 2003; Kajüter 2003b; Tang 2006). Pfohl et al. (2010, S. 43) verstehen eine solche Form des SCRM als höchste Entwicklungsstufe, allerdings mit der Einschränkung, dass Unternehmen mit unterschiedlichen Supply Chain-Partnern ein verschieden ausgeprägtes SCRM praktizieren können. Die andere Fraktion bezieht sowohl unternehmensübergreifende als auch in einem Unternehmen praktizierte Ansätze in das formulierte SCRM-Verständnis mit ein (vgl. Kersten et al. 2007; Norrman & Lindroth 2002; Paulsson 2004; Supply Chain Council 2012).

In der vorliegenden Arbeit wird der Argumentation von Pfohl et al. (2010) gefolgt, dass es verschiedene SCRM-Entwicklungsstufen gibt (vgl. hierzu auch Kajüter

2003a, S. 15ff.; Kajüter 2007, S. 22ff.). Daher eignet sich ein Verständnis, das sowohl eine unternehmensinterne als auch -übergreifende Perspektive einnimmt. Weiterhin sollten neben einer ursachenbezogenen Betrachtung auch die Ziele des Supply Chain Managements beim SCRM im Fokus stehen.

Daher bietet sich die Definition des Supply Chain Councils (2012, S. 3.2.5) mit einer Erweiterung um die technische, personelle und organisatorische Ebene von Kersten et al. (2007, S. 1169), die in Hinblick auf eine Implementierung von SCRM von Bedeutung sind, für die vorliegende Arbeit an.

2.4.2 Ziele und Aufgaben des Supply Chain Risikomanagements

SCRM dient wie andere Elemente zur Erfüllung übergeordneter Ziele des Supply Chain Managements. Hierbei steht die Generierung von Wettbewerbsvorteilen im Vordergrund (vgl. Kap. 2.2.2; Lambert et al. 1998, S. 4). Auf der einen Seite existieren SCRM-Ansätze, die zur verbesserten Effizienz beitragen (vgl. Kap. 2.4.2.1). Hier spielen insbesondere Kostenvorteile aufgrund von verhinderten Unterbrechungen der Supply Chain bei Supply Chain-Risikoeintritten eine Rolle (vgl. Tang 2006, S. 462). Auf der anderen Seite zielen SCRM-Ansätze auf eine Effektivitätssteigerung, die sich z.B. in erhöhter Lieferbereitschaft und gestiegenem Kundenservice widerspiegelt, ab (vgl. Tang 2006, S. 470). In Kap. 2.4.2.2 wird detailliert auf die Phasen des SCRM-Prozesses eingegangen.

2.4.2.1 Supply Chain Risikomanagement-Ansätze

Existierende SCRM-Ansätze lassen sich unterschiedlich kategorisieren. Zur Gewinnung eines Überblicks wird im Folgenden auf drei aktuelle Studien, die jeweils einen Literaturreview im SCRM durchgeführt haben, zurückgegriffen:

- Ceryno et al. (2013) Inhaltsanalyse betrachtet 60 publizierte SCRM-Artikel, die in den Jahren 2003 bis 2012 erschienen sind.
- Colicchia & Strozzi (2012) greifen auf eine systematische Literaturanalyse (Systematic Literatur Review) zurück und untersuchen 55 in den Jahren 1994 bis 2010 publizierte SCRM-Artikel.
- Singhal et al. (2011) Literaturanalyse umfasst 114 SCRM-Artikel aus den Jahren 1996 bis 2010.

Eine Unterscheidung in Forschungsansätze zeigt, dass im SCRM theoretische, empirische als auch theoretisch-empirische Studien durchgeführt werden (vgl. Ceryno et al. 2013, S. 143).

Wird die Entwicklung von SCRM-Ansätzen über den Zeitverlauf betrachtet, so lässt sich eine Tendenz zu einem proaktiven Verständnis feststellen. Frühe Forschungsbemühungen bauen mit reaktiven Ansätzen wie dem Flexibilitätsmanagement das Fundament für eine Risikobetrachtung im Supply Chain-Kontext auf (vgl. Colicchia & Strozzi 2012, S. 408f.). Weiterhin rückt die Supply Chain-weite Betrachtung in den Fokus und es gibt somit eine Erweiterung von unternehmenszentrierten Konzepten (vgl. Colicchia & Strozzi 2012, S. 410f.).

Singhal et al. (2011, S. 17) identifizieren Trends in den zu unterschiedlichen Zeitabschnitten veröffentlichen Beiträgen zum SCRM. In einer frühen Phase aus den Jahren 1996 bis 2000 stehen definitorische Abgrenzungen, insbesondere des Begriffs Supply Chain-Risiko, im Fokus. Weiterhin werden aus der Perspektive eines fokalen Unternehmens hauptsächlich finanzielle Supply Chain-Risiken in die Betrachtung aufgenommen. In den Jahren 2001 bis 2005 treten globale Supply Chain-Risiken in den Vordergrund und es werden operative Maßnahmen untersucht. Seit dem Jahr 2006 kommen Themen wie Transparenz in der Supply Chain und die Gefährdung von Markenwerten hinzu. Weiterhin spielen Agilität und eine reduzierte Verwundbarkeit von Supply Chains eine zentrale Rolle.

Hinsichtlich der Implementierung von SCRM kommen alle drei durchgeführten Literaturreviews zu der Erkenntnis, dass die Ausgestaltung der SCRM-Prozessphasen von elementarer Bedeutung zur Überwindung von Einführungswiderständen ist (vgl. Ceryno et al. 2013, S. 146; Colicchia & Strozzi 2012, S. 413; Singhal et al. 2011, S. 21).

2.4.2.2 Supply Chain Risikomanagement-Prozess

Der SCRM-Prozess wird häufig in Anlehnung an den allgemeinen Risikomanagementprozess definiert (vgl. Kap. 2.1.2; Abb. 2-2; Hallikas et al. 2004, S. 52; Sodhi & Tang 2012, S. 10). Als „Prozess ist ein zeitlicher Ablauf, der aus mehreren Vorgängen mit wechselseitigen Abhängigkeiten besteht" zu verstehen (Jakoby 2010, S. 21). Wie auch im Risikomanagement existieren unterschiedliche Phasenmodelle im SCRM. Als Kernphasen werden die Identifikation, Analyse und Steuerung bezeichnet (vgl. Kajüter 2003a, S. 110; Norrman & Lindroth 2004, S. 20; Ziegenbein 2007, S. 48). Diesen Phasen wird teilweise ein Prozess der Strategieformulierung vorgesetzt (vgl. Hallikas & Virolainen 2004, S. 60). Darüber hinaus wird die Überwachung des Prozesses im Rahmen einer Kontrollphase vorgeschlagen (vgl. Kersten et al. 2011b, S. 162). Zusammenfassend lässt sich in der Theorie die größte Übereinstimmung hinsichtlich eines SCRM-Prozesses mit den folgenden vier Phasen feststellen: Identifikation, Analyse, Steuerung und Kontrolle (vgl. Ghadge et al. 2012, S. 322). Diese werden in der Literatur allerdings unterschiedlich bezeichnet. Der SCRM-Prozess ist iterativ zu durchlaufen, um dynamischen Entwicklungen gerecht zu werden (vgl. Ritchie & Brindley 2007, S. 1401). So können laufend neue Supply Chain-Risiken auftreten, sich die Bewertungen verändern, neue Arten der Steuerung möglich sein oder sich die Effizienz der ergriffenen Maßnahmen wandeln. Im Folgenden werden die Ziele der einzelnen SCRM-Prozessphasen detailliert aufgezeigt.

In der ersten SCRM-Prozessphase, der Identifikation, wird die Zielsetzung verfolgt, einen möglichst vollständigen Katalog von Supply Chain-Risiken zu erstellen (vgl. Gleißner 2011, S. 110). Eine weitere Behandlung in den folgenden SCRM-Prozessphasen ist nur möglich, wenn Supply Chain-Risiken in dieser Phase identifiziert werden (vgl. Norrman & Lindroth 2004, S. 21). Tab. 2-2 zeigt eine beispielhafte Struktur für einen Katalog von Supply Chain-Risiken auf. Neben einer eindeutigen Kennzeichnung und Benennung von Supply Chain-Risiken sollte auch eine Klassifizierung vorgenommen werden (vgl. Kap. 2.4.1.1). Einige Methoden zur Identifikation unterstützen bereits eine initiale Einschätzung zur Relevanz, falls eine solche Bewertung nicht möglich ist, erfolgt eine detaillierte Betrachtung in der Analysephase.

Tab. 2-2: Exemplarischer Katalog von Supply Chain-Risiken
Quelle: in Anlehnung an Gleißner 2011, S. 110

Nr.	**Name des Supply Chain-Risikos**	**Beschreibung des Supply Chain-Risikos**	**Klassifizierung des Supply Chain-Risikos**	**Initiale Einschätzung der Relevanz (optional)**
1	*Lieferanteninsolvenz*	*Insolvenzantrag eines aktiven Lieferantens*	*Zuliefererrisiko*	*Hoch*
2	*Erdbeben*	*Schäden an einem Produktionsstandort durch ein Erdbeben*	*Umweltrisiko*	*Mittel*
3	*Nachfrageeinbruch*	*Nachfrageeinbruch für ein bestimmtes Produktsegement*	*Nachfragerisiko*	*Niedrig*
...	...	...	...	...

Zur Identifikation von Supply Chain-Risiken bietet sich eine Reihe von Methoden an. Ziegenbein (2007, S. 50) klassifiziert diese in kreativ-intuitive und analytisch-strukturierte. Ziegenbein (2007, S. 50) geht dabei wie Kajüter (2003a, S. 118ff.) davon aus, dass sich Methoden des Risikomanagements auf die Bedürfnisse eines SCRM übertragen lassen. Beispielhaft lassen sich Checklisten, die im Risikomanagement zur strukturierten und einfachen Identifikation von Risiken eingesetzt werden, nennen (vgl. Bergener 2006, S. 265; Burger & Buchhart 2002, S. 68; Fiege 2006, S. 110; Schorcht 2004, S. 115; Schubert 2004, S. 164). Eine Übertragung auf Supply Chain-Risiken erfolgt z.B. durch Hallikas et al. (2004, S. 52). In der SCRM-Literatur wird, wie am Beispiel der Checklisten gezeigt, entweder exemplarisch auf einzelne Methoden eingegangen oder eine Auswahl aufgezeigt (vgl. Böger 2010, S. 59f.; Kajüter 2003a, S. 119; Singer 2012, S. 63; Ziegenbein 2007, S. 50). Eine umfangreiche Übertragung von Methoden des Risikomanagements auf das SCRM ist bisher weder für die Identifikation noch für die anderen SCRM-Prozessphasen erfolgt (vgl. Ziegenbein 2007, S. 53; S. 59; S. 60).

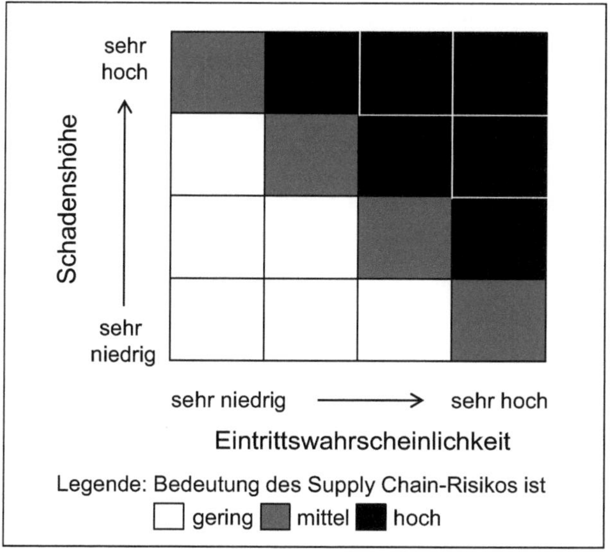

Abb. 2-12: Exemplarische Supply Chain-Risikomatrix
Quelle: in Anlehnung an Mikus 2001b, S. 80

Supply Chain-Risiken, die in der Identifikationsphase systematisch erfasst worden sind, können in der Analysephase nach Schadenshöhe und Eintrittswahrscheinlichkeit bewertet werden (vgl. Wagner & Bode 2007, S. 68). Abb. 2-12 zeigt eine mögliche Visualisierung für Ergebnisse der Analysephase auf. Eine Supply Chain-Risikomatrix eignet sich, um eine Priorisierung der Risiken vorzunehmen (vgl. Norrman & Lindroth 2004, S. 18; Mikus 2001b, S. 79). Ein Vergleich der Supply Chain-Risiken kann hierbei auf Grundlage des Erwartungswerts, welcher durch die Multiplikation von *Schadenshöhe* und *Eintrittswahrscheinlichkeit* ermittelt werden kann, erfolgen (vgl. Romeike 2004b, S. 183). Hierbei handelt es sich um einen erfolgskritischen Prozess, da auf Grundlage der Priorisierung Entscheidungen über den richtigen Umgang mit den identifizierten Supply Chain-Risiken getroffen werden können (vgl. Sodhi & Tang 2012, S. 33).

Zur Bewertung von Supply Chain-Risiken bieten sich wie in der Identifikationsphase eine Reihe von Methoden an (vgl. Böger 2010, S. 59f.; Kajüter 2003a, S. 120; Ziegenbein 2007, S. 54). Hierzu zählen beispielhaft die Fehler-, Möglichkeits- und Einflussanalyse (FMEA), Szenariotechnik oder das Ursachen-Wirkungs-Diagramm (vgl. Brühwiler 2003, S. 161f.; 182). Die Bewertung nach Schadenshöhe und Eintrittswahrscheinlichkeit kann hierbei quantitativ oder qualitativ erfolgen (vgl. Romeike 2004b, S. 185; Ziegenbein 2007, S. 53). Stehen für eine quantitative Auswertung nicht genügend Daten zur Verfügung, kann mit Hilfe von unternehmensspezifischen Stufen eine qualitative Bewertung vorgenommen werden (vgl. Romeike 2004b, S. 183f.).

Für identifizierte Supply Chain-Risiken, die mit einem hohen Erwartungswert bewertet worden sind, gilt es in der Steuerungsphase geeignete Strategien und Maßnahmen auszuwählen. Eine solche Zuordnung sollte als Ergebnis der Steuerungsphase in einem Maßnahmenplan festgehalten werden (vgl. Tab. 2-3; Gleißner 2011, S. 110). Hierfür lassen sich grundsätzlich vier Strategien, die mit einer Reihe von unterschiedlichen Maßnahmen umgesetzt werden können, differenzieren. Hierzu zählt das Vermeiden, Vermindern, Überwälzen sowie selbst Tragen von Supply Chain-Risiken (vgl. Haller 1986a, S. 10). Die Begriffe Strategie und Maßnahme werden in der Literatur häufig synonym verwendet. Eine Abgrenzung ist allerdings unter Zuhilfenahme einer Definition Porters (1998, S. 55) möglich, wonach Strategien „[...] the creation of a unique and valuable position, involving a different set of activities“ darstellen. Maßnahmen dienen in diesem Zusammenhang dazu, Strategien umzusetzen. Da SCRM-Maßnahmen unterschiedliche Wirkungen in produzierenden Unternehmen und Dienstleistungsunternehmen entfalten (vgl. Merschmann 2007, S. 10f.), wird in dieser Arbeit eine Eingrenzung auf produzierende Unternehmen vorgenommen.

Tab. 2-3: Exemplarischer Maßnahmenplan eines SCRM
Quelle: in Anlehnung an Gleißner 2011, S. 110

Nr.	Name des Supply Chain-Risikos	Maßnahme	Art der Maßnahme	Erwarteter Nutzen	Erwarteter Aufwand	Umsetzung bis	Verantwortlicher
1	*Lieferanteninsolvenz*	*Lieferantenbewertung*	*Proaktiv*	*Hoch*	*Niedrig*	*Kontinuierlich*	*Strategischer Einkaufsleiter*
2	*Erdbeben*	*Krisenteam*	*Reaktiv*	*Mittel*	*Hoch*	*Sofort*	*Geschäftsleiter*
3	*Nachfrageeinbruch*	*Marketingaktion*	*Reaktiv*	*Niedrig*	*Mittel*	*Zeitnah*	*Marketingleiter*
...	...	...	...	...	...	...	...

In der Literatur finden sich mehrere Beiträge, die eine Zuordnung von SCRM-Maßnahmen zu einer Auswahl von Supply Chain-Risiken vornehmen (vgl. z.B. Rice & Caniato 2003, S. 26; Johnson 2001, S. 122; Zsidisin & Smith 2005, S. 50; Sinha et al. 2004, S. 164f.; Sodhi & Tang 2012, S. 56). Für lieferantenseitige Risiken können als Maßnahmen z.B. Pufferbestände, Multiple Sourcing oder Qualitätskontrollen ergriffen werden (vgl. Norrman & Lindroth 2004, S. 22). Darüber hinaus gibt es Ansätze, die eine Aggregation von Maßnahmen vornehmen (vgl. Paulsson 2007, S. 257). Manuj & Mentzer (2008, S. 216) unterscheiden z.B. zwischen Sicherheit, Vermeidung, Postponement, Spekulation, Hedging sowie Kontrollieren/Teilen/Übertragen. Aufgrund der hohen Anzahl von möglichen Supply Chain-Risiken und potentiellen SCRM-Maßnahmen, die jeweils den Anforderungen der jeweiligen Unternehmen und in diesen verfolgten Strategien entsprechen müssen, bietet sich eine unternehmensspezifische Auswahl und Bewertung von Maßnahmen an (vgl. Sodhi & Tang 2012, S. 57). Hilfreiche Methoden zur Identifikation von Maßnahmen sind z.B. Brainstorming oder Interviews (vgl. Ziegenbein 2007, S. 60). Die ausgewählten Maßnahmen sollten im Rahmen der Steuerungsphase auf ihre Wirksamkeit hin überprüft werden (vgl. Erben & Romeike 2004, S. 292). Dies kann z.B. über ein Entscheidungsbaumverfahren oder eine Kosten-Nutzen-Analyse erfolgen (vgl. Schorcht 2007, S. 217).

In der Kontrollphase wird überprüft, ob die ergriffenen Maßnahmen zu einer Verbesserung der Risikosituation führen und eine kontinuierliche Berichterstattung sichergestellt ist (vgl. Schorcht 2004, S. 221f.). Tab. 2-4 zeigt beispielhaft auf, wie die Ergebnisse der ersten drei SCRM-Prozessphasen in Summe berichtet werden können (vgl. Fiege 2006, S. 217).

Tab. 2-4: Exemplarischer Berichtsbogen eines SCRM
Quelle: in Anlehnung an Fiege 2006, S. 217

Nr.	**Identifikation**			**Analyse**		**Steuerung**					
	Name	**Beschreibung**	**Klasse**	**Schadenshöhe**	**Eintritts-wahrscheinlichkeit**	**Maßnahme**	**Art**	**Erwarteter Nutzen**	**Erwarteter Aufwand**	**Umsetzung bis**	**Verantwortlicher**
1	*Liefe-ran-tenin-sol-venz*	*siehe Tab. 2-2*	*Zulie-ferer-risiko*	*Mittel*	*Hoch*	*Liefe-ran-ten-bewer-tung*	*Pro ak-tiv*	*Hoch*	*Nied-rig*	*Konti-nuier-lich*	*Strate-gischer Ein-kaufs-leiter*
2	*Erd-beben*	*siehe Tab. 2-2*	*Um-welt-risiko*	*Sehr hoch*	*Mittel*	*Kri-sen-team*	*Re-ak-tiv*	*Mittel*	*Hoch*	*Sofort*	*Ge-schäfts-leiter*
3	*Nach-fra-ge-ein-bruch*	*siehe Tab. 2-2*	*Nach-frage-risiko*	*Hoch*	*Nied-rig*	*Mar-keting-aktion*	*Re-ak-tiv*	*Nied-rig*	*Mittel*	*Zeit-nah*	*Marke-tinglei-ter*
...	...	...	...	...	...	...	...	...	...	...	...

Die Ziele der Kontrollphase können durch den Einsatz von speziellen Methoden erreicht werden. Zur Überprüfung der Effektivität des SCRM kann z.B. auf ein Audit zurückgegriffen werden. Dieses kann sowohl von extern oder auch in Form eines Selbstaudits durchgeführt werden, um sicherzustellen, dass keine signifikanten Abweichungen vom Soll-Zustand existieren (vgl. Knechel 2007, S. 405). Für eine kontinuierliche Berichterstattung eignet sich beispielsweise eine erweiterte Balanced-Scorecard. Neben den klassischen vier Zielperspektiven können zusätzliche Risiken, Chancen und Risikotreiber aufgenommen werden (vgl. Fiege 2006, S. 197). Der Einsatz einer Balanced-Scorecard ermöglicht es, sowohl eine wertorientierte als auch risikoorientierte Unternehmensführung zu verfolgen (Burger & Burchhardt 2002, S. 218).

Die für die einzelnen SCRM-Prozessphasen einsetzbaren Methoden weisen jeweils Vor- und Nachteile auf, so dass eine Auswahl unter Berücksichtigung situativer Faktoren empfehlenswert ist (vgl. Singer 2012, S. 64).

Die organisatorische Einbettung des SCRM-Prozesses wird häufig in Anlehnung an generische Ansätze des Risikomanagements diskutiert (vgl. Norrman & Jansson 2004, S.443; Ziegenbein 2007, S. 120ff.). Neben der Integration in einzelne Unternehmen, spielt weiterhin eine unternehmensübergreifende Abstimmung der SCRM-Prozessphasen eine Rolle (vgl. Pfohl et al. 2010, S. 40f.). Jüttner (2005, S. 136) weist in diesem Zusammenhang darauf hin, dass sowohl einflussreiche Unternehmen in einer Supply Chain als auch externe Dienstleister eine Koordinationsrolle hinsichtlich des SCRM einnehmen können. Existierende Ansätze zur organisatorischen Ausgestaltung eines SCRM werden im Folgenden Kap. 2.5 detaillierter hinsichtlich der Implementierung analysiert.

2.5 Supply Chain Risikomanagement-Implementierung

In diesem Abschnitt erfolgt zunächst eine Definition der SCRM-Implementierung (vgl. Kap. 2.5.1), um auf dieser Grundlage existierende SCRM-Implementierungsansätze zu analysieren (vgl. Kap. 2.5.2).

2.5.1 Definition der Supply Chain Risikomanagement-Implementierung

Die in Kap. 2.3 eingeführten theoretischen Grundlagen der Implementierung können auf verschiedene Objekte bezogen werden. In dieser Arbeit steht das SCRM als Implementierungsobjekt im Fokus der Betrachtung. Gegenstand des bei der Implementierung verfolgten Transformationsprozesses sind Prozesse, personelle Ressourcen und informationstechnologische Systeme (vgl. Schulte-Zurhausen 2010, S. 357). Bei einer entsprechenden Übertragung auf das SCRM sind diese Aspekte zu berücksichtigen.

Als erfolgskritische Komponenten bei der Implementierung von SCRM werden die Prozessphasen der Identifikation, Analyse, Steuerung und Kontrolle gesehen (vgl. Kap. 2.4.2; Ceryno et al. 2013, S. 146; Colicchia & Strozzi 2012, S. 413; Singhal et al. 2011, S. 21). Um diese Elemente eines SCRM im Rahmen eines Implementierungsprojekts zu verankern, bedarf es einer zeitlich begrenzten Zielsetzung. Unter Berücksichtigung der Aufgaben des SCRM wird diese in Anlehnung an Jakoby (2010, S. 6), Kersten et al. (2007, S. 1169), Nutt (1986, S. 233) und dem Supply Chain Council (2012, S. 3.2.5) wie folgt definiert:

Die SCRM-Implementierung verfolgt das Ziel, die Phasen der Identifikation, Analyse, Steuerung und Kontrolle des SCRM-Prozesses unter Berücksichtigung organisatorischer, personeller und informationstechnologischer Aspekte, als zeitlich begrenztes Projekt umzusetzen, um die Wettbewerbsfähigkeit einer Supply Chain durch die Reduzierung der Auswirkungen von Supply Chain-Risiken zu steigern.

Hierfür eignet sich ein schrittweises Vorgehen, das eine Einengung des Implementierungsobjektes von der Zielsetzung, über die eigentliche Implementierung bis hin zum Projektabschluss verfolgt (vgl. Bea & Haas 2009, S. 228f.).

Norrman & Jansson (2004, S. 436) zeigen am Beispiel des Fallstudienunternehmens Ericsson auf, dass der Ausgangspunkt für eine solche SCRM-Implementierung die schwerwiegenden Auswirkungen von eingetretenen Supply Chain-Risiken sein können. In dem betrachteten Fall erfolgte eine unternehmensspezifische Ausgestaltung des SCRM. Die Ergebnisse lassen sich allerdings nur begrenzt hinsichtlich eines Vorgehens zur SCRM-Implementierung verallgemeinern. Auf der anderen Seite existieren generische Ansätze zum SCRM, die allerdings häufig zu abstrakt sind, um eine praxistaugliche Implementierung sicherzustellen (vgl. Böger 2010, S. 209f.; Kajüter 2003a, S. 15ff.; Kajüter 2007, S. 22ff.; Micheli 2008, S. 862; Pfohl et al. 2010, S. 40f.; Ritchie & Brindley 2004, S. 36; Ziegenbein 2007, S. 48). Kajüter (2003a, S. 15ff.; 2007, S. 22ff.) und Pfohl et al. (2010, S. 33) greifen die vorhandenen Ansätze zum SCRM auf und leiten Prinzipien ab, mit Hilfe derer eine Implementierung als Entwicklungspfad von einem einfachen Risikomanagement zu einem idealtypischen SCRM verstanden werden kann. Einer solchen entwicklungstheoretischen Sichtweise wird in dieser Arbeit gefolgt, so dass schrittweise eine unternehmensübergreifende Koordination der SCRM-Aktivitäten angestrebt werden sollte.

2.5.2 Supply Chain Risikomanagement-Implementierungsansätze

Zur Analyse bestehender Ansätze zur Implementierung eines SCRM unter Berücksichtigung situativer Faktoren sind Beiträge, die zumindest zwei der folgenden Punkte in ihre Betrachtung einbeziehen, ausgewertet worden: *Bezug zum SCRM*, *Fokus auf Implementierung* und *Berücksichtigung situativer Faktoren*. Tab. 2-5 gibt einen Überblick über die Autoren und zeigt die Erfüllung der Kriterien auf.

Burger & Burchhart (2002) fokussieren sich auf die Implementierung eines Risiko-Controllings mit Hinblick auf die gesetzlichen Anforderungen in Deutschland. Detailliert gehen die Autoren auf die einzelnen Risikomanagementprozessphasen ein. Ein Bezug zum SCRM wird über die Inkludierung von Supply Chain-Risiken in eine Risikoklassifizierung hergestellt (vgl. Burger & Burchhart 2002, S. 86). Allerdings berücksichtigt das Konzept nicht spezielle Anforderungen eines SCRM. Im Vordergrund steht die Analyse der Implementierung eines Risiko-Controllings. Diese umfasst aufbau- und ablauforganisatorische Aspekte. Hierbei wird die Empfehlung ausgesprochen, situative Faktoren (z.B. Unternehmensgröße oder Struktur und Komplexität des Unternehmens) in die Betrachtung mit aufzunehmen, darüber hinaus werden diese allerdings nicht weiter berücksichtigt (vgl. Burger & Burchhart 2002, S. 261).

Tab. 2-5: Literaturrecherche situative Implementierung eines SCRM
Quelle: eigene Darstellung

Quelle	Bezug zum SCRM	Fokus auf Implementierung	Berücksichtigung situativer Faktoren
Böger (2010)	●	◑	●
Burger & Burchhart (2002)	◑	●	◑
Giunipero & Eltantawy (2004)	●	○	●
Heusler (2004)	◑	●	○
Jüttner et al. (2003)	●	◑	○
Kajüter (2003a & 2007)	●	◑	○
Kersten et al. (2011b)	●	◑	○
Manuj & Mentzer (2008)	●	◑	◑
Micheli et al. (2008)	●	◑	◑
Norrman & Jansson (2004)	●	●	◑
Pfohl et al. (2010)	●	●	○
Ritchie & Brindley (2004)	●	○	●
Schorcht (2004)	◑	●	○
Ziegenbein (2007)	●	●	◑
Zsidisin (2003)	●	○	●
Zsidisin et al. (2004)	●	○	●

Legende: ● Kriterium voll erfüllt, ◑ Kriterium teilweise erfüllt, ○ Kriterium nicht erfüllt

Schorcht (2004) thematisiert ebenfalls die Implementierung eines Risikomanagements. Hierbei erfolgt eine detaillierte Untersuchung des Einsatzes von Methoden in den einzelnen Risikomanagementphasen (vgl. Schorcht 2004, Kap. C.2). Der Autor betrachtet die Implementierung eines Risikomanagements aus einer Projektmanagementperspektive (vgl. Schorcht 2004, S. 286) und entwickelt ein idealtypisches Phasenkonzept (vgl. Schorcht 2004, S. 292). Die organisatorische Verankerung ist Bestandteil der Untersuchung (vgl. Schorcht 2004, S. 293). Das entwickelte Konzept ist auf die Bedürfnisse junger technologiegetriebener Unternehmen ausgerichtet, berücksichtigt aber keine situative Faktoren. Auf Supply Chain-Risiken wird nur in Hinblick auf eine notwendige sowie speziellere Betrachtung verwiesen (Schorcht 2004, S. 197).

Im Konzept von Heusler (2004, S. 4) stehen zwei Forschungsfragen im Vordergrund:

> „(1) inwiefern sich das Supply Chain Management-Konzept im Hinblick auf seine Implementierbarkeit ein- und abgrenzen lässt sowie
> (2) in welcher Verbindung die Implementierung von Supply Chain Management zu bestehenden Ansätzen der Reorganisationsforschung steht."

Eine Erweiterung der Betrachtung auf Fragen des SCRM erfolgt nur vereinzelt im Rahmen von strategischen Gesichtspunkten (vgl. Heusler 2004, S. 47; S. 69; S. 88ff.). Die Überlegungen zur Implementierung eines Supply Chain Managements können allerdings in vielen Fällen auf ein SCRM übertragen werden. Insbesondere die Bedeutung der Netzwerk-, Beziehungs- und Akteursebene zur Unterscheidung unternehmensinterner und -übergreifender Maßnahmen erscheint zielführend (vgl. Heusler 2004, S. 389). Über das entwickelte Konzept hinaus, ist aus der Sicht von Heusler (2004, S. 392) insbesondere in der Berücksichtigung situativer Faktoren weitere Forschungsbedarf gegeben.

Mit Hilfe zahlreicher Experteninterviews zeigen Jüttner et al. (2003) auf, in welchen Feldern der SCRM-Forschung aus Sicht von Praxisvertretern Defizite existieren. Einen Fokus auf die Implementierung wird in der Phase der Bewertung von Supply Chain-Risiken gelegt (Jüttner et al. 2003, S. 203). Hierbei wird neben einer fehlenden Transparenz in der Supply Chain insbesondere die Notwendigkeit geeigneter Methoden thematisiert. Die Berücksichtigung situativer Faktoren ist nicht Gegenstand der Untersuchung. Auf Grundlage einer empirische Erhebung gehen Kersten et al. (2011b) auf Hindernisse der Implementierung eines SCRM ein. Neben unzureichendem Wissen über SCRM, spielen für produzierende Unternehmen insbesondere

Knappheit qualifizierter Mitarbeiter und fehlende Transparenz in Supply Chains eine hinderliche Rolle (Kersten et al. 2011b, S. 164). Manuj & Mentzer (2008) greifen Hindernisse wie Komplexität innerhalb der Wertschöpfungsketten oder fehlendes Wissensmanagement auf und stellen Strategien zum Umgang mit globalen Supply Chain Risiken vor. Weiterhin untersuchen sie Einflussfaktoren für deren erfolgreiche Umsetzung (Manuj & Mentzer 2008, S. 215).

Kajüter (2003a) geht explizit auf die Anwendung von Methoden in den einzelnen SCRM-Phasen ein. Hierbei betrachtet der Autor die Notwendigkeit einer spezifischen Ausgestaltung für das SCRM (vgl. Kajüter 2003a, S. 120). Die Implementierung eines SCRM steht nur indirekt im Blickpunkt. Situative Faktoren werden hierbei nicht berücksichtigt. Bei der SCRM-Implementierung stehen verbundene Herausforderungen im Vordergrund der Diskussion. Intensiv wird auf die Frage der Koordination eines SCRM eingegangen (vgl. Kajüter 2003a, S. 117). Weiterhin diskutiert Kajüter (2003a, S. 15ff.; 2007, S. 22ff.) das Ausmaß von SCRM-Konzepten und differenziert drei Entwicklungsstufen: Die niedrigste Entwicklungsstufe umfasst ein Risikomanagement, dass ausgehend vom eigenen Unternehmen Supply Chain-Risiken betrachtet. Auf der zweiten Stufe wird für die Analyse von Supply Chain-Risiken mit Wertschöpfungspartnern kooperiert. Auf der höchsten Entwicklungsstufe erfolgt schließlich eine gemeinsame Zusammenarbeit in allen SCRM-Phasen. Pfohl et al. (2010) greifen die Entwicklungsstufen von Kajüter (2003a) auf und detaillieren das Konzept. Die Implementierung eines SCRM wird als eine Befolgung von einer Reihe von Prinzipien, die es ermöglichen, die höchste Entwicklungsstufe zu erreichen, interpretiert (vgl. Pfohl et al. 2010, S. 40f.). Die Autoren sehen weiteren Forschungsbedarf in der Entwicklung von Implementierungsansätzen für das SCRM, welche die Anforderungen der Praxis berücksichtigen und keine idealtypischen Ziele verfolgen (vgl. Pfohl et al. 2010, S. 43).

Neben dem Konzept der Entwicklungsstufen argumentieren Autoren auch mit Hilfe von Reifestufen. Micheli et al. (2008) vergleichen mit Hilfe von sieben Fallstudien das Konzept der Lieferantenbewertung mit dem des SCRM. Hierzu wird der Implementierungsstatus der Konzepte analysiert und somit unterschiedliche Reifestufen in der Praxis aufgezeigt. Die Durchführung von Lieferantenbewertungen wird als Element eines SCRM empfohlen (vgl. Micheli et al. 2008, S. 861). Zur Implementierung eines SCRM konnten Micheli et al. (2008, S. 862) begünstigende Faktoren, wie eine Projektmanagementkultur im Unternehmen, identifizieren. Zsidisin et al. (2004, S. 410) zeigen neben einer Bewertung die Bedeutung der Entwicklung von Lieferanten auf. In der auf Fallstudien basierten Untersuchung werden unternehmensspezifische Aussagen zur Verwendung von Methoden für die Supply Chain-Risikobewertung getroffen (vgl. Zsidisin et al. 2004, S. 401). Auch Zsidisin (2003, S. 22) weist auf die Bedeutung von situativen Faktoren bei der Bewertung von Supply Chain-Risiken hin.

Ritchie & Brindley (2004) betonen in ihrem Ansatz die Bedeutung der Kontingenztheorie für das SCRM. Die Berücksichtigung von situativen Faktoren ermöglicht es aus ihrer Sicht, mit den unterschiedlichen Arten von Supply Chain-Risiken umgehen zu können (vgl. Ritchie & Brindley 2004, S. 36). Insbesondere spielen das Umfeld (z.B. die geographische Ausdehnung einer Supply Chain), die Supply Chain-Struktur (z.B. Intensität des Informationsaustausches) und der Einsatz von Informationstechnologie-(IT)-Systemen eine wichtige Rolle (vgl. Ritchie & Brindley 2004, S. 37f.). Darüber hinaus, gehen die Autoren auf den menschlichen Faktor, der sich z.B. in der Risikoneigung offenbart, ein (vgl. Ritchie & Brindley 2004, S. 40). Den Einfluss von situativen Faktoren auf Investitionen in ein SCRM betrachten Giunipero & Eltantawy (2004, S. 699). Die Implementierung solcher Systeme steht hier ebenfalls nicht im Vordergrund, allerdings kann das entwickelte Konzept zur Ableitung von Investitionsentscheidungen genutzt werden (vgl. Giunipero & Eltantawy 2004, S. 708f.). Böger (2010) untersucht den Einfluss von situativen Faktoren auf Basis eines Grounded Theory-Ansatzes. Hierbei wird insbesondere die unternehmensspezifische Ausgestaltung von SCRM analysiert (vgl. Böger 2010, S. 5). In Anlehnung an die Diskussion von Entwicklungsstufen (vgl. Kajüter 2003a; Pfohl et al. 2010) wird der Grad einer Umsetzung von SCRM-Konzepten betrachtet (vgl. Böger 2010, S. 111f.). Die empirische Analyse zeigt erhebliche Differenzen zwischen idealtypischen Konzepten und dem Stand der Praxis auf (vgl. Böger 2010, S. 143). Böger (2010, S. 151ff.) konnte für die unternehmensspezifische Ausgestaltung von SCRM eine Reihe von situativen Faktoren identifizieren. Die Untersuchung gibt generische Empfehlungen für die Umsetzung eines SCRM, daraus wird aber kein situationsadäquates Konzept entwickelt (vgl. Böger 2010, S. 210).

Norrman & Jansson (2004) betrachten für das Fallstudienunternehmen Ericsson die organisatorische Verankerung eines SCRM. Hierbei werden die organisatorischen Veränderungen nach einem folgenschweren Supply Chain-Risikoeintritt betrachtet (vgl. Norrman & Jansson 2004, S. 442).

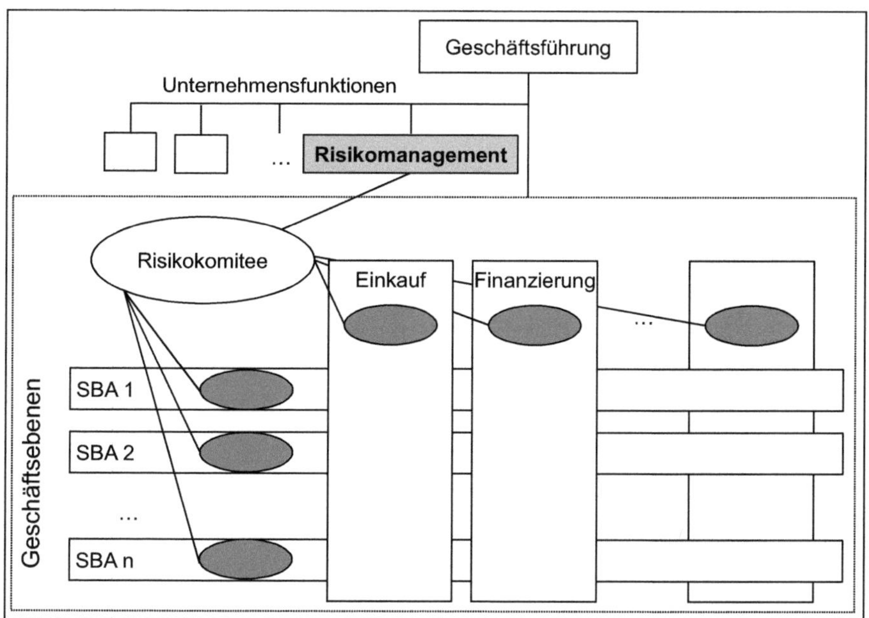

Abb. 2-13: Beispielhafte organisatorische Verankerung eines SCRM
Quelle: übersetzt nach Norrman & Jansson 2004, S. 443

Abb. 2-13 stellt die von Ericsson gewählte Matrixorganisation dar. Neben SCRM-Verantwortlichen auf einzelnen, nach Produkten differenzierten Geschäftsebenen (SBA – System Business Area) sowie nach Funktionen differenzierten Kernbereichen, gibt es ein übergeordnetes Gremium (Risikokomitee) zur Abstimmung der einzelnen Aktivitäten (vgl. Norrman & Jansson 2004, S. 443). Die Untersuchung gibt Aufschluss über die unternehmensspezifische Ausgestaltung der Implementierung eines SCRM für den Fall eines konkreten Beispiels. Es erfolgt allerdings keine Übertragung der Ergebnisse mit Hilfe von situativen Faktoren auf die Ebene eines kontingenztheoretischen Konzepts.

Ziegenbein (2007) fokussiert auf geeignete Methoden für die SCRM-Phasen der Identifikation, Analyse und Steuerung. Hierbei steht eine Anpassung existierender Methoden an die Bedürfnisse eines SCRM im Vordergrund (vgl. Ziegenbein 2007, S. 2f.). Hinsichtlich der organisatorischen Verankerung werden lediglich generische Lösungskonzepte diskutiert (vgl. Ziegenbein 2007, S. 120ff.). Die Implementierung der identifizierten Methoden erfolgt beispielhaft in ausgewählten Fallstudien (vgl. Ziegenbein 2007, S. 125). Eine situative Ausgestaltung der Auswahl der Methoden erfolgt allerdings nicht.

Zusammenfassend lässt sich als Ergebnis der Literaturrecherche zu existierenden SCRM-Implementierungsansätzen das Fazit ziehen, dass es eine Forschungslücke im Bereich der situationsadäquaten Implementierung von SCRM gibt. Einige Beiträge mit Fokus auf die Implementierung liefern wertvollen Input, welcher auf das SCRM übertragen werden kann (vgl. Burger & Burchhart 2002; Heusler 2004; Schorcht 2004). Darüber hinaus gibt es konzeptionelle Ansätze zum SCRM, die Teilaspekte einer Implementierung behandeln, allerdings keine situative Faktoren berücksichtigen (vgl. Jüttner et al. 2003; Kajüter 2003a & 2007; Kersten et al. 2011b; Pfohl et al. 2010). Die Bedeutung von situativen Faktoren für die konzeptionelle Ausgestaltung von SCRM wird von Giunipero & Eltantawy (2004), Ritchie & Brindley (2004), Zsidisin (2003) und Zsidisin et al. (2004) betont. Eine Reihe von Beiträgen vereinen die Aspekte des situativen Ansatzes einer Implementierung des SCRM, betrachten allerdings jeweils nur Teilaspekte und reichen wie ausgeführt nicht aus, um die Forschungsfragen dieser Arbeit zu beantworten (vgl. Böger 2010; Manuj & Mentzer 2008; Micheli et al. 2008; Norrman & Jansson 2004; Ziegenbein 2007).

2.6 Grundlagen der Entscheidungstheorie und Einführung in Entscheidungsunterstützungssysteme

Die Implementierung von SCRM geht mit einer Vielzahl von Entscheidungen, die in Abhängigkeit von situativen Faktoren getroffen werden können, einher. Zur systematischen Unterstützung der Entscheidungsfindung lassen sich Entscheidungsunterstützungssysteme (EUS)[6] einsetzen. Im Folgenden werden daher die relevanten Grundlagen der Entscheidungstheorie eingeführt und auf EUS detailliert eingegangen (vgl. Kap. 2.6.1 bis 2.6.5). Das Treffen von Entscheidungen wird hierbei als Auswahl von einer oder mehreren Handlungsoptionen verstanden (vgl. Sieben & Schildbach 1994, S. 1).

2.6.1 Entscheidungstheorie

Die Entscheidungstheorie beschäftigt sich als wissenschaftliche Disziplin mit der Untersuchung des menschlichen Verhaltens bei Wahlentscheidungen und zeigt Lösungen für konkrete Fälle auf (vgl. Saliger 1993, S. 1). Hierbei wird weiterhin auf die Auswahl von geeigneten Methoden zur Entscheidungsfindung eingegangen (vgl. Wesseler 2012, S. 2).

---

[6] Im Englischen Decision Support System.

Grundsätzlich wird zwischen deskriptiven und präskriptiven Entscheidungstheorien unterschieden (vgl. Saliger 1993, S. 1). Bei deskriptiven Entscheidungstheorien steht die empirische Untersuchung im Vordergrund, wie Individuen oder Gruppen in der Realität Entscheidungen treffen (vgl. Laux et al. 2012, S. 3f.). Ziel dieser Forschungsansätze ist die Ableitung von Hypothesen, die eine Prognose über Entscheidungen in bestimmten Situationen erlauben (vgl. Saliger 1993, S. 1). Bei präskriptiven Entscheidungstheorien liegt der Fokus dagegen auf der Frage, welche Entscheidungen getroffen werden sollen (vgl. Laux et al. 2012, S. 4). Ziel ist es Handlungsempfehlungen, die rational begründet sind, zu geben (vgl. Saliger 1993, S. 1). Nach Sieben & Schildbach (1994, S. 1) „[...] wird Rationalität als „zweckmäßige" Grundeinstellung zum Problem des Auswählens von Handlungsalternativen angesehen und gleich einem Axiom zur Grundlage der weiteren Untersuchungen erhoben, in deren Verlauf dann für die verschiedensten Problemsituationen [...] diejenigen Lösungen logisch deduziert werden, die rational handelnde Entscheidungsträger ergreifen würden." Der präskriptiven Entscheidungstheorie liegt hierbei die Annahme zugrunde, dass Entscheidungsprozesse idealtypisch ablaufen (vgl. Rehkugler & Schindel 1985, S. 15). Nach Laux et al. (2012, S. 12) erfolgt dies systematisch mit Hilfe von fünf Schritten: Zuerst erfolgt eine Definition des Problems. Anschließend wird dieses mit Hilfe eines Zielsystems modellhaft abgebildet. In diesem Modell werden Handlungsalternativen erarbeitet und bewertet. Darauf folgt die Auswahl der am besten geeigneten Option und diese wird abschließend realisiert. Aufgrund der Relevanz für diese Arbeit wird im Folgenden detaillierter auf präskriptive Entscheidungstheorien eingegangen.

Abb. 2-14 illustriert das Grundmodell der präskriptiven Entscheidungstheorie. Dieses baut auf einem idealtypischen Entscheidungsprozess, der eine modellhafte Abbildung der Entscheidungsfindung erlaubt, auf (vgl. Laux et al. 2012, S. 12; Rehkugler & Schindel 1985, S. 15). Die Übertragung des Entscheidungsproblems von der Realität in ein Modell ermöglicht eine Reduzierung der Komplexität und damit die Anwendung von mathematischen Lösungsverfahren (vgl. Haberfellner et al. 2002, S. 10). Ausgangspunkt ist ein reales Entscheidungsproblem, das im Modell in ein Entscheidungsfeld übertragen wird. Das Entscheidungsfeld setzt sich aus der Menge von möglichen Alternativen, Umweltzuständen und Ergebnissen zusammen (vgl. Rehkugler & Schindel 1985, S. 23).

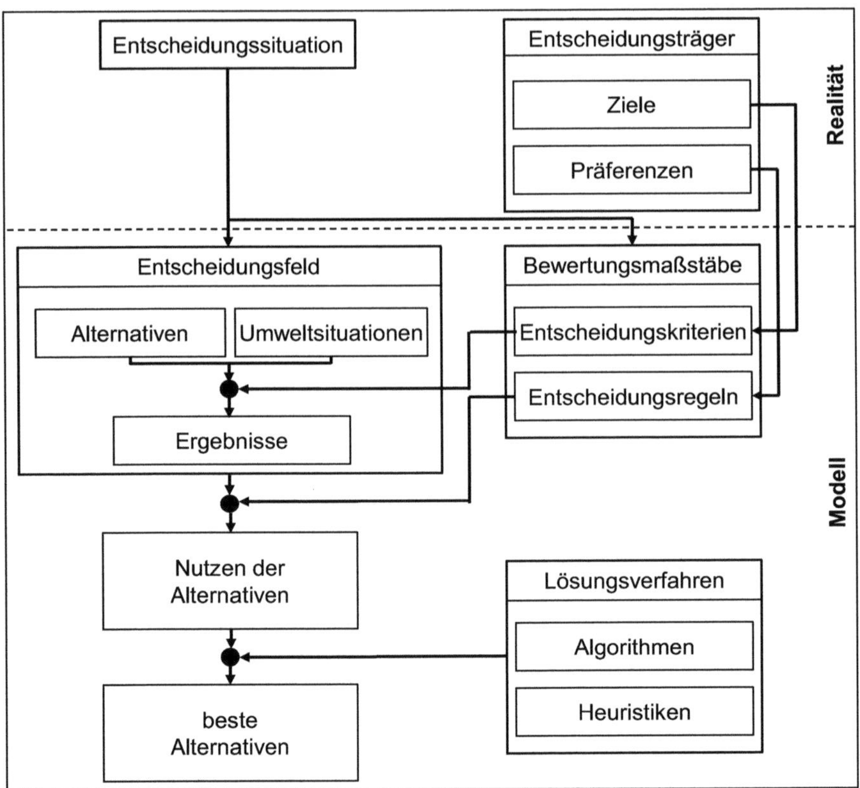

Abb. 2-14: Elemente der präskriptiven Entscheidungstheorie
Quelle: Rehkugler & Schindel 1985, S. 21

Für die Bewertung möglicher Alternativen werden die Ziele und Präferenzen eines Entscheidungsträgers berücksichtigt (vgl. Sieben & Schildbach 1994, S. 23). Diese werden im Modell in Form von Entscheidungskriterien und -regeln als Bewertungsmaßstäbe eingeführt (vgl. Rehkugler & Schindel 1985, S. 19f.). Entscheidungskriterien müssen dabei die Anforderungen erfüllen, dass eine direkte Ableitung aus den Zielen erfolgt ist und dass der Einfluss der Kriterien bei der Auswahl der Handlungsalternativen für Entscheidungsträger nachvollzogen werden kann (vgl. Rehkugler & Schindel 1985, S. 53). Bei den Entscheidungsregeln handelt es sich schließlich um ein formalisiertes Bewertungsverfahren für die mit Hilfe der Entscheidungskriterien gebildete Ergebnismenge. Hierbei wird jeder Alternative auf Basis der Präferenzen der Entscheidungsträger ein Nutzwert zugeordnet (vgl. Rehkugler & Schindel 1985, S. 69). Im letzten Schritt dienen Lösungsverfahren dazu, aus der nach ihrem Nutzen bewerteten Menge an Alternativen, die beste auszuwählen. Hierfür können sowohl

Algorithmen als auch Heuristiken eingesetzt werden (vgl. Rehkugler & Schindel 1985, S. 72).

2.6.2 Multiattributive Entscheidungsverfahren

Multiattributive Entscheidungsverfahren (Multiple Attribute Decision Making – MADM) bilden mit multiobjektiven Entscheidungsverfahren (Multiple Objective Decision Making – MODM) zwei Untergruppen der multikriteriellen Entscheidungsverfahren (Multiple Criteria Decision Making – MCDM). Diese Verfahren beschäftigen sich mit der Entscheidungsfindung bei mehreren Zielen. MADM helfen, Entscheidungen (Bewertungen, Priorisierungen, Auswahl von Alternativen) bei einer gegebenen Anzahl von Handlungsalternativen zu treffen. MODM sucht dagegen die beste Alternative für die gegebenen Ziele. Beispielhaft sei für MODM die Entwicklung eines Automobils genannt, das maximalen Komfort bei minimalem Verbrauch und möglichst niedrigen Kosten aufweisen soll (vgl. Yoon & Hwang 1995, S. 2).

Ziele können in verschiedenen Verhältnissen zueinander stehen (vgl. Laux 2005, S. 67):

- Neutral: Maßnahmen, die zu einer Verbesserung einer Zielgröße beitragen, beeinflussen die Zielerreichung einer anderen Zielgröße nicht.
- Komplementär: Maßnahmen tragen zu einer Verbesserung von mehreren Zielgrößen bei.
- Konfliktär: Maßnahmen verbessern eine Zielgröße, beeinflussen allerdings gleichzeitig andere Zielgrößen negativ.

Probleme mit Zielen, die sich neutral zueinander verhalten, lassen sich durch eine Zerlegung in unabhängige Teilprobleme lösen (vgl. Laux 2005, S. 67). Bei komplementären Zielen ist eine Lösung durch Orientierung an einzelnen Zielgrößen ebenfalls ohne Schwierigkeiten zu erreichen (vgl. Laux 2005, S. 68). In der Realität überwiegen allerdings Ziele, die in Konkurrenz zueinander stehen (vgl. Laux et al. 2012, S. 45). Probleme mit Zielkonkurrenz lassen sich mit Hilfe von Präferenzordnungen der Entscheidungsträger lösen (vgl. Laux 2005, S. 68).

Im Folgenden wird nur auf MADM eingegangen, da für die Arbeit die Entscheidungsfindung bei mehreren Zielen relevant ist und der Einsatz von MODM daher nicht zweckmäßig wäre. MADM ermöglichen die Auswahl der am meisten geeigneten Handlungsalternative aus einer endlichen Menge von möglichen Optionen (vgl.

Hwang & Yoon 1981, S. 3; Tzeng & Huang 2011, S. 1). Das zugrunde liegende Problem lässt sich mit Hilfe einer Ergebnismatrix darstellen (vgl. Tab. 2-6).

Tab. 2-6: Aufbau einer Ergebnismatrix
Quelle: vgl. Rehkugler & Schindel 1985, S. 17

	Umweltsituationen (s_j)
	Entscheidungskriterien (e_k)
Handlungsmöglichkeiten (a_i)	x_{ijk}

Die in Tab. 2-6 aufgezeigte Ergebnismatrix stellt das Entscheidungsfeld mit folgenden Informationen dar (vgl. Rehkugler & Schindel 1985, S. 17): Die Menge an Handlungsmöglichkeiten (a_i) ist aufgelistet. Diese stellen den beeinflussbaren Teil der Ergebnismatrix dar. Weiterhin sind die Entscheidungskriterien (e_k) aufgeführt. Die Umweltsituationen (s_j) repräsentieren die vom Entscheidungsträger nicht zu beeinflussenden Zustände externer Faktoren. Für jedes Entscheidungskriterium ist ein Ergebnis (x_{ijk}) aufgezeigt, das eintritt, wenn der Entscheidungsträger eine Handlungsmöglichkeit bei gegebener Umweltsituation auswählt.

Zur Auswahl der am meisten geeigneten Handlungsmöglichkeit stehen bei MADM-Verfahren zwei Herangehensweisen zur Verfügung (vgl. Hwang & Yoon 1981, S. 24): kompensatorische und nicht-kompensatorische. Bei nicht-kompensatorischen Verfahren erfolgt kein Ausgleich zwischen der Eignung der Alternativen für die zu erfüllenden Ziele. Die Eignung wird mit Hilfe von Bewertungsfaktoren erfasst (vgl. Hwang & Yoon 1981, S. 16). Die Anwendung eines nicht-kompensatorischen Verfahrens eignet sich unter anderem zur Einschränkung der zur Verfügung stehenden Alternativen. Anschließend kann mit kompensatorischen Verfahren die verbleibenden Alternativen bewertet werden (vgl. Kahraman 2008, S. 3). Die Einschränkung der Anzahl von Alternativen reduziert den Aufwand für die Anwendung vom MADM-Verfahren. Bei kompensatorischen Verfahren liegt im Gegensatz zu nicht-kompensatorischen Verfahren die Annahme zugrunde, dass eine geringe Eignung einer Alternative für ein Ziel durch eine bessere Eignung für ein anderes Ziel ausgeglichen werden kann (vgl. Hwang & Yoon 1981, S. 25). Für diesen zweiten Fall bietet sich der Einsatz von Bewertungsmodellen, wie z.B. der Nutzwertanalyse an (vgl. Laux et al. 2012, S. 76).

Der Lösungsprozess von MADM-Verfahren gliedert sich in die folgenden Schritte (vgl. Tzeng & Huang 2011, S. 15):

1. Schritt: Definition des zugrunde liegenden Problems.
2. Schritt: Aufbau eines hierarchischen Bewertungssystems.
3. Schritt: Auswahl eines geeigneten Bewertungsmodells.
4. Schritt: Festlegung der Gewichtungsfaktoren für jedes Kriterium und Berechnung der Ergebnisse für die vorhandenen Alternativen.
5. Schritt: Auswahl der am meisten geeigneten Alternative hinsichtlich der zugrunde liegenden Präferenzfunktion.

Im Folgenden wird beispielhaft auf Methoden der nicht-kompensatorischen und kompensatorischen Verfahren, die im weiteren Verlauf der Arbeit aufgegriffen werden, eingegangen.

Werden nicht-kompensatorische Verfahren zur Vorauswahl von Alternativen eingesetzt bietet sich die Verwendung von Methoden, die überprüfen, ob ein bestimmtes Anspruchsniveau erreicht wird, an (vgl. Kahraman 2008, S. 4; Laux 2005, S. 54f.). Es liegt die Anspruchsanpassungstheorie von Simon (1957) zugrunde (vgl. Laux 2005, S. 54). Bei nicht-kompensatorischen Verfahren kann zwischen konjunktiven und disjunktiven Entscheidungsregeln zur Überprüfung des Anspruchsniveaus unterschieden werden (vgl. Yoon & Hwang 1995, S. 20): Konjunktive Entscheidungsregeln lassen nur Alternativen, die für alle Attribute das jeweils definierte Minimum an Anforderungen erfüllen, zu. Bei disjunktiven Entscheidungsregeln reicht es aus, wenn mindestens ein Attribut eine definierte Anforderung erreicht.

Bei kompensatorischen Verfahren ist die Nutzwertanalyse[7] weit verbreitet (vgl. Yoon & Hwang 1995, S. 32). Diese ermöglicht eine Gewichtung von Handlungsmöglichkeiten nach den Präferenzen von Entscheidungsträgern (vgl. Churchman & Ackoff 1954, S. 173; Finlay 1994, S. 116; Hwang & Yoon 1981, S. 99). Der Gesamtnutzen einer Handlungsmöglichkeit wird hier durch eine gewichtete Summe von deren Eignung je Ziel ermittelt (vgl. Laux et al. 2012, S. 76). Mathematisch lässt sich die Methode wie folgt beschreiben (vgl. Formel 2-1; Hwang & Yoon 1981, S. 99):

[7] In deutschen Veröffentlichungen werden auch häufig folgende Namen synonym verwendet: Scoring-Modell, Punktwertverfahren. Oder der englische Begriff Simple Additive Weighting genutzt.

$$A^* = \left\{A_i \middle| \max_i \sum_{j=1}^{n} w_j x_{ij} \,/\, \sum_{j=1}^{n} w_j\right\} \qquad (2\text{-}1)$$

Alle Ergebnisse x_{ij} einer Handlungsmöglichkeit A_i für die möglichen Umweltsituationen j werden mit Hilfe eines Faktors w_j bewertet und aufsummiert. Die Summe der Gewichtungsfaktoren w_j ergeben in der Regel 1. A^* ist die präferierte Handlungsmöglichkeit, die von den zur Verfügung stehenden Optionen den maximalen Nutzen verspricht.

Die Nutzwertanalyse setzt voraus, dass die Ergebnisse einer Handlungsmöglichkeit für alle Umweltsituationen vergleichbar sind. Dies ist in der Praxis jedoch häufig nicht der Fall. Weiterhin ist die Gewichtung der Faktoren abhängig von den jeweiligen Entscheidungsträgern und führt zu subjektiven Entscheidungen. Daher kann es sinnvoll sein, einzelne Faktoren getrennt voneinander zu betrachten (vgl. Hwang & Yoon 1981, S. 99).

2.6.3 Entscheidungsunterstützungssysteme

EUS helfen rationale Entscheidungen in semi- und unstrukturierten Situationen zu treffen. Die Anwender solcher Systeme sind Entscheidungsträger, die über die Kompetenz verfügen, finale Entscheidungen zu treffen. Die Wahrung der Rationalität geht mit der Ermöglichung eines transparenten und konsistenten Entscheidungsprozesses einher. Ein EUS umfasst daher nicht nur die Entscheidung an sich, sondern auch die Vorbereitung und Kontrolle innerhalb eines Entscheidungsprozesses (vgl. Grob & Bensberg 2007, S. 3). Primäres Ziel eines EUS ist allerdings, Entscheidungsträger bei der Auswahl der am meisten geeigneten Handlungsalternative zu unterstützen (vgl. Alavi & Napier 1993, S. 74).

Die EUS-Forschung ist multidisziplinär aufgestellt und untersucht verschiedene Aspekte und Anwendungsbereiche solcher Systeme (vgl. Reinersmann 1997, S. 235). Es existiert daher eine Vielzahl von unterschiedlichen Definitionen. Reinersmann sieht eine Gemeinsamkeit in der Anwendung von unstrukturierten Entscheidungssituationen und fasst die existierenden Definitionen wie folgt zusammen (1997, S. 236):

> „Ein EUS ist ein computerbasiertes, interaktives System, das den Entscheidungsträger mit problembezogenen Daten, Modellen und Methoden in seinem Entscheidungsprozeß bei der Lösung von Teilaufgaben eines übergeordneten Problemlösungsprozesses unterstützen soll.“

Daraus leiten sich die folgenden Anforderungen an ein EUS ab (vgl. Finlay 1994, S. 37):

- Eine hohe Benutzerfreundlichkeit, um eine direkte Nutzung durch Entscheidungsträger zu ermöglichen.
- Eine für Entscheidungsträger verständliche Visualisierung aller Informationen.
- Eine Reduzierung der zur Verfügung gestellten Informationen auf das Nötigste, um eine Informationsüberlastung zu verhindern.

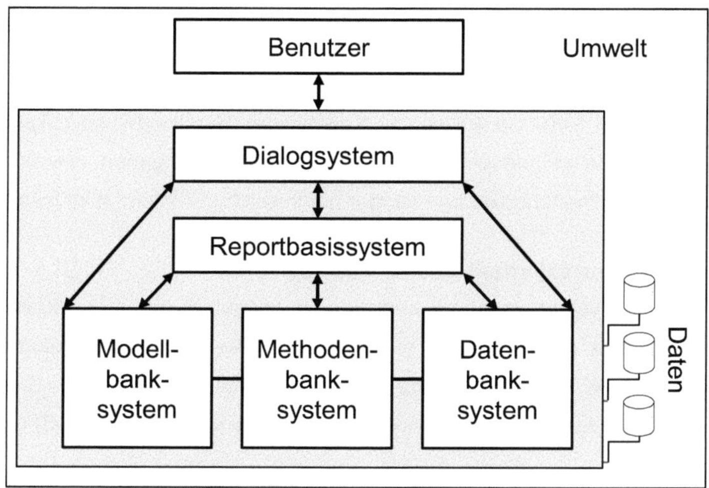

Abb. 2-15: Grundstruktur eines EUS
Quelle: Reinersmann 1997, S. 238

Abb. 2-15 illustriert die grundlegenden Elemente eines EUS. Benutzer interagieren ausschließlich über ein *Dialogsystem* mit den übrigen Komponenten eines EUS. Es handelt sich dabei um eine Schnittstelle, die festlegt welche Eingaben und Ausgaben erfolgen können (vgl. Reinersmann 1997, S. 239). Das Dialogsystem spielt für ingenieurwissenschaftliche Problemlösungsprozesse eine elementare Rolle (vgl. Müller 1990, S. 16).

Die Basis eines EUS bilden *Datenbanksysteme*, die für eine redundanzfreie Datenhalterung sorgt (vgl. Mittra 1986, S. 4). Weiterhin ermöglicht diese Komponente die Einbindung neuer Daten, die aus anderen Systemen, wie z.B. dem Enterprise Resource Planning (ERP) stammen können (vgl. Grob & Bensberg 2007, S. 83).

Modell- und *Methodenbanksysteme* dienen der Verwaltung, der in einem EUS vorhandenen Modelle und Methoden. Der Zugriff erfolgt über das Dialogsystem. Das Spektrum von Methodensammlungen in EUS kann sich von einfachen deskriptiven Statistikverfahren bis hin zu ausgereiften finanzmathematischen Analyseverfahren erstrecken. Das Ergebnis der Anwendung von Modellen und Methoden wird über ein Reportbasissystem mit Hilfe des Dialogsystems ausgegeben (vgl. Reinersmann 1997, S. 244f.).

Das *Reportbasissystem* bereitet die Entscheidungen grafisch auf, so dass diese auf verständliche Weise dem Benutzer zur Verfügung gestellt werden können (vgl. Reinersmann 1997, S. 245).

Ein EUS unterstützt somit die Auswahl von geeigneten Handlungsmöglichkeiten, umfasst aber nicht eine allumfassende Lösung für komplexe Aufgaben. Hier ist ein Expertensystem vorteilhaft, das den Anwender durch solche Problemfelder leiten kann.

2.6.4 Wissens- und expertenbasierte Systeme

Wissensbasierte Systeme gehören zum Forschungsgebiet der „Künstlichen Intelligenz" (KI), welches unter anderem auch Bereiche wie die Robotik, automatisierte Bild- oder natürliche Spracherkennung umfasst (vgl. Weidenhaupt 1991, S. 11). Zur Einordnung der KI lässt sich eine Definition von Rich & Knight (1991, S. 3) heranziehen:

> „*Artificial intelligence* (AI) is the study of how to make computers do things which, at the moment, people do better".

Die Definition lässt zwar philosophische Aspekte wie die Einordnung von Intelligenz außen vor, dafür ist sie unabhängig vom technologischen Fortschritt gültig (vgl. Rich & Knight 1991, S. 3). KI wird zur Abbildung von menschlichem Denk-, Entscheidungs- sowie Problemlösungsverhalten mit Hilfe von computergestützten Lösungsverfahren eingesetzt (vgl. Weidenhaupt 1991, S. 11).

Zur Lösung von komplexen Problemen mit Hilfe der KI ist es erforderlich, große Mengen von Wissen zu verarbeiten (vgl. Rich & Knight 1991, S. 105). Wissensbasierte Ansätze eignen sich besonders für diese Aufgabe, da sie eine effektive Erfassung, Darstellung und Verarbeitung von problemorientierten Informationen ermöglichen (vgl. Beierle & Kern-Isberner 2008, S. 8).

Grundlegender Aspekt von wissensbasierten Systemen ist eine getrennte Basis und Verarbeitung von Wissen (vgl. Beierle & Kern-Isberner 2008, S. 11). Abb. 2-16 illustriert die Kernelemente eines wissensbasierten Systems. Die Wissensbasis wird mit Hilfe von Wissensquellen erstellt. Hierbei kann es sich um Datenbanken, Experten oder Informationen aus der Umgebung handeln (vgl. Ertel 2013, S. 14). Wissensingenieure stellen eine Schnittstelle zwischen den Quellen und dem folgenden Wissenserwerb dar, können aber auch selbst eine Wissensquelle sein. Ihre Aufgabe ist die Aufbereitung des Wissens in einer Form, die vom System verarbeitet werden kann, als auch weiterhin von Seiten der Wissensquellen verstanden wird (vgl. Kendal & Creen 2007, S. 10). Neben einem solchen indirekten Wissenserwerb kann auch eine geeignete Schnittstelle, die Experten die direkte Eingabe in die Wissensbasis erlaubt, existieren (vgl. Weidenhaupt 1991, S. 17). Als Alternative zu einem solchen Knowledge Engineering wird auch maschinelles Lernen eingesetzt. Dabei generiert ein System aus der Umgebung aktiv durch Exploration Wissen (vgl. Ertel 2013, S. 14). Als Ergebnis des Wissenserwerbs ergibt sich die Wissensbasis, welche eine maschinelle Verarbeitung der Daten erlaubt (vgl. Weidenhaupt 1991, S. 18). Zentraler Bestandteil eines wissensbasierten Systems ist die Inferenz. Diese Komponente dient zur Verarbeitung des Wissens. Die Inferenz stellt damit die Problemlösungskomponente dar und ist im Gegensatz zur Wissensbasis unabhängig vom jeweiligen Anwendungsfall des Systems (vgl. Beierle & Kern-Isberner 2008, S. 11). Benutzer von wissensbasierten Systemen greifen über Anfragen auf die Schlussfolgerungen der Inferenzkomponente zu. Die Annahme von Anfragen und die Ausgabe von Antworten erfolgt über eine Dialogkomponente (vgl. Weidenhaupt 1991, S. 22f.).

Zusätzlich zu den in der Abb. 2-16 dargestellten Elementen verfügen wissensbasierte Systeme über eine Erklärungskomponente. Dieser kommt eine besondere Rolle zu, da der Anwender den Empfehlungen von wissensbasierten Systemen nur in den Fällen folgen wird, wenn diese auf nachvollziehbare Weise entstanden sind (vgl. Kolb 1991, S. 142; Rich & Knight 1991, S. 550). Werden Erklärungen hierbei automatisch aus der Wissensbasis generiert, handelt es sich um direkte Erklärungen. Bei indirekten Erklärungen werden vordefinierte Informationstexte zur Verfügung gestellt (vgl. Kolb 1991, S. 144).

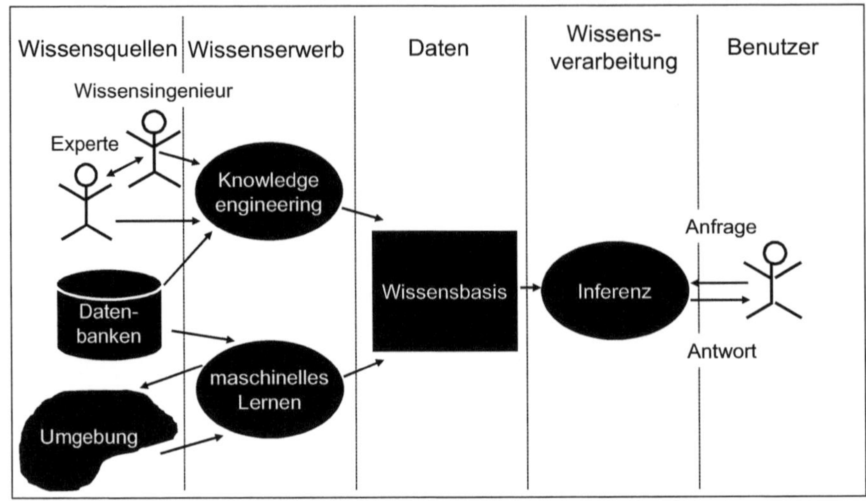

Abb. 2-16: Elemente wissensbasierter Systeme
Quelle: Ertel 2013, S. 15

Expertensysteme

Expertensysteme (XPS) sind eine Untergruppe von wissensbasierten Systemen. Hierbei dienen Experten als Wissensquelle (vgl. Beierle & Kern-Isberner 2008, S. 11). Das Ziel von XPS ist die Unterstützung von Experten sowie die Übernahme von deren Teilaufgaben (vgl. Rich & Knight 1991, S. 547; Weidenhaupt 1991, S. 15). Definiert werden sie von Beierle & Kern-Isberner (2008, S. 12) wie folgt:

> „Ein Expertensystem ist ein Computersystem (Hardware und Software), das in einem gegebenen Spezialisierungsbereich menschliche Experten in Bezug auf ihr Wissen und ihre Schlussfolgerungsfähigkeit nachbildet."

Die Vor- und Nachteile der Eigenschaften von menschlichen Experten werden in Tab. 2-7 aufgezeigt. Hierzu zählen unter anderem die Fähigkeit, Probleme mit fachspezifischem Wissen zu lösen. Menschliche Experten stellen allerdings aufgrund ihrer begrenzten Verfügbarkeit auch eine Limitation dar, so dass XPS einen wichtigen Beitrag zum Wissensmanagement stellen können (vgl. Beierle & Kern-Isberner 2008, S. 11f.).

Die Berücksichtigung von Eigenschaften menschlicher Experten resultiert in die folgenden Anforderungen für XPS (vgl. Weidenhaupt 1991, S. 15): Problemlösungs-, Erklärungskompetenz sowie Lernfähigkeit und Benutzerfreundlichkeit. Unter Problemlösungskompetenz wird die Verwendung von Expertenwissen zur Lösung von spezifischen Problemen verstanden (vgl. Beierle & Kern-Isberner 2008, S. 12). Die Erklärungskompetenz spiegelt sich in einer nachvollziehbaren Präsentation der Problemlösungen wider (vgl. Kolb 1991, S. 142; Rich & Knight 1991, S. 550). Die Lernfähigkeit kann durch die Erweiterbarkeit der Wissensbasis, z.B. durch direkte Eingaben von Experten sichergestellt werden (vgl. Beierle & Kern-Isberner 2008, S. 12). Für die Benutzerfreundlichkeit ist die Ausgestaltung und Funktionalität der Dialogkomponente entscheidend (vgl. Weidenhaupt 1991, S. 22f.). Existierende XPS erfüllen allerdings häufig nur einen Teil der skizzierten Anforderungen, so dass der Erfüllungsgrad zur Gütebeurteilung herangezogen werden kann (vgl. Beierle & Kern-Isberner 2008, S. 12).

Tab. 2-7: Eigenschaften von menschlichen Experten
Quelle: vgl. Beierle & Kern-Isberner 2008, S. 11f.

Vorteil	Nachteil
• Fähigkeit Probleme mit spezifischem Wissen zu lösen • Fähigkeit Probleme, die über keine eindeutige Lösung verfügen, zu lösen • Fähigkeit bei unvollständigen Informationen oder Unsicherheit intuitive Lösungen zu finden • Einsatz von heuristischem Wissen • Lernen aus ihren Erfahrungen • Verfügen auch über Allgemeinwissen	• Intuitive Entscheidungen können nicht erklärt werden • Stehen nur begrenzt zur Verfügung und sind teuer • Die Leistungsfähigkeit ist Schwankungen unterworfen • Zum Teil ist es erforderlich mehrere Experten einzusetzen • Das Wissen ist personengebunden und häufig nur implizit vorhanden

2.6.5 Zusammenführung von Entscheidungsunterstützungssystemen und Expertensystemen

EUS und XPS weisen eine Reihe von Gemeinsamkeiten auf. Beide Systeme unterstützen die Lösung von komplexen Problemen. Dies geschieht auf eine nachvollziehbare Weise und fokussiert auf eine hohe Benutzerfreundlichkeit (vgl. Turban 1988, S. 547). Die Nachvollziehbarkeit und Benutzerfreundlichkeit führen zu einer hohen Akzeptanz bei Entscheidungsträgern, daher werden diese Systeme in dieser Arbeit für die Modellentwicklung herangezogen. Neben diesen Gemeinsamkeiten weisen die Systeme Unterschiede, die in Tab. 2-8 aufgezeigt werden, auf.

Während EUS auf die Unterstützung von Entscheidungsträgern abzielt, versuchen XPS Teilaufgaben autonom zu bearbeiten. XPS verwenden somit Expertenwissen zur Entscheidungsfällung, während EUS Entscheidungsträgern hilfreiche Informationen zur Verfügung stellen. Der Fokus liegt somit bei EUS auf der Entscheidungsunterstützung, während XPS einen Transfer von Expertenwissen sicherstellen. Das Problemfeld muss bei XPS entsprechend strukturiert und spezifischer als bei EUS sein. XPS verfügen weiterhin über eine höhere Schlussfolgerungs- und Erklärungsfähigkeit (vgl. Geis 1990, S. 37ff.).

Tab. 2-8: Unterschiede von EUS und XPS
Quelle: übersetzt nach Turban 1988, S. 547

Merkmal	EUS	XPS
Ziel	Unterstützung von Entscheidungsträgern	(Teil-)Ersatz von Experten
Wer fällt die Entscheidungen?	Entscheidungsträger	System
Zweck	Entscheidungsunterstützung	Transfer von Expertenwissen
Hauptfragerichtung	Entscheidungsträger fragt System	System fragt Anwender
Zielgruppe der Unterstützung	Personen, Gruppen und Institutionen	Personen und Gruppen
Art der Manipulationsmethode für Daten	Numerisch	Symbolisch (hauptsächlich)
Charakterisierung des Problemfelds	Unstrukturiert, weit	Strukturiert, spezifisch
Art des Problems	Einzigartig	Wiederholend
Inhalt der Wissensbasis	Faktenwissen	Prozess- und Faktenwissen
Schlussfolgerungsfähigkeit	Nein	Ja (limitiert)
Erklärungsfähigkeit	Limitiert	Ja

Die Integration von EUS und XPS kann die Vorteile beider Systeme für spezielle Problemfelder kombinieren (vgl. Reinersmann 1997, S. 282; Turban 1988, S. 548). Weiterhin ist es möglich, eine Verbesserung von EUS durch die Erweiterung einer oder mehrerer Komponenten mit Hilfe von Funktionen eines XPS zu verbessern (vgl. Turban 1988, S. 546). Die Dialogkomponente kann z.B. durch die Verarbeitung natürlicher Sprache ausgebaut werden. Bei der Modell- und Methodendatenbank bietet sich z.B. eine Erweiterung durch die Problemlösungsfähigkeit der Inferenz an. Die Datenbank kann z.B. durch regelbasierte Techniken verbessert werden (vgl. Reinersmann 1997, S. 285). In der Literatur werden unterschiedliche Bezeichnungen für ein kombiniertes System verwendet: XEUS, XPS/EUS, EUS/XPS oder intelligentes EUS (vgl. Turban 1988, S. 546; Reinersmann 1997, S. 283ff.). Im Folgenden wird detaillierter auf die Möglichkeit eingegangen, dass die Datenbank eines EUS durch den Einsatz von regelbasierten Techniken verbessert wird.

Regelbasierte Systeme

Regelbasierte Systeme eignen sich für den Einsatz in XPS, da es mit ihnen möglich ist, menschliche Denkprozesse nachzubilden. Mit Hilfe von Regeln kann ein Großteil von Expertenwissen wiedergegeben werden (vgl. Beierle & Kern-Isberner 2008,

S. 73). Regeln werden als wenn-dann-Beziehungen formuliert (vgl. Beierle & Kern-Isberner 2008, S. 72).

In der Inferenz können auf Basis der Regeln Schlussfolgerungen erzeugt werden. Die grundlegende Inferenzregel entspricht hierbei folgender Form (vgl. Formel 2-2; Beierle & Kern-Isberner 2008, S. 81):

$$\frac{\begin{array}{c}\textbf{\textit{if}}\ A\ \textbf{\textit{then}}\ B\ (Regel)\\ A\ wahr\ (Faktum)\end{array}}{B\ wahr\ (Schlussfolgerung)} \qquad (2\text{-}2)$$

Regeln stellen mit Objekten, die unterschiedliche Werte annehmen können, das abstrakte Wissen einer Wissensbasis dar. Wird eine Regel auf einen spezifischen Wert (Faktum) angewendet, so lässt sich eine Schlussfolgerung ableiten.

Die eigentliche Leistung von regelbasierten Systemen ist allerdings die Verkettung von Regeln, da auf diese Weise auch komplexe Sachverhalte erfasst werden können. Hierbei wird zwischen Vorwärts- und Rückwärtsverkettung unterschieden (vgl. Beierle & Kern-Isberner 2008, S. 79): Bei einer Vorwärtsverkettung findet eine datengetriebene Inferenz statt. Auf Grundlage der Datenbasis wird in diesem Fall eine Schlussfolgerung gezogen. Eine Rückwärtsverkettung hat dagegen zum Ziel, den Wert eines einzelnen Objekts zu bestimmen.

Tab. 2-9: Vor- und Nachteile von regelbasierten Systemen
Quelle: vgl. Beierle & Kern-Isberner 2008, S. 11f.

Vorteil	Nachteil
• Trennung von Wissen und Wissensverarbeitung. • Erweiterbarkeit: Regeln können hinzugefügt, geändert oder gelöscht werden. • Regeln ermöglichen die Wiedergabe von Expertenwissen. • Hohe Erklärungsfähigkeit der Schlussfolgerungen, da Regeln offen gelegt werden können.	• Nicht alles Expertenwissen kann in Form von Regeln verarbeitet werden. • Mit zunehmender Anzahl von Regeln wird das System unübersichtlich. • Schleifenbasierte programmiertechnische Umsetzung von Regeln führt zu hohen Berechnungszeiten. • Fehlende Daten können zum Abbruch führen.

Tab. 2-9 fasst die Vor- und Nachteile von regelbasierten Systemen zusammen.

Die Erweiterung von EUS durch regelbasierte Systeme ermöglicht es, Expertenwissen zu verarbeiten. Das erweiterte System weist in Folge auch die in Tab. 2-9 spezifizierten Merkmale auf.

2.7 Fazit zum Stand der Forschung und Ableitung von Gestaltungsempfehlungen

Die SCRM-Implementierung vereint die Forschungsfelder des Risikomanagements, Supply Chain Managements sowie der Implementierung. Die für das Forschungsziel dieser Arbeit relevanten Grundlagen wurden in diesem Kapitel eingeführt. Darüber hinaus erfolgte eine Literaturrecherche hinsichtlich existierender Ansätze zur SCRM-Implementierung. Der Einsatz von situativen Faktoren wird in einer Reihe aktueller Beiträge zur SCRM-Implementierung empfohlen. In konzeptionellen Ansätzen zur Ausgestaltung eines SCRM spielen situative Faktoren ebenfalls eine wichtige Rolle. Hinsichtlich der Ausgestaltung von Konzepten zur SCRM-Implementierung, die auf situativen Faktoren basieren, herrscht allerdings eine Forschungslücke. Die situative Ausgestaltung einer SCRM-Implementierung geht mit einer Reihe von Entscheidungen einher. In den einzelnen SCRM-Prozessphasen sind geeignete Methoden auszuwählen, um die Ziele der einzelnen Phasen zu erreichen. Zur organisatorischen Einbettung eines SCRM stellt sich die Frage, welche in der Theorie diskutierten Elemente für unterschiedliche Unternehmen geeignet sind. Das Ziel dieser Arbeit ist daher ein Modell zur situationsadäquaten Implementierung eines Supply Chain Risikomanagements zu entwickeln, das die notwendige Entscheidungsfindung unterstützt.

Um dieses Forschungsziel zu erreichen, werden die Erkenntnisse aus diesem Kapitel zum Forschungsstand zur Ableitung von Gestaltungsempfehlungen genutzt. Tab. 2-10 gibt einen Überblick über diese Gestaltungsempfehlungen, die bei der Modellentwicklung in Kap. 4 zu berücksichtigen sind. Die Gestaltungsempfehlungen aus dem Stand der Forschung sind mit einer vorangestellten römischen Zahl (II) gekennzeichnet. Im Folgenden werden diese vorgestellt:

Für die Implementierung lässt sich schlussfolgern, dass ein schrittweises Vorgehen, welches unter Rückgriff auf situative Faktoren eine situationsadäquate Ausgestaltung des Implementierungsprozesses ermöglicht, gewählt werden sollte (vgl. Tab. 2-10: Kennzeichnung II-1 und II-2).

Eine solche Ausgestaltung erscheint für ein SCRM als Implementierungsobjekt sinnvoll (vgl. II-7). Neben technischen, personellen und organisatorischen Aspekten, sollten auch alle SCRM-Prozessphasen in die Betrachtung einbezogen werden (vgl. II-3; II-4; II-6). Für die Phasen eines SCRM erscheint neben den strukturellen Aspekten, die Auswahl geeigneter Methoden zweckmäßig (vgl. II-5).

Tab. 2-10: Gestaltungsempfehlungen aus dem Stand der Forschung
Quelle: eigene Darstellung

Kapitelverweis	Gestaltungsempfehlung	Kennzeichnung
2.3	Bei der Implementierung sollte ein schrittweises Vorgehen, welches über die Projektumsetzung zum Projektabschluss eine Einengung des Problemfelds verfolgt, gewählt werden (vgl. Bea & Haas 2009, S. 228f.).	II-1
2.3.1	Situative Faktoren sollten bei der Ausgestaltung eines SCRM berücksichtigt werden (vgl. Ritchie & Brindley 2004, S. 35; Kajüter 2007, S. 19).	II-2
2.4.1.2	Im SCRM sind technische, personelle und organisatorische Aspekte zu beachten (vgl. Kersten et al. 2007, S. 1169).	II-3
2.4.2.2	Der SCRM-Prozess sollte folgende vier Phasen umfassen: Identifikation, Analyse, Steuerung und Kontrolle (vgl. Ghadge et al. 2012, S. 322).	II-4
2.4.2.2	Bei der Auswahl von Methoden in den einzelnen SCRM-Prozessphasen sollten situative Faktoren berücksichtigt werden (vgl. Singer 2012, S. 64).	II-5
2.5.1	Gegenstand der Implementierung eines SCRM sind Prozesse, personelle Ressourcen und informationstechnologische Systeme (vgl. Schulte-Zurhausen 2010, S. 357).	II-6
2.5.2	Die Implementierung eines SCRM sollte situationsadäquat ausgestaltet sein (vgl. Böger 2010; Manuj & Mentzer 2008; Micheli et al. 2008; Norrman & Jansson 2004; Ziegenbein 2007).	II-7
2.6.1	Die Übertragung des Entscheidungsproblems von der Realität in ein Modell erscheint sinnvoll (vgl. Haberfellner et al. 2002, S. 10).	II-8
2.6.1	Offenlegung der Entscheidungskriterien und -regeln (vgl. Rehkugler & Schindel 1985, S. 53).	II-9
2.6.1	Zuordnung eines Nutzwerts für jede Alternative auf Basis von Präferenzen der Entscheidungsträger (vgl. Rehkugler & Schindel 1985, S. 69).	II-10
2.6.2	Befolgung des generischen Lösungsprozesses von MADM-Verfahren (vgl. Tzeng & Huang 2011, S. 15).	II-11
2.6.2	Kombination von nicht-kompensatorischen (zur Vorauswahl von Alternativen; vgl. Kahraman 2008, S. 4; Laux 2005, S. 54f.) und kompensatorischen Verfahren (zur Gewichtung von Alternativen; vgl. Churchman & Ackoff 1954, S. 173; Finlay 1994, S. 116; Hwang & Yoon 1981, S. 99).	II-12
2.6.3	Hohe Benutzerfreundlichkeit und visuelle Aufbereitung notwendiger Informationen (vgl. Finlay 1994, S. 37).	II-13
2.6.3	Berücksichtigung aller grundlegenden Elemente eines EUS (vgl. Reinersmann 1997, S. 239).	II-14
2.6.4	Getrennte Speicherung und Verarbeitung von Wissen (vgl. Beierle & Kern-Isberner 2008, S. 11).	II-15
2.6.4	Ausgestaltung einer Erklärungskomponente (vgl. Kolb 1991, S. 142; Rich & Knight 1991, S. 550).	II-16
2.6.4	Einbindung von Experten als Wissensquelle (vgl. Beierle & Kern-Isberner 2008, S. 11).	II-17
2.6.4	Sicherstellung einer Lernfähigkeit durch Erweiterbarkeit der Wissensbasis (vgl. Beierle & Kern-Isberner 2008, S. 12).	II-18
2.6.5	Kombination von Komponenten eines EUS und XPS sinnvoll (vgl. Turban 1988, S. 546).	II-19
2.6.5	Erweiterung eines EUS durch regelbasierte Systeme ermöglicht die Verarbeitung von Expertenwissen (vgl. Beierle & Kern-Isberner 2008, S. 73).	II-20

Die Entscheidungsunterstützung kann durch eine Übertragung des Problems von der Realität in ein Modell mit Hilfe mathematischer Ansätze, wie MADM-Verfahren erfolgen (vgl. II-8 und II-11). Zur Berücksichtigung der Präferenzen von Entscheidungsträgern, bietet sich die Verwendung einer Nutzwertanalyse an (vgl. II-10). Neben diesem kombinatorischen Verfahren, erscheint der Einsatz eines nicht-kombinatorischen Verfahrens zur Vorauswahl von zu betrachtenden Alternativen zweckmäßig (vgl. II-12). Bei der Entwicklung ist auf eine Offenlegung der Entscheidungskriterien und -regeln zu achten (vgl. II-9). Weiterhin sollte eine hohe Benutzerfreundlichkeit angestrebt werden (vgl. II-13).

Zur Ausgestaltung des Modells eignet sich der Rückgriff auf Elemente eines EUS/XPS (vgl. II-14; II-17; II-19). Die Einbeziehung von Expertenwissen kann hierbei durch ein regelbasiertes System erfolgen (vgl. II-20). Zu beachten ist, dass eine getrennte Speicherung sowie Verarbeitung von Wissen vorgenommen wird und eine Erweiterung der Wissensbasis möglich ist (vgl. II-15 und II-18). Über eine Erklärungskomponente sind dem Anwender Informationen zur Nachvollziehbarkeit des Modells zugänglich zu machen (vgl. II-16).

Aufgrund der identifizierten Forschungslücke reichen die aus der Literatur abgeleiteten Gestaltungsempfehlungen nicht aus, um ein Modell zu entwickeln, das die Anforderungen der Praxis erfüllt. Daher ist neben der Betrachtung des Stands der Forschung auch der Stand der Praxis zu erheben.

3 Stand der Praxis

In diesem Kapitel wird der Stand der Praxis zur situationsadäquaten Implementierung eines SCRM analysiert, um Gestaltungsempfehlungen für die Modellentwicklung abzuleiten. Zunächst wird in Kap. 3.1 der Gang der Untersuchung aufgezeigt. Anschließend erfolgt eine Diskussion der Ergebnisse aus der Basis- (vgl. Kap. 3.2) und Detailanalyse (vgl. Kap. 3.3). Die Gestaltungsempfehlungen werden in Kap. 3.4 zusammengefasst.

3.1 Gang der Untersuchung und verwendeter Forschungsansatz

Zur Erhebung des Praxisstands ist ein zweistufiges Forschungsvorgehen gewählt worden. In einer ersten Phase wurde eine Basisanalyse mit Hilfe einer schriftlichen Befragung durchgeführt (vgl. Kap. 3.2). Anschließend hat in einer zweiten Phase eine Detailuntersuchung mit Hilfe von zwei Arbeitstreffen einer Fokusgruppe, Interviews zu rechtlichen Aspekten sowie Fallstudien stattgefunden (vgl. Kap. 3.3). Abb. 3-1 zeigt die empirische Datenbasis auf.

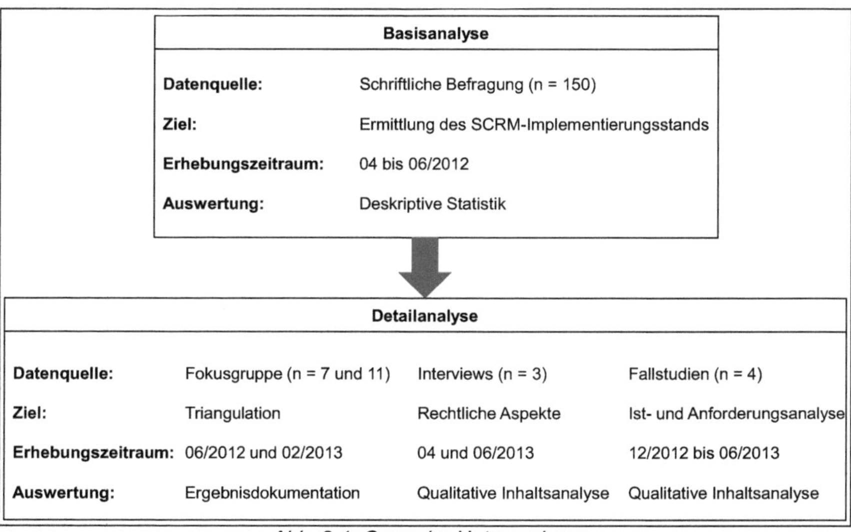

Abb. 3-1: Gang der Untersuchung
Quelle: eigene Darstellung

Der Kern des Erhebungszeitraums erstreckte sich von April 2012 bis Juni 2013. Die Basisanalyse basiert auf einer schriftlichen Studie, die 150 Unternehmensvertreter zu Aspekten der SCRM-Implementierung befragt hat. In der Detailanalyse wurde mit insgesamt 17 unterschiedlichen Industrievertretern unter dem Einsatz verschiedener Forschungsmethoden zusammengearbeitet.

Verwendeter Forschungsansatz

Zur Beantwortung der Forschungsfragen wurde ein Mixed Method-Ansatz gewählt. Ein solcher kombiniert qualitative und quantitative Forschungsmethoden. Johnson et al. (2007, S. 123) definieren diesen wie folgt:

> „Mixed methods research is the type of research in which a researcher or team of researchers combines elements of qualitative and quantitative research approaches (e.g., use of qualitative and quantitative viewpoints, data collection, analysis, inference techniques) for the broad purposes of breadth and depth of understanding and corroboration".

Als vorteilhaft wird in dieser Definition des Mixed Method-Ansatzes herausgestellt, dass ein tieferes Verständnis erlangt werden kann und die Forschungsergebnisse in ihrer Aussagekraft bekräftigt werden. Dafür sollen die qualitativen und quantitativen Forschungsmethoden in einer solchen Weise kombiniert werden, dass sich die jeweiligen Stärken und Schwächen kompensieren (vgl. McGrath 1981, S. 207; Schreier & Odag 2010, S. 267). Es kann eine klare Abgrenzung von Mono Method-Studien, die strikt einen qualitativen oder quantitativen Ansatz verfolgen und somit einem Forschungsparadigma zuzuordnen sind, vorgenommen werden (vgl. Schreier & Odag 2010, S. 265). In den Sozial- und Verhaltenswissenschaften wurde die Verwendung qualitativer und quantitativer Forschungsmethoden paradigmatisch diskutiert (vgl. Tashakkori & Teddlie 1998, S. 3-5). Vertreter beider Seiten haben allerdings Abstand von der ursprünglich paradigmatischen Sicht genommen, da jede Forschungsmethode mit Vor- und Nachteilen einhergeht. Die Verwendung sowohl qualitativer als auch quantitativer Forschungsmethoden sowie deren Kombination findet in der aktuellen Forschungslandschaft eine breite Zustimmung (vgl. Flick 2009, S. 32; Creswell 2009, S. 14; Kelle & Erzberger 2010, S. 299f.). Werden mehrere Forschungsmethoden eines Paradigmas verwendet, handelt es sich um Multiple Method-Studien (vgl. Schreier & Odag 2010, S. 265f.). In der deutschen Forschungslandschaft wird häufig der Begriff Triangulation verwendet, um die Kombination von unterschiedlichen Datenquellen und Forschungsmethoden zu beschreiben (vgl. Flick 2008, S. 10). Flick (2004, S. 12) definiert die Triangulation wie folgt:

> „Triangulation beinhaltet die Einnahme unterschiedlicher Perspektiven auf einen untersuchten Gegenstand oder allgemeiner: bei der Beantwortung von Forschungsfragen. Diese Perspektiven können in unterschiedlichen Methoden, die

> angewandt werden, und/oder unterschiedlichen gewählten theoretischen Zugängen konkretisiert werden, wobei beides wiederum mit einander in Zusammenhang steht bzw. verknüpft werden sollte. [...] [Es] sollte durch die Triangulation [...] ein prinzipieller Erkenntniszuwachs möglich sein, dass also bspw. Erkenntnisse auf unterschiedlichen Ebenen gewonnen werden, die damit weiter reichen, als es mit einem Zugang möglich wäre."

Wie in der Definition aufgezeigt, umfasst die Triangulation im Gegensatz zum Mixed Method-Ansatz auch die Kombination von Forschungsmethoden eines Paradigmas, wie es z.B. bei Multiple Method-Studien der Fall ist. Der Mixed Method-Ansatz ist damit enger definiert und setzt zwingend die Kombination von qualitativen und quantitativen Forschungsmethoden voraus (vgl. Golicic & Davis 2012, S. 728). Die nachfolgend spezifizierten Eigenschaften haben Triangulation und Mixed Method-Ansätze allerdings gemeinsam (vgl. Flick 2010, S. 284; Kelle & Erzberger 2010, S. 304): So kann der Einsatz von unterschiedlichen Forschungsmethoden dazu führen, dass die jeweiligen Ergebnisse übereinstimmen und sich somit gegenseitig bestätigen. Weiterhin ist es möglich, dass sich die Ergebnisse wechselseitig ergänzen. In diesem Fall dient der Einsatz mehrerer Forschungsmethoden der detaillierteren Analyse. Schlussendlich können sich die Ergebnisse der eingesetzten Forschungsmethoden auch widersprechen, was weitere Forschungsfragen, wie die Erklärung dieser Widersprüche aufwirft.

Tab. 3-1: Vor- und Nachteile von ausgewählten Forschungsmethoden
Quelle: vgl. Blaxter et al. 2006, S. 79; Myers 2009, S. 9; Kelle & Erzberger 2010, S. 300ff.

Forschungs-methode	Vorteil	Nachteil
Qualitative	• Detaillierte Analyse • Erfassung des Kontexts • Behandlung neuartiger Forschungsfragen	• Schwierig zu verallgemeinern • Hoher Aufwand für die Feldphase • Reproduktion der Vorgehensweise ist nur eingeschränkt möglich
Quantitative	• Verallgemeinerbar • Hohe Aussagekraft • Feldphase mit wenig Aufwand verbunden • Hohe Anzahl von Auswertungsmethoden verfügbar	• Erfassung des Kontexts nicht möglich • Enger Fokus (Momentaufnahme) • Geringer Bezug zu allgemeinen Theorien • Schwierig zu überprüfen, ob Fragen verständlich waren

Die Triangulation geht für den Vergleich der Ergebnisse von einer Gleichgewichtung der unterschiedlichen Forschungsmethoden aus (vgl. Flick 2010, S. 286; Kelle & Erzberger 2010, S. 303). Beim Mixed Method-Ansatz können die quantitativen und qualitativen Forschungsmethoden dagegen auch ungleich gewichtet sein (vgl. Creswell 2009, S. 206; Davis et al. 2011, S. 469). Im Vordergrund des Mixed Method-Ansatzes steht die Kombination der Vor- und Nachteile der beiden Forschungsparadigmen (vgl. Golicic & Davis 2012, S. 728). Tab. 3-1 zeigt die Vor- und Nachteile von qualitativen und quantitativen Forschungsmethoden auf.

Die im Mixed Method-Ansatz propagierte Methodenintegration dient der detaillierten Analyse der zugrunde liegenden Forschungsfragen (vgl. Kelle & Erzberger 2010, S. 300). Der Einsatz von qualitativen Forschungsmethoden erlaubt eine solche Detailanalyse. Weiterhin können auch neuartige Forschungsfragen untersucht und der Kontext mit einbezogen werden. Dies ist bei quantitativen Forschungsmethoden nicht möglich, dafür kann eine Verallgemeinerung der Ergebnisse stattfinden. Die Kombination qualitativer und quantitativer Forschungsmethoden ermöglicht somit neuartige Forschungsfragen im Detail zu untersuchen und gleichzeitig mit einer hohen Aussagekraft allgemeingültige Ergebnisse zu liefern.

Abb. 3-2 illustriert eine Unterscheidung in vier grundsätzliche Mixed Method-Ansätze nach der *zeitlichen Abfolge* und *Gewichtung* der eingesetzten Forschungsmethoden.

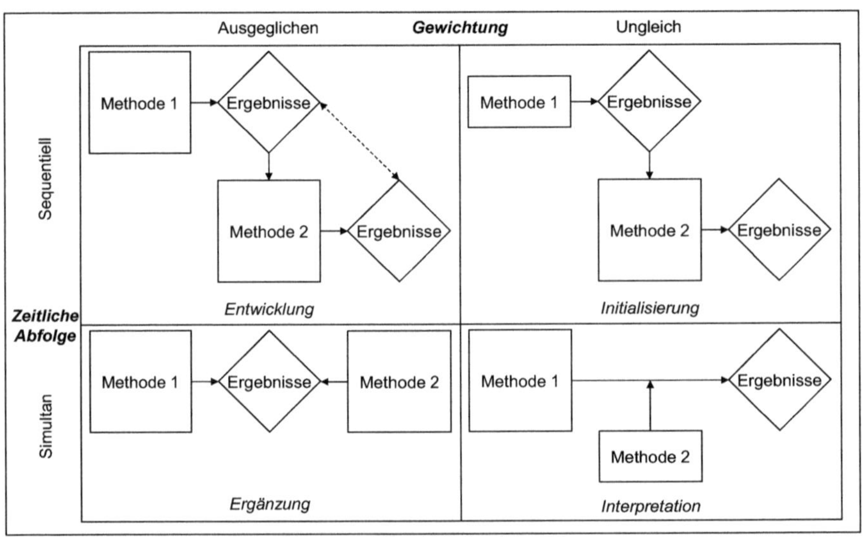

Abb. 3-2: Mixed Method-Ansätze
Quelle: Übersetzung von Davis et al. 2011, S. 469

In der zeitlichen Dimension kann zwischen *sequentieller* und *simultaner* Anwendung der Forschungsmethoden unterschieden werden. In der zweiten Dimension werden die Ansätze nach *ausgeglichener* oder *ungleicher* Gewichtung charakterisiert (vgl.

Creswell 2009, S. 206; Davis et al. 2011, S. 469). Der Mixed Method-Ansatz der *Initialisierung* baut auf einer geringer gewichteten ersten Erhebung aus. Die Ergebnisse fließen in die Konzeptualisierung der zweiten stärker gewichteten Untersuchungsphase ein.

In der vorliegenden Arbeit liegt dieser Ansatz der Initialisierung zugrunde. Ausgangspunkt der empirischen Untersuchung ist eine schriftliche Befragung, die mit Hilfe quantitativer Analyseinstrumente ausgewertet worden ist (vgl. Kap. 3.2). Dieser quantitativen Forschungsmethode schließt sich eine stärker gewichtete qualitative Untersuchung, welche sich aus drei unterschiedlichen Forschungsmethoden zusammensetzt, an: Eine Fokusgruppe diente während der gesamten qualitativen Erhebungsphase der Sicherstellung der Verständlichkeit und Generierung von Erkenntnissen aus der Praxis bezüglich der bereits ermittelten Ergebnisse (vgl. Kap. 3.3.1). Zur Analyse der rechtlichen Aspekte wurden auf spezialisierte Experten zurückgegriffen und Interviews geführt (vgl. Kap. 3.3.2). Zur detaillierten Untersuchung der Forschungsfragen sind vier Fallstudien durchgeführt worden (vgl. Kap. 3.3.3).

Da in Mixed Method-Ansätzen unterschiedliche Forschungsmethoden zum Einsatz kommen, können auch unterschiedliche Stichprobenverfahren eingesetzt werden (vgl. Collins 2010, S. 363). Onwuegbuzie & Collins (2007, S. 292) diskutieren vier Kombinationsarten von Stichproben für Mixed Method-Ansätze: identische, parallele, eingebettete oder mehrstufige. Bei der identischen Strategie wird die Grundgesamtheit mit Hilfe beider Forschungsmethoden betrachtet. Im parallelen Fall sind die untersuchten Stichproben unterschiedlich, aber gehören zur selben Grundgesamtheit. Wird eine Forschungsmethode auf einen Teil der von der anderen Forschungsmethode analysierten Gruppe angewendet, wird von einer eingebetteten Strategie gesprochen. Beim mehrstufigen Ansatz gehören die untersuchten Stichproben unterschiedlichen Gruppen, die allerdings durchaus übereinstimmende Merkmale haben können, an (vgl. Collins 2010, S. 364). In der vorliegenden Arbeit wurde ein mehrstufiger Ansatz verfolgt, um die Forschungsfragen mit jeweils für die eingesetzten Forschungsmethoden geeigneten Stichproben zu untersuchen.

Neben den beschriebenen Vorteilen gehen Mixed Method-Ansätze auch mit Nachteilen einher (vgl. Creswell & Clark 2011, S. 12f.): Für die Anwendung ist eine aufwendige Datenerhebung notwendig. So sind zum einen sowohl quantitative als auch qualitative Daten zu beschaffen. Zum anderen erfolgt beim sequentiellen Ansatz eine

Abstimmung zwischen den Erhebungsphasen, so dass sich die Datenerhebung über einen längeren Zeitraum abspielt. Für die Auswertung müssen verschiedene Analyseverfahren der quantitativen und qualitativen Forschung angewendet werden. Die Defizite beider Forschungsparadigmen sind bei dem Einsatz zu beachten und die damit einhergehenden Schwächen müssen diskutiert werden. Tab. 3-2 fasst die Vor- und Nachteile beim Einsatz von Mixed Method-Ansätzen zusammen.

Tab. 3-2: Vor- und Nachteile von Mixed Method
Quelle: Creswell & Clark 2011, S. 12f.

Vorteil	Nachteil
• Systematischer Ausgleich der unterschiedlichen Schwächen von quantitativen und qualitativen Forschungsmethoden • Tieferes Verständnis für das zu untersuchende Problem • Keine Limitation für Datenerhebungs- und Datenanalyseverfahren, die typischerweise von den jeweiligen Forschungsparadigmen propagiert werden • Möglichkeit Forschungsfragen, die sowohl qualitative als auch quantitative Forschungsmethoden voraussetzen zu verfolgen	• Aufwendige Datenerhebung und entsprechender Zugang notwendig • Beherrschung sowohl quantitativer als auch qualitativer Datenerhebungs- und Datenanalyseverfahren erforderlich • Verteidigung der unterschiedlichen Schwächen quantitativer und qualitativer Forschungsansätze unumgänglich

Der Einsatz von Mixed Method als Forschungsansatz ist aufgrund der dieser Arbeit zugrunde liegenden Forschungsfragen ausgewählt worden. SCRM ist ein komplexes und dynamisches Forschungsgebiet, da es eine hohe Anzahl von unterschiedlich zu betrachtende Aspekten vereint (vgl. Ghadge et al. 2012, S. 327; Peck 2005, S. 211f.; Singhal et al. 2011, S. 16; Tang 2006, S. 453). Es erweitert Supply Chain Management um das Gebiet des Risikomanagements (vgl. Kap. 2.4). In den Teilbereichen des Supply Chain Managements, die unter anderem Einkauf, Logistik, Marketing, Produktionsmanagement und Transport umfassen (vgl. Mentzer et al. 2001, S. 18), sind klassischerweise eher quantitative Forschungsansätze angewendet worden (vgl. Golicic & Davis 2012, S. 729). Ghadge et al. (2012) analysieren in einem systematic literature review die Verteilung von Forschungsmethoden im SCRM im Zeitraum von 2000 bis 2010. In 10% der 120 begutachteten Artikel aus 15 internationalen Journals wurde auf Mixed Method-Ansätze zurückgegriffen. Knapp 55% ziehen qualitative und 35% quantitative Forschungsmethoden heran (vgl. Ghadge et al. 2012, S. 322). Zur Untersuchung eines übergeordneten Phänomens bietet sich ein Mixed Method-Ansatz an, da dieser aufgrund seiner Vorteile ein tieferes Verständnis sowie robustere Erkenntnisse liefert (vgl. Golicic & Davis 2012, S. 737). Ritchie & Brindley (2007,

S. 1406) heben darüber hinaus die hohe Aussagekraft des Mixed Method-Forschungsansatzes für die SCRM-Forschung hervor.

Bei der Auswertung von Experteninterviews ist die qualitative Inhaltsanalyse angewendet worden. Dieses Vorgehen bietet den Vorteil, dass ein systematisches Analyseverfahren mit einem nachvollziehbaren Regelsystem es ermöglicht, qualitative Daten strukturiert auszuwerten (vgl. Kuckartz 2014, S. 39). Alle Gespräche sind dafür aufgezeichnet und anschließend in Anlehnung an die Regeln von Kuckartz (2014, S. 136f.) transkribiert worden. Die Transkripte wurden den Interviewpartnern zur Kontrolle zugeschickt, so dass die Gelegenheit bestand eventuelle Missverständnisse zu korrigieren. Die Auswertung ist computergestützt mit der Software MAXQDA Version 11 vorgenommen worden. Anschließend erfolgte eine deduktiv-induktive Bildung von Kategorien, die für eine strukturierende Inhaltsanalyse empfohlen wird (vgl. Kuckartz 2014, S. 69; Mayring 2008, S. 74f.). Die Technik der strukturierenden Inhaltsanalyse ist aufgrund ihrer Eignung für leitfadengestützte, problemzentrierte und fokussierte Interviews ausgewählt worden (vgl. Kuckartz 2014, S. 78). Im ersten Schritt resultierte eine deduktive Bildung basierend auf den theoretischen Grundlagen (vgl. Kap. 2). Grundsätzlich werden Kategorien „[...] in einem Wechselverhältnis zwischen Theorie (der Fragestellung) und dem konkreten Material entwickelt, durch Konstruktions- und Zuordnungsregeln definiert und während der Analyse überarbeitet und *rücküberprüft*" (Mayring 2008, S. 53). Neben der anfänglichen deduktiven Kategorienbildung entsteht im Rahmen der Rücküberprüfung anschließend eine induktive Kategorienbildung (vgl. Mayring 2010, S. 472). Die Auswertung der Interviewtranskripte orientierte sich dabei an drei elementaren Interpretationsschritten: Zusammenfassung, Explikation und Strukturierung (vgl. Mayring 2008, S. 58):

- Die Zusammenfassung hat zum Ziel, die große Menge an zur Verfügung stehenden Informationen auf die wesentlichen Aussagen zu verringern (vgl. Mayring 2008, S. 74). Dabei erfolgt eine Zuordnung von Textpassagen zu übergeordneten Paraphrasen.
- In der Explikation werden erklärungsbedürftige Aussagen mit Hilfe zusätzlicher Textstellen erläutert (vgl. Mayring 2008, S. 77). Dafür werden sich inhaltlich ergänzende Textstellen verknüpft. Diese können so sich gegenseitig erklären.
- In der abschließenden Strukturierung werden sich inhaltlich entsprechende Abschnitte (Paraphrasen) zu Kategorien zusammengefasst (Mayring 2008, S. 89). Die Zuordnung basiert in einem ersten Schritt auf Grundlage der zuvor mit Hilfe

der Theorie gebildeten Kategorien (deduktiv). Ergänzend erfolgt die induktive Bildung neuer Kategorien auf Grundlage der ausgewerteten Textstellen (vgl. Mayring 2010, S. 472).

Durch die systematische Vorgehensweise der qualitativen Inhaltsanalyse wird als Ergebnis ein System mit Kategorien generiert. Dieses besteht aus mehreren Ebenen und ähnelt einer Verästelung eines Baumes. Die Ergebnisse werden in den Kapiteln mit qualitativen Analysen (Kap. 3.3.2 und 3.3.3) aufgezeigt.

3.2 Basisanalyse

Zur Ermittlung des Implementierungsstands des SCRM wurde vom Institut für Logistik und Unternehmensführung der Technischen Universität Hamburg-Harburg eine schriftliche Befragung durchgeführt (vgl. Kersten et al. 2012b). Bei dem Erhebungsinstrument handelt es sich um eine überarbeitete Auflage einer bereits 2008 und 2010 durchgeführten Studie (vgl. Kersten et al. 2008a; Kersten et al. 2011a). Die Studien hatten alle einen Fokus auf die deutsche Windenergieanlagenbranche, mit dem Ziel eine detaillierte Analyse der Wertschöpfungskette dieser Industrie durchzuführen.

Die Windenergieanlagenbranche ist ein verhältnismäßig junger Wirtschaftszweig in Deutschland. Die industrielle Produktion wurde erst ab dem Jahr 1990 kontinuierlich betrieben (vgl. Böttcher & Lange 2012, S. 11). In Deutschland wird der Ausbau von Technologien zur Erzeugung erneuerbarer Energien stark gefördert. Bis zum Jahr 2025 wird das Ziel verfolgt, 40% bis 45% des Strombedarfs mit diesen Technologien abzudecken. Darüber hinaus wird angestrebt, diesen Anteil bis zum Jahr 2050 auf mindestens 80% zu erhöhen (vgl. § 1 Abs. 2 EEG – Gesetz für den Vorrang Erneuerbarer Energien). Die Windenergie spielt zur Erreichung dieses Ziels eine entscheidende Rolle und hat durch die gesetzlichen Förderungen in den letzten Jahren eine starke Wachstumsphase durchlaufen (vgl. Rave 2012, S. 5; Bellmann & Himpel 2006, S. 215). Mittlerweile hat sich die Industrie in Deutschland von einem Nischendasein zu einem bedeutenden Wirtschaftszweig mit hohen Umsatzerlösen und Beschäftigungszahlen entwickelt. Seit dem Jahr 2011 stellte die Windindustrie direkt und indirekt über 100.000 Arbeitsplätze in Deutschland (BWE 2014, S. 22).

Der schriftlichen Befragung lag der in Anhang I dargestellte Fragebogen zugrunde. Dieser gliedert sich in vier Abschnitte und schließt mit der Möglichkeit für die Teilnehmer ihre Kontaktdaten für die Zusendung der Ergebnisse zu übermitteln. Alternativ war eine anonyme Teilnahme möglich. Der erste Abschnitt behandelt allgemeine Informationen zum Unternehmen. Im zweiten Abschnitt wird eine Bewertung nach Häufigkeit des Eintritts und der Schadenshöhe von Supply Chain-Risiken vorgenommen. Zusätzlich erfolgt in diesem Abschnitt eine Betrachtung von Supply Chain-Risikotreibern. SCRM wird im dritten Abschnitt unter dem Gesichtspunkt der Implementierung sowie möglicher Hindernisse behandelt. Weiterhin wird in diesem Abschnitt die Häufigkeit der Anwendung sowie der Eignung von Instrumenten zur Steuerung im Rahmen des SCRM bewertet. Im vierten Abschnitt ist eine Einschätzung zu aktuellen Managementtrends gefragt. Die Erhebung ist Teil einer umfangreichen Studie, so dass einige Elemente nicht Teil der dieser Arbeit zugrunde liegenden Untersuchung sind. Die Verständlichkeit der Fragen für Praxisvertreter wurde durch die Zusammenarbeit mit Unternehmensvertretern der Putz & Partner Unternehmensberatung AG[8] sichergestellt. Die Beratungsgesellschaft hat zahlreiche Erfahrungen mit Supply Chain-Projekten in der Windenergieanlagenbranche. Die Überprüfung der Fragen erfolgte durch wiederholte Sitzungen und einem Pretest mit jeweils zwei Unternehmensberatern und zwei Wissenschaftlern. Durch diese Vorgehensweise wurde sichergestellt, dass die Anforderungen zur Erstellung von schriftlichen Befragungen erfüllt wurden. Insbesondere die Verständlichkeit steht hier im Vordergrund, da die Befragten nicht die Möglichkeit haben bei mehrdeutigen Formulierungen zusätzliche Informationen zu erhalten (vgl. Kaya 2007, S. 54).

Die Erhebung fand von April bis Juni 2012 statt (vgl. Kersten et al. 2012a, S. 412; Kersten et al. 2013b, S. 139). Auf Grundlage des im Anhang I aufgeführten Fragebogens wurde eine Online-Befragung mit der Software LimeSurvey erstellt. Das Online-Tool LimeSurvey unterstützt die Durchführung von schriftlichen Befragungen und war in der Lage die Druckversion adäquat abzubilden, so dass auch handschriftliche Antworten für die spätere Datenverarbeitung über die Software aufgenommen werden konnten (vgl. Hellbrück 2011, S. 9f.). Zielgruppe der Befragung waren Mitglieder der Wertschöpfungskette der Windenergieanlagenbranche mit Sitz in Deutschland. Dabei ist in Anlehnung an Heitmann (2007, S. 131-134) eine Einteilung in die folgenden Supply Chain-Stufen vorgenommen worden: Anlagenhersteller (OEM), System-,

---

[8] Zu Beginn der Feldphase existierte eine Kooperation mit der Beratungsfirma Pleyma GmbH, die im Jahr 2012 in die Putz & Partner Unternehmensberatung AG aufgegangen ist. Der Kreis der in der Abstimmung involvierten Unternehmensberater ist dadurch gewachsen. Die Putz & Partner Unternehmensberatung AG ist seit dem Jahr 2014 Teil des dänischen Rambøll Konzerns.

Komponenten- und Materiallieferanten, Dienstleister bis zum Netzanschluss und Dienstleister im Betrieb. Abb. 3-3 gibt einen Überblick über die prozentuale Verteilung nach Supply Chain-Stufe der befragten Unternehmen. Bei Mehrfachnennungen wurde eine Zuordnung zur höchstgenannten Supply Chain-Stufe vorgenommen. Die Komponentenlieferanten stellen mit 45% die größte Gruppe. Material- und Systemlieferanten machen jeweils um die 15% der Stichprobe aus. 14 Unternehmensvertreter von Anlagenherstellern konnten für die Studie gewonnen werden (10%). Dienstleister bis zum Netzanschluss (8%) und Dienstleister im Betrieb (6%) sind kleinere Untergruppen.

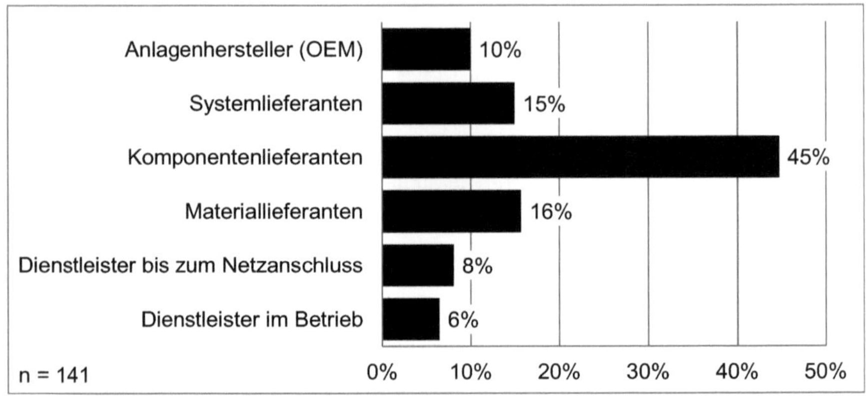

Abb. 3-3: Verteilung nach Supply Chain-Stufe
Quelle: in Anlehnung an Kersten et al. 2012b, S. 7 (ohne Mehrfachnennungen)

Eine große Anzahl der befragten Unternehmen ist neben der Windenergieindustrie auch noch in weiteren Branchen vertreten. Knapp 70% erwirtschaften maximal die Hälfte des Umsatzes im Bereich Windenergie. Das verbleibende Drittel der Unternehmen hat über 50% Wertschöpfungsanteil in der Windenergiebranche, wobei ein gutes Viertel über 75% erzielt. Abb. 3-4 zeigt mit Mehrfachnennungen die anderen Branchen auf. Am häufigsten sind die Unternehmen auch im Maschinen- und Anlagenbau (75% und 67%) vertreten. Knapp die Hälfte der Unternehmen (49%) ist neben der Windenergiebranche auch in der Elektroindustrie tätig. Den kleinsten Anteil machen mit jeweils 15% Hoch- und Tiefbau sowie Flugzeugbau aus. Die Ergebnisse veranschaulichen die vielfältigen Überschneidungen zwischen verschiedenen Branchen in Hinblick auf ihre Zuliefererstruktur. Es wird deutlich, dass in der Wertschöpfungskette der Windenergiebranche eine große Anzahl von Zulieferern, die ihren Ursprung bzw. ihr Hauptgeschäft in anderen Industrien haben, angesiedelt ist.

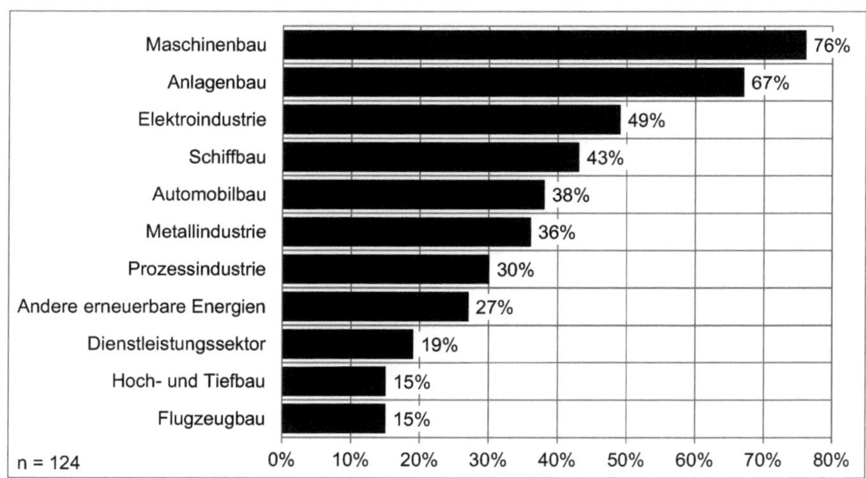

Abb. 3-4: Weitere Branchenzugehörigkeit
Quelle: in Anlehnung an Kersten et al. 2012b, S. 6 (mit Mehrfachnennungen)

In die Betrachtung fielen verschiedene Unternehmensgrößen von kleinen über mittleren bis zu großen Firmen. Abb. 3-5 zeigt die prozentuale Verteilung auf. Große Unternehmen mit 500 oder mehr Mitarbeitern stellen mit 43% den höchsten Anteil. Mittlere und kleine Unternehmen sind relativ gleichverteilt mit 35% respektive 22% vertreten.

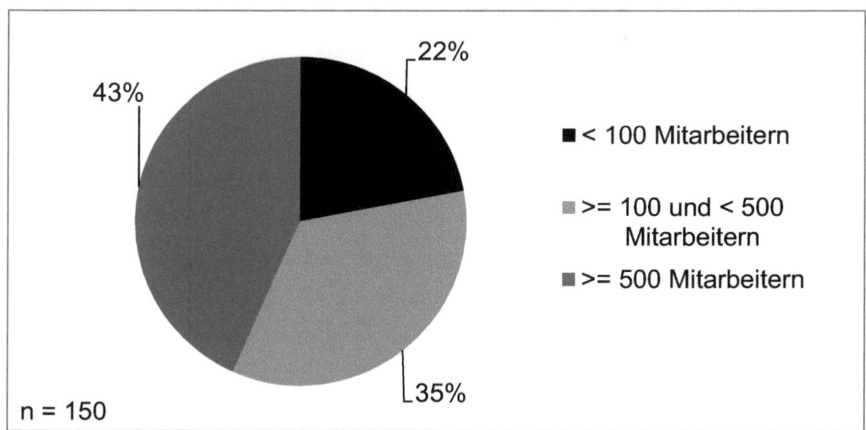

Abb. 3-5: Verteilung nach Unternehmensgröße
Quelle: Kersten et al. 2012b, S. 5

Zur Identifikation relevanter Unternehmen ist eine intensive Recherche auf Fachmessen und im Internet sowie in Verzeichnissen von Branchenverbänden durchgeführt worden. Als Grundlage dienten die bereits in den zuvor durchgeführten Studien zum SCRM in der deutschen Windenergieanlagenbranche ausgewählten Unternehmen (vgl. Kersten et al. 2008a; Kersten et al. 2011a). Durch Erweiterung und Aktualisierung konnte eine Kontaktdatenbank mit 387 in Deutschland ansässigen Firmen, die den oben definierten Anforderungen entsprechen, zusammengestellt werden. Für jedes Unternehmen wurde eine Kontaktperson vorzugsweise aus dem leitenden Management mit Kenntnissen aus dem Bereich SCRM ermittelt. Um eine möglichst breite Perspektive wiederzugeben, sind unter anderem Personen aus folgenden Bereichen befragt worden: Geschäftsführung, Einkauf, Logistik, Vertrieb, Marketing, Konstruktion & Entwicklung, Business Development und Projektmanagement. Die Befragten hatten die Möglichkeit ihre jeweilige Position in einem freien Antwortfeld zu spezifizieren. Abb. 3-6 zeigt die Verteilung der Ansprechpartner nach Hierarchiestufen auf. Hierbei wurden die Positionsbeschreibungen in Abhängigkeit von der jeweiligen Unternehmensgröße in die drei Gruppen gehobenes Management, mittleres Management und Fachkraft/Sonstige zugeordnet. Über 60% der Befragten sind im mittleren und gehobenen Management tätig. Aus der Gruppe der Fachkräfte sind die Bereiche Einkauf, Vertrieb und Business Development am stärksten vertreten.

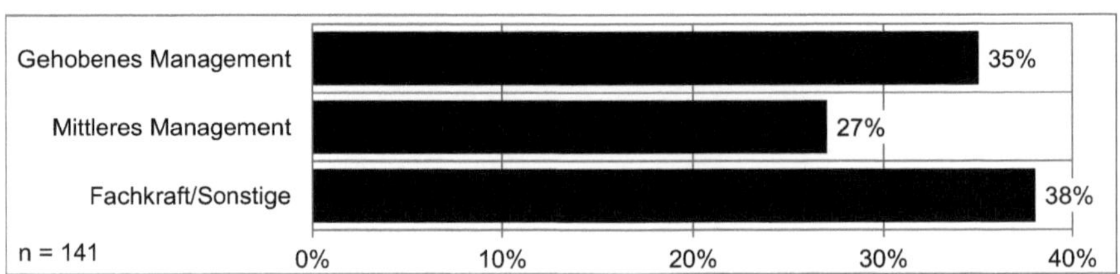

Abb. 3-6: Position der Befragten
Quelle: eigene Darstellung

Die Kontaktpersonen wurden im Erhebungszeitraum telefonisch kontaktiert. Bei Interesse erhielten die ermittelten Ansprechpartner ein Anschreiben per Email inklusive Fragebogen im Portable Document Format zugeschickt mit der Bitte, an der Online-Befragung teilzunehmen. Alternativ gab es die Möglichkeit den Fragebogen handschriftlich auszufüllen und postalisch oder per Fax zurückzusenden. In 356 Fällen folgte auf die telefonische Kontaktaufnahme die Zusendung des Fragebogens. Insgesamt konnten 150 Fragebögen analysiert werden, was einer Rücklaufquote auf Basis der 387 identifizierten Unternehmen von 38,8% entspricht.

Ergebnisse der quantitativen Analyse

Die zugrunde liegenden Daten wurden für die quantitative Analyse aufbereitet. Dafür wurde zuerst eine Überprüfung von Ausreißern vorgenommen. Diese Überprüfung dient dazu, dass Werte, die offensichtlich inkorrekt sind, nicht die Ergebnisse verfälschen (vgl. Cleff 2008, S. 27f.). Dies kann z.B. der Eintrag einer 0 für den Jahresumsatz sein. Ein solcher Eintrag wurde als keine Angabe gewertet. Fehlende Werte sind nicht ersetzt worden, da dies für die durchgeführte Datenanalyse nicht erforderlich war (vgl. Cleff 2008, S. 25ff.). Die Auswertungen basieren daher auf einer jeweils individuellen Anzahl von Antworten, die mit n angegeben ist.

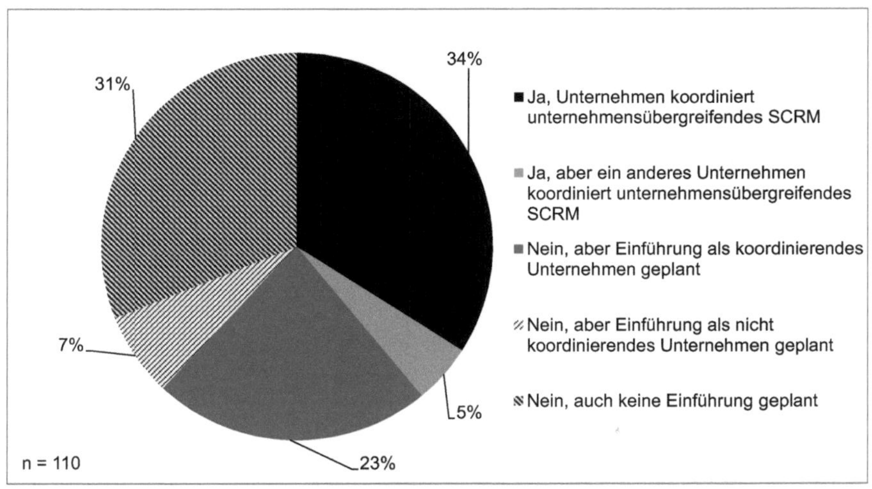

Abb. 3-7: Stand des SCRM-Einsatzes
Quelle: Kersten et al. 2012b, S. 18

Abb. 3-7 gibt einen Überblick über den Stand des SCRM Einsatzes in den befragten Unternehmen. Die zugrunde liegende Frage war: „Verfügt Ihr Unternehmen über ein unternehmensübergreifendes Supply Chain Risikomanagement?“ (Anhang I, Frage 3.1). Die Antwortmöglichkeiten differenzieren zwischen einem vom eigenen oder externen Unternehmen koordinierten SCRM. Weiterhin gab es die Möglichkeit aufzuzeigen, dass noch kein SCRM vorhanden ist, aber die Einführung geplant ist. Knapp 40% der analysierten Unternehmen verfügen bereits über ein SCRM. Von diesen geben nur 5% an, dass das SCRM von einem anderen Unternehmen koordiniert wird. Auch bei den in Planung befindlichen Unternehmen dominiert der Anteil mit 23%, welcher ein SCRM in Koordinationsrolle betreiben will. Lediglich 7% planen die

Einführung als nicht koordinierendes Unternehmen. Ein weiteres knappes Drittel (31%) verfügt weder über ein SCRM noch ist eine Einführung geplant.

Zur differenzierteren Betrachtung ist eine Auswertung nach Unternehmensgröße vorgenommen worden. Dafür wurde auf eine Unterscheidung nach der Koordinationsrolle zur besseren Übersichtlichkeit verzichtet und die jeweiligen Antwortmöglichkeiten zusammengelegt. Abb. 3-8 zeigt die Verteilung für kleine, mittlere und große Unternehmen. Bei kleinen Unternehmen mit weniger als 100 Mitarbeitern verfügen lediglich 16% über eine SCRM. Weitere 36% planen die Einführung, aber knapp die Hälfte (48%) wird nach eigener Aussage auch in Zukunft kein SCRM einführen. Bei mittleren Unternehmen mit weniger als 500 Mitarbeitern verfügt zumindest ein Viertel (25%) über ein SCRM. 34% planen die Einführung, aber bei 41% ist dies nicht der Fall. Bei großen Unternehmen mit mindestens 500 Mitarbeitern verfügen bereits 63% über eine SCRM. Weitere 24% planen die Einführung. Lediglich 13% dieser Unternehmensgruppe plant noch keine Einführung.

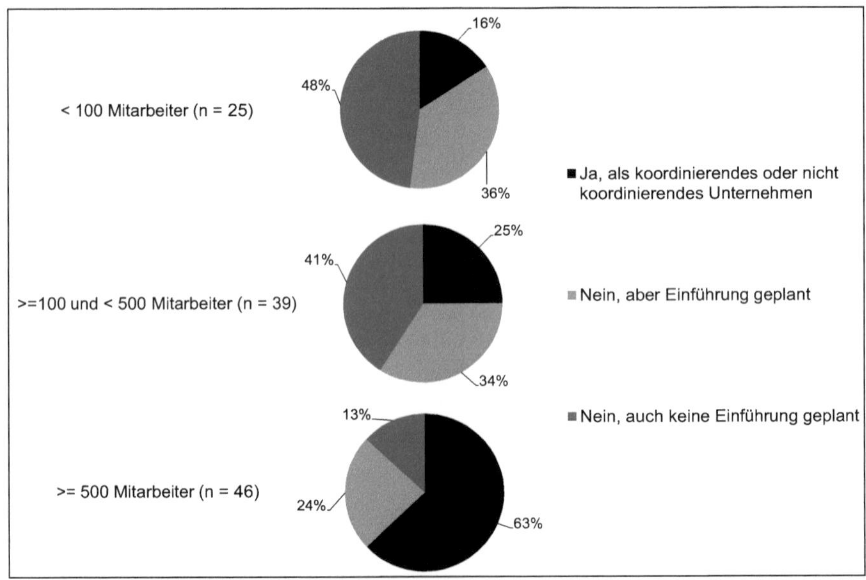

Abb. 3-8: Stand des SCRM-Einsatzes nach Unternehmensgröße
Quelle: eigene Darstellung

Die organisatorische Verankerung ist mit folgender Frage beleuchtet worden: „Falls Ihr Unternehmen über ein unternehmensübergreifendes Supply Chain Risikomanagement verfügt, wie ist dieses in ihrer Organisation eingebettet?“ (Anhang I, Frage

3.1.1). Abb. 3-9 gibt einen Überblick. Zu relativ gleich großen Anteilen wird SCRM in den befragten Unternehmen als Linienfunktion (35%), Stabsstelle (35%) oder eigene Stabsfunktion (28%) ausgeübt. Diese drei Organisationsformen scheinen daher in der Praxis weit verbreitet zu sein. Lediglich in 2% der Fälle liegt eine andere organisatorische Einbettung vor.

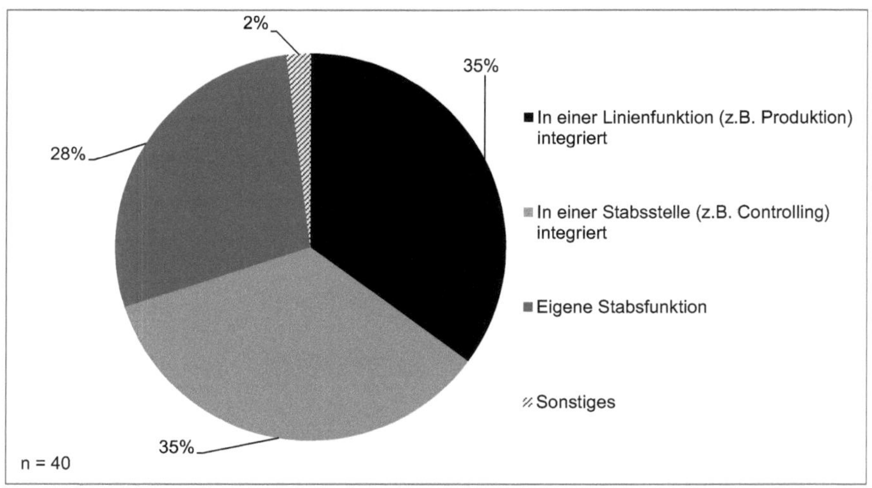

Abb. 3-9: Organisatorische Einbettung des eingesetzten SCRM
Quelle: Kersten et al. 2012a, S. 411

Um den Betrachtungshorizont des eingesetzten SCRM zu analysieren, ist folgende Frage gestellt worden: „Welche Stufen der Lieferkette, sowohl beschaffungs- als auch absatzseitig, betrachten Sie in Ihrem Supply Chain Risikomanagement?“ (Anhang I, Frage 3.2). Bei den Antwortmöglichkeiten ist eine Unterteilung in Instrumente der Risikoanalyse und -steuerung vorgenommen worden. Zur vereinfachten Darstellung ist in Abb. 3-10 nur der Betrachtungshorizont für den Einsatz von SCRM-Instrumenten der Risikosteuerung für die Beschaffungsseite aufgezeigt. Der Einsatz von SCRM-Instrumenten zur Risikoanalyse unterscheidet sich lediglich um wenige Prozentpunkte, so dass hier eine Betrachtung der im SCRM-Prozess weiter vorangeschrittenen Steuerungsphase vorgenommen wird. Es ist zu erkennen, dass für den Fall von direkten Zulieferern noch ein Viertel (25%) der Befragten angibt, dass *alle Unternehmen* betrachtet werden. In weiteren 52% der Fälle werden zumindest *wenige wichtige Unternehmen* berücksichtigt. 23% der befragten Unternehmen betrachtet bereits auf der ersten Zuliefererstufe *keine Unternehmen* im Rahmen ihres SCRM. Für die zweite Zulieferersttufe nimmt der Anteil von Industrievertretern, die angeben, dass alle Unternehmen in die Analyse mit einfließen, stark ab. Dies ist nur bei 3% der Fall und entspricht dem gleichen Anteil der auch bei *weiteren Ebenen* mit in die Betrachtung einfließt. Wenige wichtige Unternehmen werden bei *Zulieferern von Zulieferern* noch in 48% und bei den weiteren Ebenen nur noch in 34% berücksichtigt. Knapp die Hälfte (49%) der betrachteten Unternehmen, berücksichtigt bereits auf zweiter Zuliefererstufe keine Unternehmen. Dieser Anteil erhöht sich auf 63% für die weiteren Zuliefererebenen ab der dritten Stufe. Die Betrachtungsintensität nimmt mit zunehmender Zuliefererstufe kontinuierlich ab. Eine Netzwerkbetrachtung über die erste Zuliefererstufe hinaus ist nur in wenigen Unternehmen verankert. Allerdings werden die direkten Zulieferer sowie auf der Absatzseite die direkten Kunden intensiv im betriebenen SCRM betrachtet.

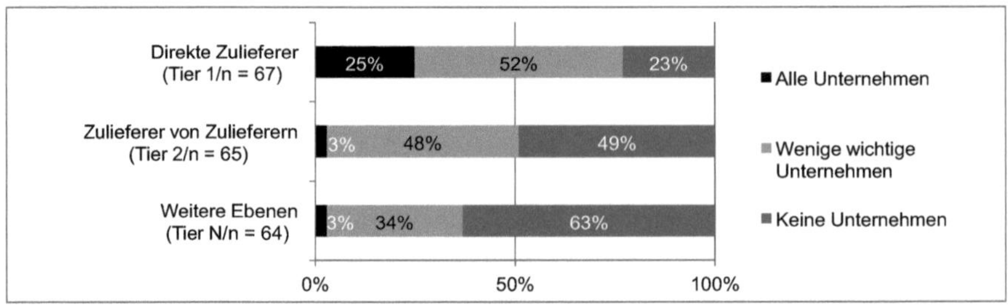

Abb. 3-10: Einsatz von SCRM-Instrumenten der Steuerung auf Beschaffungsseite
Quelle: eigene Darstellung

Tab. 3-3 zeigt die Bedeutung von 22 Supply Chain-Risikotreibern auf. Die Unternehmensvertreter haben dafür die folgende Frage mit Hilfe einer 7-stufigen Likert-Skala beantwortet: „Wie bewerten Sie den Einfluss folgender Treiber auf die Supply Chain-Risiken Ihres Unternehmens?“ (Anhang I, Frage 2.2). Grundsätzlich ist es ein Vorteil von Likert-Skalen, dass Experteneinschätzungen nummerisch abgebildet werden können (vgl. Likert 1932, S. 42). Die zugrunde liegende Ordinalskala reicht von sehr gering (0) bis sehr hoch (6) und ist endpunktbenannt. Dies hat den Vorteil, dass Äquidistanz zwischen den einzelnen Abstufungen angenommen werden kann (vgl. Porst 2008, S. 80). Diese Annahme ist im Einklang mit Schmidt & Opp (1976, S. 35), die die Anwendung von Verfahren wie die Berechnung des Mittelwerts und der Standardabweichung auf einer Ordinalskalierung bei mehr als vier Stufen und mehr als 100 Teilnehmern als akzeptabel bezeichnen. In Tab. 3-3 sind die Supply Chain-Risikotreiber absteigend nach dem Mittelwert sortiert aufgelistet. Den größten Einfluss wird dem *weltweiten Wettbewerb* beigemessen. Die geringste Bedeutung haben *inkompatible Informationssysteme*. Die theoretische Standardabweichung liegt zwischen 1,25 für den *kontinuierlichen technologischen Fortschritt* und 1,52 für *Single Sourcing*.

Tab. 3-3: Einfluss von Supply Chain-Risikotreibern
Quelle: eigene Darstellung (n = 120)

Supply Chain-Risikotreiber	Mittelwert	Standardabweichung
Weltweiter Wettbewerb	3,29	1,41
Abhängigkeit von Personen mit besonderer Qualifikation	3,23	1,38
Single Sourcing	3,08	1,52
Abhängigkeit von anderen Unternehmen der Supply Chain	3,02	1,35
Komplexität der Supply Chains	2,97	1,32
Beschränkte Kapazitäten bei etablierten Lieferanten	2,88	1,40
Geringe Anzahl von Lieferanten in der Branche verfügbar	2,88	1,39
Starke Verhandlungsposition einiger Zulieferer	2,83	1,37
Global verteilte Produktion	2,81	1,40
Starke Verflechtung von Herstellern und Systemlieferanten	2,80	1,33
Global Sourcing (Internationale Beschaffung)	2,80	1,32
Keine stabilen Prozesse	2,80	1,41
Local Content-Anforderungen	2,78	1,43
Kontinuierlicher technologischer Fortschritt	2,78	1,25
Geringe Reife der eigenen Organisation	2,68	1,39
Integration mit anderen Unternehmen der Supply Chain	2,66	1,28
Anhaltend schnelles Wachstum der Branche	2,66	1,27
Geringe Kooperationsbereitschaft innerhalb der Supply Chain	2,64	1,30
Fehlende Reife der Supply Chains	2,60	1,35
Kurze Geschäftsbeziehung zwischen Hersteller und Zulieferer	2,46	1,33
Geringe Verfügbarkeit von Equipment für Transport und Errichtung	2,40	1,50
Inkompatible Informationssysteme	2,29	1,33

Neben Supply Chain-Risikotreibern sind auch Hindernisse zur SCRM-Implementierung analysiert worden. Die zugrunde liegende Frage ist wie folgt formuliert: „Welche Bedeutung haben die folgenden Hindernisse für Ihr Unternehmen bezüglich der Umsetzung eines Supply Chain Risikomanagements?“ (Anhang I, Frage 3.4). Tab. 3-4 zeigt die mit einer 7-stufigen Likert-Skala bewerteten Hindernisse auf. *Keine freien Managementkapazitäten* weist mit 3,17 den höchsten Mittelwert auf. Als elementares Hindernis ist weiterhin *nicht ausreichendes Wissen über SCRM* eingestuft worden. Die geringste Zustimmung konnte für die Aussage gemessen werden, dass *keine Notwendigkeit von SCRM* gesehen wird (2,24). Allerdings geht dieser Eintrag auch mit der höchsten Standardabweichung einher (1,70). Die niedrigste Standardabweichung weist *mangelndes Vertrauen zu Supply Chain-Partnern* mit 1,30 auf.

Tab. 3-4: Bewertung von Hindernissen zur SCRM-Implementierung
Quelle: eigene Darstellung (n = 94)

Hindernis zur SCRM-Implementierung	Mittel-wert	Standard-abweichung
Keine freien Managementkapazitäten	3,17	1,44
Wissen über SCRM ist nicht ausreichend	3,09	1,46
Mangelnde Transparenz in der Supply Chain	2,78	1,47
Keine geeigneten Werkzeuge vorhanden	2,77	1,62
Unklare organisatorische Einbettung	2,76	1,54
Mangelhafte IT-Unterstützung	2,68	1,60
Unklare Koordination innerhalb der Supply Chain	2,68	1,47
Fehlende Top-Management Unterstützung	2,64	1,68
Ungenügende Berücksichtigung in Zielvereinbarung der Mitarbeiter	2,55	1,60
Eingeschränkter Informationsaustausch mit Supply Chain-Partnern	2,53	1,35
Ungenügende finanzielle Mittel	2,38	1,68
Mangelndes Vertrauen zu Supply Chain-Partnern	2,34	1,30
Keine stabilen Beziehungen mit Supply Chain-Partnern	2,28	1,39
Keine Notwendigkeit von SCRM	2,24	1,70

Für die vergleichbar junge Windenergiebranche zeigt die Basisanalyse einen niedrigen Umsetzungsstand eines SCRM auf. Es lässt sich schlussfolgern, dass mit zunehmender Unternehmensgröße auch vermehrt SCRM betrieben wird. Die organisatorische Einbettung ist allerdings sehr heterogen ausgestaltet, so dass von unternehmensspezifischen Lösungen ausgegangen werden kann. Weiterhin verfügen wenige Unternehmen über ein implementiertes SCRM, welches über die erste Wertschöpfungsstufe hinausgeht. Der Betrachtungshorizont ist in den meisten Fällen auf die direkten Wertschöpfungspartner beschränkt. Hinzu kommt eine Reihe von Supply Chain-Risikotreibern, die bei der Ausgestaltung eines SCRM zu beachten sind. Darüber hinaus zeigt die Analyse zahlreiche Hindernisse, die bei der Implementierung eines SCRM eine Rolle spielen, auf.

Diese branchenspezifischen Ergebnisse bilden die Basis für eine Detailanalyse, in der weitere Branchen einbezogen werden. Dies hat den Vorteil, dass für das zu entwickelnde Modell Erkenntnisse aus unterschiedlichen Branchen berücksichtigt werden können, um einen branchenunabhängigen Einsatz zu ermöglichen.

3.3 Detailanalyse

Die Detailanalyse untergliedert sich in eine Fokusgruppe (vgl. Kap. 3.3.1), Experteninterviews zu rechtlichen Aspekten (vgl. Kap. 3.3.2) sowie Fallstudien (vgl. Kap. 3.3.3).

3.3.1 Fokusgruppe: Anforderungen an die Supply Chain Risikomanagement-Implementierung

In der Detailanalyse wurde mit einer Fokusgruppe zusammengearbeitet. Diese in der Literatur auch häufig als Gruppendiskussion bezeichnete Methode ist der qualitativen Forschung zuzurechnen (vgl. Lamnek 1993, S. 125). Eine Fokusgruppe hat den Vorteil mit relativ geringem Aufwand Informationen von einer größeren Anzahl von Experten unter einheitlichen Rahmenbedingungen zu erheben (vgl. Lamnek 1993, S. 166; Bortz & Döring 2006, S. 242; Schulz 2012, S. 9). Weiterhin ergibt sich entgegen der Führung von Einzelinterviews der Vorteil, dass Wortbeiträge sofort von allen anwesenden Experten kommentiert werden können (vgl. Schulz 2012, S. 12f.). Dadurch lässt sich eine große Tiefenwirkung erzielen (vgl. Lamnek 1993, S. 166). Als Nachteile des Einsatzes von Fokusgruppen ist die eingeschränkte Möglichkeit zur Verallgemeinerung, eine mögliche Verfälschung der Ergebnisse durch dominante Gruppenmitglieder und eine Beeinflussung durch die Moderation zu nennen (vgl. Schulz 2012, S. 25; Lamnek 1993, S. 166f.). Es empfiehlt sich daher, Fokusgruppen nicht eigenständig, sondern in Kombination mit anderen Forschungsmethoden einzusetzen (vgl. Lamnek 1993, S. 168-171; Bortz & Döring 2006, S. 243). Insgesamt sind zwei Treffen mit dem Ziel der Methodentriangulation organisiert worden, um die zu dem jeweiligen Zeitpunkt bereits erzielten Forschungsergebnisse zu diskutieren und Anforderungen für das zu entwickelnde Modell aufzunehmen. Hierfür wurden diese Teilergebnisse zu Beginn der Sitzungen präsentiert. In der sozialwissenschaftlichen Forschung wird dasselbe Vorgehen als Stimulus bezeichnet (vgl. Schulz 2012, S. 9). Bei der Auswahl der Gruppenmitglieder ist darauf geachtet worden, möglichst geringe Status- und Bildungsunterschiede zu haben, um eine aktive Mitarbeit aller Experten sicherzustellen (vgl. Bortz & Döring 2006, S. 243). Bei der Identifikation geeigneter Experten wurde auf ein kriteriengestütztes Auswahlverfahren (theoretical sampling) zurückgegriffen. Dies wird z.B. von Lamnek 1993 (S. 148f.) empfohlen, da eine Zufallsauswahl aufgrund der eingeschränkten Verallgemeinerungsmöglichkeit der Ergebnisse bei Fokusgruppen nicht zweckmäßig wäre. Alle Industrievertreter hatten aufgrund ihrer beruflichen Tätigkeit bereits mit dem Thema SCRM zu tun und konnten aus ihrem Erfahrungsschatz berichten. Tab. 3-5 gibt einen Überblick über die Teilnehmer der jeweiligen Treffen. Die halbtägigen Workshops sind von drei bzw. vier Wissenschaftlern geleitet und moderiert worden. Die erste Fokusgruppe trat im Juni 2012 mit sieben Unternehmensvertretern zusammen (siehe Teilnahme in Tab. 3-5, 06/12). Im Februar 2013 waren elf Experten aus der Industrie vertreten (02/13).

Diese Anzahl von Teilnehmern entspricht der in der Literatur empfohlenen Gruppengröße, die von unterschiedlichen Autoren mit sechs bis zwölf angegeben wird (vgl. Mangold 1962, Abrams 1949, Mucchielli 1973 und Merton et al. 1956 zitiert nach Lamnek 1993, S. 147).

Tab. 3-5: Zusammensetzung der Fokusgruppe
Quelle: eigene Darstellung

Nr.	Unternehmen	Branche	Position des Ansprechpartners	Teilnahme
1	C	Medizintechnik	Head of Inbound Logistics	06/12, 02/13
2	D	Medizintechnik	Leiter strategischer Einkauf	06/12
3	E	Dienstleistungen (Unternehmensberatung)	Lead Consultant	06/12, 02/13
4	E	Dienstleistungen (Unternehmensberatung)	Business Manager	02/13
5	F	Dienstleistungen (Unternehmensberatung)	Principal	02/13
6	G	Dienstleister (Instandhaltung)	Vertriebsleiter	06/12
7	H	Dienstleister (Energiewirtschaft)	Projektmanager	06/12, 02/13
8	I	Dienstleister (Energiewirtschaft)	Projektmanager	02/13
9	J	Dienstleister (Logistik)	Risikomanager	06/12, 02/13
10	K	Maschinenbau	Leiter Einkauf	06/12, 02/13
11	L	Chemie	Leiter Risikomanagement	02/13
12	L	Chemie	Senior Expert Risk Management	02/13
13	M	Rohstoffe	Head of Corporate Logistics	02/13

Die Ergebnisse der Fokusgruppe sind jeweils dokumentiert und den Experten im Nachhinein als schriftliches Protokoll zur Verfügung gestellt worden. Dadurch hatten die Unternehmensvertreter die Möglichkeit die erarbeiteten Ergebnisse zu kontrollieren (vgl. Ruddat 2012, S. 196). Zwei Vertreter der Fallstudienunternehmen (C und D) waren Teil der Fokusgruppe (vgl. Kap 3.3.3). Ergänzend wurden drei unterschiedliche Ansprechpartner aus zwei auf Supply Chain Management spezialisierte Unternehmensberatungen in die Fokusgruppe aufgenommen (E und F). Aus dem Dienstleistungssektor waren weiterhin Unternehmen mit Fokus auf die Instandhaltung (G), Energiewirtschaft (H und I) und Logistik (J) vertreten. Die bereits erwähnte Gruppe aus der Medizintechnik erhielt durch Branchenvertreter aus dem Maschinenbau (K), Chemie (L) und Rohstoffe (M) Verstärkung, so dass insgesamt sieben produzierende Unternehmen Teil der Fokusgruppe waren. Die Mischung von unterschiedlichen Unternehmenstypen und vertretenden Branchen förderte die gewollte breite Diskussion innerhalb der organisierten Treffen. Die Hälfte der Ansprechpartner hatte eine leitende Funktion (Inhaber, Teilhaber, Geschäftsführer oder Abteilungsleiter) inne. Die andere Hälfte hatte unterschiedliche operative Aufgaben in den jeweiligen Unternehmen (darunter Risikomanager, Projektleiter, Unternehmensberater). Alle Ansprechpartner waren durch ihre Funktion direkt mit den Themen Supply Chain Management und Risikomanagement vertraut und konnten detaillierte Einblicke diesbezüglich aus ihrem jeweiligen Unternehmenskontext bieten.

Ergebnisse der ersten Fokusgruppensitzung

Im ersten Treffen der Fokusgruppe ist mit den Experten ihr Verständnis eines SCRM diskutiert worden. Supply Chain-Risiken werden von den Praxisvertretern als Ereignisse, die mindestens zwei Unternehmen betreffen, verstanden. Dementsprechend geht auch ein SCRM im Betrachtungshorizont über das eigene Unternehmen hinaus. Um ein detaillierteres Verständnis der Betrachtungstiefe zu bekommen, hatten die Industrievertreter die Möglichkeit eine Bewertung für folgende Frage vorzunehmen: „Bitte geben Sie eine Einschätzung, welche Stufe Ihrer Wertschöpfungskette sowohl auf der Absatz- als auch Nachfrageseite im SCRM betrachtet wird". In den sieben Unternehmen werden im Durchschnitt mehrheitlich nur die direkten Lieferanten und Kunden ins SCRM einbezogen. In Ausnahmefällen reicht die durchschnittliche Betrachtung bis zur dritten Stufe der Wertschöpfungskette. Die Industrievertreter erzählten in diesem Zusammenhang von Projekten, die aufgrund von besonderen Vorkommnissen durchgeführt worden sind. Der maximale Betrachtungshorizont für wenige wichtige Partner ist mehrheitlich mit der zweiten Stufe angegeben worden. Zwei Unternehmensvertreter berichteten von der ausnahmsweisen Betrachtung von Zulieferern auf der dritten Stufe. Die Ergebnisse decken sich mit denen der quantitativen Analyse (vgl. Kap. 3.2.1).

Bei der Abgrenzung des Risikobegriffs wiesen die Industrievertreter darauf hin, dass darunter in der Praxis hauptsächlich eine negative Zielabweichung verstanden wird. Es allerdings zur Vermarktung eines SCRM von Vorteil sein würde, auch Chancen mit zu betrachten.

In der Fokusgruppensitzung ging es weiterhin um den Status quo der SCRM-Implementierung in den sieben Unternehmen. Die Experten berichteten von einer unternehmensspezifischen Ausgestaltung. Ein standardisiertes Konzept zur Implementierung ist den Industrievertretern nicht bekannt. Die Umsetzung erfolgt nach Information der Experten in Abhängigkeit von den individuellen Anforderungen ihrer Unternehmen. Ein Industrievertreter berichtete von einer sechsköpfigen Expertenrunde, die in seinem Unternehmen regelmäßig die einzelnen Phasen des SCRM-Prozesses abhandelt. Der Automatisierungsgrad ist entsprechend niedrig. Mehrere Unternehmen der Fokusgruppe befinden sich in der Implementierungsphase und unterstreichen die Notwendigkeit einer Methode zur systematischen Unterstützung der SCRM-Einführung. Das dieser Arbeit zugrunde liegende Forschungsziel ist von den Experten als relevant eingestuft worden.

In der Diskussion wurde eine Vielzahl von Schwierigkeiten bei der SCRM-Implementierung angesprochen. Diese sind mit Hilfe einer Kartenabfrage gesammelt worden: „Welche Hindernisse sehen Sie bezüglich der Umsetzung eines Supply Chain Risikomanagements?“. Insgesamt wurden 25 Hindernisse zusammengetragen und diskutiert. Diese konnten in die folgenden vier Gruppen zusammengefasst werden: Kosten/Ressourcen, Risikokultur, Dynamik/Komplexität der Supply Chain und Kooperation mit Supply Chain-Partnern. Die Ergebnisse der Fokusgruppe bestätigen die Auswahl von Hindernissen, die in der quantitativen Analyse abgefragt wurden (vgl. Tab. 3-4). Tab. 3-6 zeigt eine entsprechende Zuordnung der Hindernisse zu den gebildeten Gruppen auf.

Tab. 3-6: Gruppierung von Hindernissen zur SCRM-Implementierung
Quelle: eigene Darstellung

Gruppe	Hindernis zur SCRM-Implementierung
Kosten/Ressourcen	Keine freien Managementkapazitäten
	Keine geeigneten Werkzeuge vorhanden
	Mangelhafte IT-Unterstützung
	Ungenügende finanzielle Mittel
Risikokultur	Wissen über SCRM ist nicht ausreichend
	Unklare organisatorische Einbettung
	Fehlende Top-Management Unterstützung
	Ungenügende Berücksichtigung in Zielvereinbarung der Mitarbeiter
	Keine Notwendigkeit von SCRM
Dynamik/Komplexität der Supply Chain	Mangelnde Transparenz in der Supply Chain
	Unklare Koordination innerhalb der Supply Chain
Kooperation mit Supply Chain-Partnern	Eingeschränkter Informationsaustausch mit Supply Chain-Partnern
	Mangelndes Vertrauen zu Supply Chain-Partnern
	Keine stabilen Beziehungen mit Supply Chain-Partnern

Ergebnisse der zweiten Fokusgruppensitzung

In der zweiten Sitzung der Fokusgruppe gab es eine Präsentation der Ergebnisse der quantitativen Erhebung (vgl. Kap 3.2). Die Studienergebnisse sind mit den Experten detailliert besprochen worden. Insbesondere die Erkenntnisse zu Supply Chain-Risikotreibern, dem Stand des SCRM-Einsatzes und zu den Hindernissen wurden in der Fokusgruppe analysiert. Die Experten reflektierten die Ergebnisse mit Bezug auf ihr eigenes Unternehmen. Eine hohe Übertragbarkeit konnte branchenübergreifend festgestellt werden.

Weiterhin sind die ersten Erkenntnisse aus den Fallstudien mit den Experten diskutiert worden (vgl. Kap. 3.3.3). Insbesondere hatten die Unternehmensvertreter die Möglichkeit das entwickelte generische Phasenmodell zur SCRM-Implementierung zu kommentieren (vgl. Kap. 4.2.1). Das Phasenmodell wurde von den Experten als zielführend bezeichnet.

Anschließend erfolgte mit Hilfe einer Kartenabfrage die Identifikation von situativen Faktoren, die eine wichtige Rolle für die SCRM-Implementierung spielen. Tab. 3-7 fasst die Ergebnisse zusammen.

Tab. 3-7: Gruppierung von situativen Faktoren
Quelle: Kersten et al. (2013a, S. 32)

Gruppe	Situativer Faktor
Unternehmen	Unternehmensgröße
	Unternehmensform
	Fertigungstiefe
	Fertigungstyp
Supply Chain	Supply Chain-Komplexität
	Zulieferernanzahl
	Schnittstellen
	Internationalität
Umwelt	Rahmenbedingungen
	Standards

An der Abfrage der situativen Faktoren waren elf Experten aus der Industrie sowie drei Wissenschaftler beteiligt. Im Anschluss an die Kartenabfrage fanden eine offene Diskussion der Ergebnisse sowie eine Gruppierung statt. Die individuelle Formulierung mit Hilfe der Kartenabfrage hat den Vorteil, dass alle Gruppenmitglieder ihre Ideen unbeeinflusst eingeben können. Insgesamt konnten unter Berücksichtigung von Mehrfachnennungen 31 situative Faktoren gesammelt werden. In einer anschließenden Gewichtung wurde eine Gruppierung und Reduzierung der Faktoren vorgenommen. In Anlehnung an Ritchie & Brindley (2004, S. 37) erfolgte die Zusammenfassung der zehn wichtigsten situativen Faktoren in drei Klassen: Unternehmen, Supply Chain und Umwelt.

Die in der Fokusgruppensitzung identifizierten situativen Faktoren werden im Folgenden literaturbasiert in den Risikomanagement- und SCRM-Kontext eingeordnet. Ziel ist es hierbei die Bedeutung der ermittelten Faktoren über die Literatur detaillierter zu analysieren:

- Die Unternehmensgröße wird häufig zur Klassifizierung von Betrieben verwendet. Als Kennzahl zur Einteilung kann der Jahresumsatz herangezogen werden (vgl. Günterberg & Wolter 2002, S. 4-8). Teilweise geschieht die Klassifikation in Kombination mit anderen Größen, wie Mitarbeiteranzahl oder Bilanzsumme (vgl. European Commission 2006, S. 12). In der Risikomanagementliteratur wird zum Teil explizit auf die Bedürfnisse von Unternehmen kleiner und mittlerer Größe eingegangen (vgl. z.B. Hermann 1996; Barodte et al. 2008; Schorcht 2004).
  Im SCRM verweist Kajüter (2003a, S. 120f.) speziell für die Bewertung von Supply Chain-Risiken auf die Bedeutung der Unternehmensgröße. Ein potentieller Schaden in einstelliger Millionenhöhe kann für ein kleines Unternehmen bereits existenzbedrohend sein, während große Unternehmen ein solches Supply Chain-Risiko unter bestimmten Umständen in Kauf nehmen würden. Vogler & Wagner (2005, S. 74) gehen auf die Machtverhältnisse von Supply Chain-Partnern in Abhängigkeit von der Unternehmensgröße ein. Als Beispiel wird die Abhängigkeit von Rohstoffmärkten genannt. Auf entsprechende Rohstofflieferanten können kleine und mittlere Unternehmen nur sehr begrenzten Einfluss ausüben. Ziegenbein (2007, S. 147) hebt die Bedeutung der Unternehmensgröße für die Auswahl von SCRM-Maßnahmen hervor. Kleinere Unternehmen haben teilweise nur einen eingeschränkten Handlungsspielraum insbesondere im Hinblick auf strategische Investitionen zur Reduzierung von Supply Chain-Risiken.
- Mögliche Unternehmensformen hängen von den gesetzlichen Regelungen in den jeweiligen Ländern ab. In Deutschland sind das Bürgerliche Gesetzbuch (BGB) und das HGB maßgebend. Werden öffentlich-rechtliche Unternehmen ausgeklammert, lassen sich drei grundsätzliche Formen unterscheiden: Einzelunternehmen, Personen- und Kapitalgesellschaften (vgl. Bohnstedt 2012,

S. 30). Wie in Kap. 2.1.3 aufgezeigt, gibt es unterschiedliche gesetzliche Anforderungen an ein zu betreibendes Risikomanagement in Abhängigkeit von der Unternehmensform.

Zsidisin et al. (2004, S. 401) weisen auf die Ausstrahlungswirkung der deutschen Gesetze zum Risikomanagement auf die Ausgestaltung eines SCRM hin. Die Autoren heben hervor, dass Informationen über Managementrisiken denen von finanziellen Risiken gleichgestellt sind. Aus ihrer Sicht sind daher systematisch Maßnahmen einzuleiten und ein entsprechendes Berichtswesen zu betreiben. Kajüter (2003b, S. 323) stellt in Bezug auf SCRM klar, dass die deutschen Gesetze allerdings nur auf ein einzelnes Unternehmen zielen. Es können somit keine Anforderungen an ein unternehmensübergreifendes SCRM abgeleitet werden. Kajüter argumentiert hierzu wie folgt (2003b, S. 323):

> „Yet, the regulations [e.g. the COSO Report in the US and KonTraG in Germany] refer only to single companies and do not address specific issues of risk handling in supply chains. Consequently, companies are free to extend the scope of risk management beyond the company level and develop interorganizational approaches to managing risk."

Für Aktiengesellschaften gelten allerdings strengere Vorschriften bezüglich eines systematischen Risikomanagements, so dass eine Unterscheidung nach Unternehmensform auch im SCRM-Kontext sinnvoll erscheint (vgl. Kajüter 2003a, S. 109).

- Die Fertigungstiefe ist ein hilfreicher Indikator zur Bestimmung des Wertschöpfungsanteils, der in einem Unternehmen erbracht wird. Adam (1998, S. 118) definiert diese wie folgt „[...] die Differenz zwischen den Umsatzerlösen und dem Einkaufswert der Rohstoffe und Zukaufsteile [...]". Fiege (2006, S. 1) sieht in der zu beobachteten Tendenz die Fertigungstiefe zu reduzieren eine Begründung für die Einführung eines Risikomanagements.

  Eine niedrige Wertschöpfungsquote geht mit einer verstärkten Einbindung von Lieferanten einher (vgl. Heitmann 2007, S. 117; Wißler 2006, S. 35). Damit ist ein hoher Koordinationsaufwand verbunden sowie eine erhöhte Abhängigkeit gegenüber Supply Chain-Partnern (vgl. Ziegenbein 2007, S. 14). Zulieferer gewinnen durch einen erhöhten Wertschöpfungsanteil an Verhandlungsmacht. Trippner (2006, S. 104) weist auf die Bedeutung der Machtverhältnisse innerhalb von Supply Chains hin und sieht darin eine Begründung für das Betreiben eines SCRM.

- Mit Hilfe des Fertigungstyps ist eine Klassifizierung von Produktionsprozessen möglich. Hierbei steht die Produktionsart im Vordergrund. Neben dem Produktionsfluss kann auch eine Differenzierung nach Produktionsanstoß vorgenommen werden (vgl. Dörmer 2013, S. 11). Danach ist eine Unterscheidung in Auftrags- und Lagerproduktion sowie Programmfertigung möglich (vgl. Adam 1998, S. 10). Bei der Auftragsproduktion erfolgt zunächst ein Kundenauftrag. Die Produktion erfolgt im Anschluss kundenspezifisch. Hierbei kann zwischen Einzelfertigung und Variantenfertigung unterschieden werden. Bei der Lagerproduktion erfolgt die Fertigung unabhängig von individuellen Kundenaufträgen, vielmehr wird aufgrund von Prognosen hergestellt. Bei der Programmfertigung handelt es sich um eine Mischform, bei der ein großer Teil auf Lager produziert wird und anschließend eine kundenspezifische Fertigstellung erfolgt (vgl. Adam 1998, S. 10f.).

  Die Bedeutung der Informationsweitergabe innerhalb der Supply Chain stellt Ziegenbein (2007, S. 113) in Hinblick auf den Produktionsprogrammplan heraus. Die Herstellung von Transparenz in der Supply Chain wird als eine Maßnahme des SCRM verstanden. Es dient zur Vermeidung von Schäden, die durch ungeplante Änderungen des Bedarfs entstehen können.
- Die Supply Chain-Komplexität berücksichtigt die hohe Anzahl von Verbindungen, die in Unternehmensnetzwerken existieren (vgl. Manuj & Mentzer 2008, S. 213). Es handelt sich somit bei Supply Chains nicht um einfache Ketten, sondern es wird eine Netzwerkbetrachtung zugrunde gelegt (vgl. Otto 2002, S. 98). Komplexe Wertschöpfungsnetzwerke werden auch als Unübersichtlichkeit der Unternehmensumwelt wahrgenommen. Daraus werden erhöhte Anforderungen an interne Risikomanagementprozesse abgeleitet (vgl. Fiege 2006, S. 1).

  In der SCRM-Literatur wird die Supply Chain-Komplexität als ein Treiber, der die Verwundbarkeit erhöht, gesehen (vgl. z.B. Harland et al. 2003, S. 52; Norrman & Jansson 2004, S. 434). Hierbei spielt insbesondere der erhöhte Koordinationsaufwand eine Rolle (vgl. Ziegenbein 2007, S. 14). Vogler & Wagner (2005, S. 84f.) nutzen die Supply Chain-Komplexität als Kriterium, um die Zielsetzung eines SCRM festzulegen. Bei niedriger Supply Chain-Komplexität wird eine Ausrichtung des SCRM auf Prozesseffizienz nahegelegt. Während bei einer hohen Komplexität und einhergehender Abhängigkeit ein allumfassender SCRM-Ansatz verfolgt werden sollte.

- Auf Beschaffungsseite ist die Zuliefereranzahl eine wichtige Kenngröße. Diese spiegelt die Abhängigkeit, die ein wichtiger Risikofaktor ist, von Supply Chain-Partnern wider. Dieser Risikofaktor sollte in einem ganzheitlichen Risikomanagement berücksichtigt werden (vgl. Fiege 2006, S. 188). In der Ausgestaltung von Risikomanagementmaßnahmen ist die Vertragsgestaltung mit Lieferanten ein verbreitetes Thema (vgl. z.B. Gleißner & Romeike 2005, S. 37; Bohnstedt 2012, S: 16).
  Neben der Supply Chain-Komplexität wird in der SCRM-Literatur auch die Zuliefereranzahl häufig als Treiber bezeichnet (vgl. Harland et al. 2003, S. 52). Hierfür ist ebenfalls der Koordinationsaufwand verantwortlich. Die Lieferantenanzahl wird zum Teil zur Charakterisierung einer Supply Chain herangezogen (vgl. Ziegenbein 2007, S. 94). Gaudenzi & Borghesi (2006, S. 125) verwenden die Zuliefereranzahl als Indikator für das Beschaffungsrisiko.
- Neben der Anzahl von Lieferanten sind die Ausprägungen von Schnittstellen im Risikomanagement von Interesse. Kommunikationsschnittstellen spielen eine wichtige Rolle und sind Teil der Anforderungen, die an entsprechende IT-Systeme zum Risikomanagement gestellt werden (vgl. Gleißner & Romeike 2005, S. 244). Sie sollen den Informationsfluss zu den beteiligten Akteuren in einem Unternehmen sicherstellen. Insbesondere für ein funktionierendes Risikocontrolling sind diese von Bedeutung (vgl. Burger & Buchhart 2002, S. 269).
  Im SCRM stehen die Schnittstellen zu Supply Chain-Partnern im Fokus. Hierbei spielt die Integration eine entscheidende Rolle (vgl. Gaudenzi & Borghesi 2006, S. 121), die insbesondere durch den Austausch von Informationen innerhalb der Supply Chain erreicht werden kann (vgl. Christopher & Peck 2004, S. 2). Schnittstellen ermöglichen somit das Ziel des Supply Chain Managements hinsichtlich der Sicherstellung des Informationsflusses zu erreichen (vgl. Kap. 2.2.2). Weiterhin trägt der Austausch von Informationen entscheidend zur Reduzierung von Unsicherheiten bei und ist somit Kernelement einer SCRM-Strategie (vgl. Christopher & Peck 2004, S. 9; Kajüter 2003b, S. 332). Der direkte Kontakt ermöglicht es, die Zusammenarbeit mit Wertschöpfungspartner zu verbessern und eine gemeinsame Strategie zu verfolgen (vgl. Ritchie & Brindley 2000, S. 579).

- Die gesetzlichen Anforderungen für das Betreiben eines Risikomanagements sind in nationalen Gesetzen verankert (vgl. Kap 2.1.3). Es ist daher von Bedeutung, ob Unternehmen international aufgestellt oder nur regional tätig sind. Die geographische Ausdehnung einer Unternehmung wirkt sich weiterhin auf dessen Risikoexposition aus (vgl. Brühwiler & Romeike 2010, S. 54). So spielen z.B. Wechselkursrisiken bei international tätigen Organisationen eine Rolle (vgl. Burger & Buchhart 2002, S. 120). Die Internationalität sollte daher im Rahmen von Umweltanalysen im Risikomanagement berücksichtigt werden (Fiege 2006, S. 113).

  Supply Chains können mit Hilfe ihrer Ausdehnung klassifiziert werden. Trippner (2006, S. 97) differenziert zwischen lokalen, nationalen, regionalen und globalen Netzwerken. Die zunehmende Verteilung von Wertschöpfungspartnern verstärkt eine Reihe von möglichen Supply Chain-Risiken (vgl. Christopher & Peck 2004, S. 12; Tang & Tomlin 2008, S. 12; Zsidisin 2003, S. 18). Zusätzlich erhöht sich der notwendige Koordinationsaufwand, es verlängern sich die Transportzeiten und es entstehen zusätzliche Hindernisse wie die Notwendigkeit einer interkulturellen Zusammenarbeit (vgl. Ziegenbein 2007, S. 14f.). Anderseits ermöglicht eine weltweite Ausdehnung es auch flexiblere Supply Chains zu betreiben (vgl. Sheffi 2005, S. 223f.; Tang 2006, S. 460). Hierbei besteht die Herausforderung eine hohe Agilität sicherzustellen (vgl. Christopher & Peck 2004, S. 10).

- Unternehmen sind einer Vielzahl von unterschiedlichen Rahmenbedingungen ausgesetzt. Die in den letzten Jahren zu beobachtende Zunahme des internationalen Warengüterverkehrs wird z.B. positiv durch eine Reihe von Deregulierungsmaßnahmen beeinflusst (vgl. Morrison 2009, S. 78). Hierbei spielt der Abbau von tarifären Handelsbarrieren eine große Rolle (vgl. Wild & Wild 2012, S. 31). Handelshemmnisse lassen sich in staatlich gebilligte und nicht gebilligte Maßnahmen einteilen. Zu den staatlichen Eingriffen zählen unter anderem Zölle und Einführungsbestimmungen. Bei den staatlich nicht gebilligten Maßnahmen handelt es sich um Aktionen von privaten Akteuren, wie z.B. Boykottaufrufe (vgl. Quambusch 1989, S. 782ff.). Diese unterschiedlichen Rahmenbedingungen sind in einer Risikoanalyse zu berücksichtigen, da unterschiedliche Risiken dadurch impliziert werden können (vgl. Brühwiler & Romeike 2010, S. 54; Fiege 2006, S. 113).

Die existierenden Rahmenbedingungen wirken sich nicht nur auf die Intensität von Geschäftsbeziehungen aus, sondern haben auch Einfluss auf die Gestaltung von Supply Chains (vgl. Kouvelis & Rosenblatt 2005, S. 271; Kraljic 1983, S. 110). Local Content-Forderungen schreiben z.B. einen bestimmten Wertschöpfungsanteil, der in einem bestimmten Land erbracht werden muss, vor (vgl. Kouvelis & Rosenblatt 2005, S. 260). Solche Vorschriften sind bei der Erschließung neuer Märkte zu beachten. Sheffi (2005, S. 52) zeigt am Beispiel von Zöllen auf, dass die Veränderung von Rahmenbedingungen ein erhebliches Risikopotential für global aufgestellte Unternehmen impliziert.

- Zum Umgang mit Komplexität existiert eine Vielzahl von Standards im Unternehmenskontext. Darunter werden anerkannte Regelungen, Richtlinien oder sogenannte Normen verstanden. Im Gegensatz zu Gesetzen beruht die Befolgung von Standards im Normalfall auf Freiwilligkeit, allerdings können Gesetze auch die Beachtung von Standards verbindlich festlegen (vgl. Brühwiler & Romeike 2010, S. 81). Standards werden sowohl von nationalen als auch internationalen Organisationen erarbeitet, wie z.B. vom Deutschen Institut für Normung (DIN) oder von der ISO. Im Risikomanagement existiert eine Reihe von branchenspezifischen als auch branchenübergreifenden Ansätzen (vgl. Winter 2008, S. 74ff.). International ist die ISO 31000 weit verbreitet und begreift Risikomanagement als Führungsaufgabe, die systematisch vom Management verfolgt werden sollte (vgl. Brühwiler & Romeike 2010, S. 83).

Die Ausgestaltung eines SCRM ist bisher nicht gesetzlich festgeschrieben (vgl. Kajüter (2003b, S. 323). Eine Reihe von existierenden Standards zum Risikomanagement können zwar auf SCRM übertragen werden, allerdings fehlt es zurzeit noch an einem expliziten SCRM-Standard. Dagegen sind konzeptionelle Ansätze zur Standardisierung von Prozessen im Supply Chain Management verbreitet. Das Supply Chain Operations Reference (SCOR)-Modell ermöglicht es z.B. die Performance zu messen (Supply Chain Council 2012, S. i.1). Hierzu werden auf oberster Ebene sechs Prozesse unterschieden: Plan, Source, Make, Deliver, Return und Enable (vgl. Bolstorff & Rosenbaum 2007, S. 2; Supply Chain Council 2012, S. 2.0.1). Die Hauptaufgaben eines SCRM werden im SCOR-Modell auf Basis der ISO 31000 beschrieben und basieren auf den eingeführten sechs Prozessen (vgl. Supply Chain Council 2012, S. 2.6.78-2.6.84). Die standardisierten Prozesse des SCOR-Modells werden in SCRM-

Ansätzen zur Herstellung von Vergleichbarkeit herangezogen (vgl. Tang & Musa 2011, S. 27).

Durch die detaillierte Literaturanalyse, der in der Fokusgruppensitzung identifizierten situativen Faktoren, konnte deren Bedeutung bestätigt werden.

Die Mitglieder der Fokusgruppensitzung wiesen auf die Bedeutung rechtlicher Aspekte für die SCRM-Implementierung hin. Dabei gab es bei den Praxisvertretern einen Bedarf an rechtlichen Informationen, insbesondere über die mögliche Ausstrahlungswirkung von Gesetzen die nicht explizit ein SCRM, sondern ein Risikomanagement thematisieren. Um diese rechtlichen Aspekte zu analysieren, wurden Interviews mit entsprechenden Experten geführt. Die Ergebnisse werden im nächsten Kapitel dargestellt.

3.3.2 Experteninterviews zu rechtlichen Aspekten

Zur Erhebungen der rechtlichen Anforderungen für die Implementierung eines SCRM sind zwei Interviews mit drei Experten im Mai und Juni 2013 geführt worden. Die Gespräche dienten der Interpretation der zuvor in den theoretischen Grundlagen identifizierten Gesetzestexte. Es handelte sich um problemzentrierte Interviews, die eine Prüfung und Weiterentwicklung des vorhandenen konzeptuellen Wissens zum Ziel hatten (vgl. Lamnek 2005, S. 383). Tab. 3-8 gibt einen Überblick über die geführten Gespräche. Tab. 3-8 baut auf Tab. 3-5 aus Kap. 3.3.1 auf und führt die Nummerierung fort, um eine eindeutige Bezeichnung sicherzustellen. Bei den Interviewpartnern handelte es sich um einen Rechtsanwalt und um zwei Unternehmensberater. Der Rechtsanwalt (14) ist Teilhaber einer Kanzlei und hat mehrjährige Erfahrungen im Bereich des internationalen Einkaufsrechts. Die Unternehmensberater (15 und 16) verfügen über vielfältige Erfahrungen im Bereich des Supply Chain Managements und Risikomanagements, so dass in dem Gespräch die Erkenntnisse aus unterschiedlichen Praxisprojekten diskutiert werden konnten.

Tab. 3-8: Interviewpartner zu rechtlichen Aspekten
Quelle: eigene Darstellung

Nr.	Unternehmen	Branche	Position des Interviewpartners	Datum
14	N	Dienstleistungen (Rechtsberatung)	Partner	05/13
15	O	Dienstleistungen (Unternehmensberatung)	Senior Consultant	06/13
16			Manager	

Die Experteninterviews sind zusätzlich zu Fokusgruppensitzungen und den Fallstudien geführt worden. Die Gesprächspartner wurden aufgrund ihrer Fachkenntnisse ausgewählt.

Die Interviews basierten auf dem in Anhang II abgedruckten Leitfaden. Die zugrunde liegende Forschungsfrage fokussierte auf rechtliche Aspekte, die sich auf eine SCRM-Implementierung auswirken. Der Leitfaden ist in vier Abschnitte unterteilt: Zuerst geht es um rechtliche Grundlagen, die bei der SCRM-Implementierung beachtet werden müssen. Anschließend werden mögliche Empfehlungen, die aufgrund von Gesetzen oder herrschender Praxis für die Einführung eines SCRM gegeben werden können, angesprochen. Weiterhin wird auf die organisatorische Einbettung eines SCRM eingegangen. Abschließend hatten die Gesprächspartner die Möglichkeit fehlende Aspekte zu ergänzen.

Ergebnisse der Experteninterviews

Die Auswertung der Interviewtranskripte erfolgte mit Hilfe der qualitativen Inhaltsanalyse (vgl. Kap. 3.1). Zusätzliche sind die von den Experten genannten Gesetzestexte ausgewertet worden, um die getroffenen Aussagen zu verifizieren und bei der Auswertung der Ergebnisse Verweise zu den relevanten Absätzen angeben zu können.

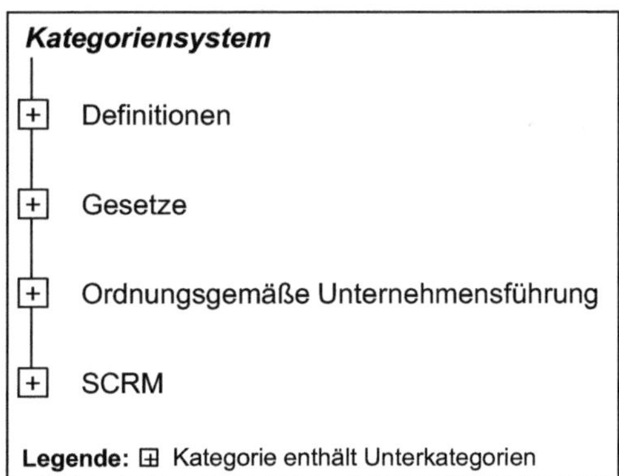

Abb. 3-11: Kategoriensystem der rechtlichen Experteninterviews
Quelle: eigene Darstellung

Das entwickelte Kategoriensystem umfasst auf oberster Ebene *Definitionen*, *Gesetze*, *ordnungsgemäße Unternehmensführung* und *SCRM*. Abb. 3-11 illustriert das übergeordnete System, das 34 Unterkategorien zusammenfasst.

Die Kategorie *Definitionen* untergliedert sich in *Supply Chain*, *Risiko* und *Unternehmensform*. Das *Supply Chain*-Verständnis der Experten deckt sich mit der in dieser Arbeit zugrunde liegenden Definition. Auch der Begriff Risiko wurde von den Experten wie in dieser Arbeit als eine Abweichung vom Erwartungswert verstanden (vgl. Kap. 2.4.1.1). Ein Experte definierte Risiko allgemein als „[...] Gefährdung für eine Gesellschaft" (Experte 15).

Die Unterkategorie *Unternehmensform* dient der Einordnung der unterschiedlich existierenden Gruppen von Unternehmen. Neben der Unternehmensgröße sind dies das Einzelunternehmen, die Personengesellschaft sowie die (börsennotierte) Kapitalgesellschaft als rechtliche Unternehmensformen.

Ausgangspunkt der Analyse zur gesetzlichen Notwendigkeit eines SCRM sind die im Kap. 2.1.2 erläuterten Regularien zum Betreiben eines Risikomanagementsystems. Dies folgt der Auffassung in der Literatur, dass die Gesetzgebung in Deutschland zum Risikomanagement eine Ausstrahlungswirkung auf das SCRM hat (vgl. Zsidisin 2004, S. 401; Kajüter 2003a, S. 109; Kajüter 2003b, S. 323). Die Experten sind detailliert auf diese gesetzlichen Grundlagen zum Betreiben eines Risikomanagementsystems eingegangen und haben die Bedeutung für ein SCRM erläutert. Die Ergebnisse wurden in der Kategorie *Gesetze* zusammengefasst. Hierbei sind sowohl begünstigende als auch hinderliche Vorschriften angesprochen worden. Die relevanten Gesetze bilden die Unterkategorien, die in Abb. 3-12 aufgezeigt werden.

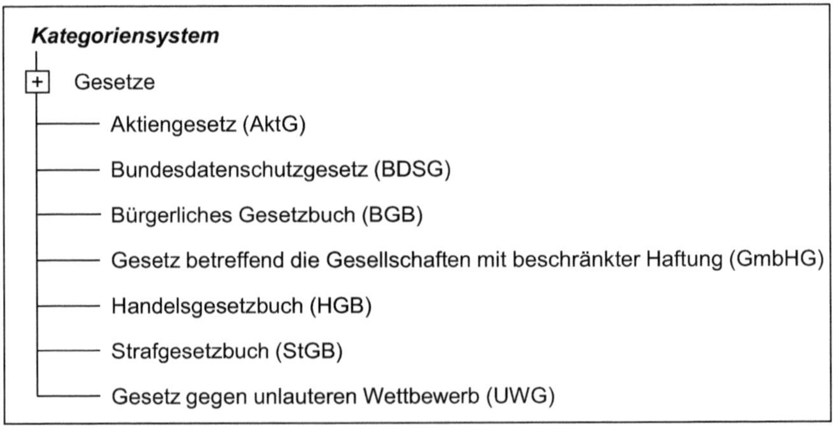

Kategoriensystem

- [+] Gesetze
  - Aktiengesetz (AktG)
  - Bundesdatenschutzgesetz (BDSG)
  - Bürgerliches Gesetzbuch (BGB)
  - Gesetz betreffend die Gesellschaften mit beschränkter Haftung (GmbHG)
  - Handelsgesetzbuch (HGB)
  - Strafgesetzbuch (StGB)
  - Gesetz gegen unlauteren Wettbewerb (UWG)

Abb. 3-12: Kategorie Gesetze
Quelle: eigene Darstellung

Im *AktG*, *GmbHG* und *HGB* wird auf die Pflicht zur ordnungsgemäßen Unternehmensführung hingewiesen (vgl. § 93 Abs. 1 S. 1 AktG; § 43 Abs. 1 GmbHG; § 117 HGB). Im Supply Chain-Kontext spielt hier insbesondere der Schutz der Gesellschaft eine Rolle (Experte 16 mit Verweis auf AktG). Nach Auffassung der Experten, verpflichtet das AktG zur Einführung eines Frühwarnsystems, das bestandgefährdende Risiken erkennt. In der Praxis kann dies z.B. wie folgt im Hinblick auf die Supply Chain umgesetzt werden:

> „Also, der [Risikomanager] hat sich mit allen Bereichen hingesetzt, der hat klassisch die Funktionen abgefragt und hat dann auch mit der Produktionsplanung gesprochen und gefragt: was sind denn aus Ihrer Sicht die Risiken, die dazu führen würden, dass das Unternehmen nicht mehr produziert oder das es dann eben zum Stillstand kommt?" (Experte 16)

Die ordnungsgemäße Unternehmensführung schützt den Vorstand von Aktiengesellschaften vor einer Abberufung und eventuellen Haftungsansprüchen (vgl. § 84 Abs. 3 AktG). Im *BGB* wird weiterhin auf die Verpflichtungen von Schuldnern, die sich auf Geschäftsführer übertragen lassen, eingegangen (vgl. § 280 BGB), so dass auch andere Unternehmensformen als die Aktiengesellschaft davon betroffen sind.

Die Einführung eines SCRM wird zusätzlich durch die gesetzliche Verpflichtung zur Prüfung begünstigt (vgl. § 90 Abs. 1 AktG; § 42a Abs. 1 GmbHG; § 289 Abs. 1, § 315 Abs. 1 und § 317 Abs. 2 HGB). Auch im Bundesdatenschutzgesetz (BDSG) gibt es für die Umsetzung eines SCRM dienliche Regelungen. § 28 BDSG ermöglicht beispielsweise die Weitergabe von Informationen, wenn ein hohes Interesse besteht und dabei kein höheres Interesse verletzt wird. Dies unterstützt die Herstellung von Transparenz in der Supply Chain.

Neben den genannten begünstigenden gesetzlichen Rahmenbedingungen sind in den Interviews Hindernisse angesprochen worden. Die Möglichkeit zum Informationsaustausch mit Supply Chain-Partnern wird durch einige Gesetze eingeschränkt. So werden Betriebsgeheimnisse unter anderem durch das § 85 GmbHG geschützt. Weiterhin spielen hier auch strafrechtliche Konsequenzen eine Rolle, so dass die Offenlegung von Betriebsgeheimnisse entsprechend verfolgt werden würde (vgl. § 201 und § 203 StGB). Im Gesetz gegen unlauteren Wettbewerb (UWG) ist darüber hinaus gemäß § 20 UWG ein Bußgeld spezifiziert.

In der Kategorie *Ordnungsgemäße Unternehmensführung* sind die Erkenntnisse aus den zuvor erörterten relevanten Gesetzestexten im Hinblick auf die Umsetzung in der

Praxis zusammengefasst. Tab. 3-9 gibt die Empfehlungen anhand der zugeordneten Unterkategorien wieder.

Die Experten weisen darauf hin, dass das Betreiben eines Risikomanagements zur ordnungsgemäßen Unternehmensführung zählt. Auch im Rahmen der Compliance werden wichtige Vorgaben bezüglich dieser Thematik gemacht. Geschäftsführer, die von den Gesellschaftern eines Unternehmens eingesetzt werden, haben die Verpflichtung die Organisation ordnungsgemäß zu lenken. Tritt ein Risiko bei fehlendem Risikomanagement ein, können Schadensersatzansprüche die Folge sein. Bei der konkreten Ausgestaltung spielen die entsprechenden Regularien von Wirtschaftsprüfern eine Rolle.

Tab. 3-9: Kategorie Ordnungsgemäße Unternehmensführung
Quelle: eigene Darstellung

Unterkategorie	Kernaussage
Dienstpflicht	Geschäftsführer sind an gesetzliche Pflichten gebunden, wozu eine ordnungsgemäße Unternehmensführung zählt.
Insolvenzverschleppung verhindern	Es müssen Rückstellungen für Risiken gebildet werden. Dafür müssen Risiken zuvor erkannt werden. Ansonsten können im Insolvenzfall Schadensersatzansprüche gegenüber Geschäftsführern geltend gemacht werden.
Risikomanagement betreiben	Risikomanagement gehört zur ordnungsgemäßen Unternehmensführung.
Schadensersatz fordern	Gesetzliche Verpflichtung Schadensersatzansprüche durchzusetzen.
Haftung	Die begrenzte Haftung von Kapitalgesellschaften kann bei nicht ordnungsgemäßer Unternehmensführung in eine direkte Haftung für Geschäftsführer führen.
Unternehmensvermögen schützen	Risikomanagement dient zur Sicherung des Unternehmensvermögens.
Wirtschaftsprüfung	Prüfung der konkreten Ausgestaltung der ordnungsgemäßen Unternehmensführung.

Inwieweit das zu betreibende Risikomanagement aus Sicht der Experten auch Supply Chain-Risiken umfassen muss, ist in der Kategorie *SCRM* zusammengefasst worden. Abb. 3-13 zeigt die Verästelung dieser Kategorie auf.

Die Experten haben aufgezeigt, dass über die gesetzlichen Vorgaben zum Risikomanagement hinaus keine spezifischeren Regularien zum SCRM existieren. Allerdings lässt sich aus den bestehenden Gesetzen zum Risikomanagement eine Ausstrahlungswirkung auf das SCRM ablesen:

> „Wenn es um die Frage geht, muss ich ein Supply Chain Risikomanagement betreiben, dann stellt sich die Frage, ob das zu den Pflichten eines ordnungsgemäßen Kaufmannes gehört? Ich würde sagen, das hängt dann davon ab wie groß diese Risiken sind." (Experte 14)

Resultiert aus potentiellen Supply Chain-Risiken eine Existenzbedrohung, dann müssen diese auch in einem SCRM erfasst werden. Allerdings erfolgt die Argumentation mit Hilfe der ordnungsgemäßen Unternehmensführung und verweist nicht auf explizite gesetzliche Anforderungen. Vielmehr spielen klassische Unternehmensfunktionen wie Einkauf und Vertrieb als Schnittstellen zu den Wertschöpfungspartnern eine entscheidende Rolle.

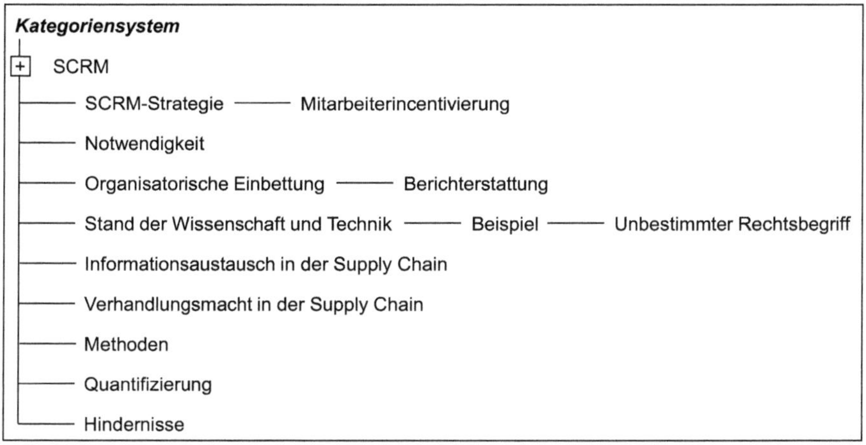

Kategoriensystem

- SCRM
  - SCRM-Strategie — Mitarbeiterincentivierung
  - Notwendigkeit
  - Organisatorische Einbettung — Berichterstattung
  - Stand der Wissenschaft und Technik — Beispiel — Unbestimmter Rechtsbegriff
  - Informationsaustausch in der Supply Chain
  - Verhandlungsmacht in der Supply Chain
  - Methoden
  - Quantifizierung
  - Hindernisse

Abb. 3-13: Kategorie SCRM
Quelle: eigene Darstellung

Die Experten weisen übereinstimmend darauf hin, dass es sich um ein strategisches Thema handelt. Da SCRM-Maßnahmen auf operativer Ebene zusätzliche Kosten verursachen, müssen entsprechende Vorgaben gemacht werden. Diese *SCRM-Strategie* wird erst durch die Berücksichtigung in einer entsprechenden Gratifikation für Mitarbeiter nachhaltig umgesetzt.

Die *Notwendigkeit* zum Betreiben eines SCRM sehen die Experten durch drei Aspekte gegeben: SCRM dient dazu finanzielle Schäden zu verhindern. Es stellt des Weiteren sicher, dass die Nachfrage bedient wird und ermöglicht es, bestehende Richtlinien sowie gesetzliche Vorgaben zu befolgen. Diese Richtlinien und gesetzlichen Vorgaben können dabei branchenspezifisch unterschiedlich ausgestaltet sein.

Bei der *organisatorischen Einbettung* eines SCRM ist es wie beim Risikomanagement sinnvoll eine Delegation vorzunehmen. Die Überwachungsaufgabe obliegt allerdings der Ebene der Geschäftsführer. Die notwendige Kontrolle kann aus Sicht der Experten über ein *Berichtswesen* erfolgen. Zur Abdeckung der Supply Chain von

Beschaffungs- bis zur Absatzseite ist eine bereichsübergreifende Einbindung im SCRM erforderlich. Die Abstimmung der einzelnen Fachabteilungen sollte übergeordnet mit Hilfe einer SCRM-Strategie erfolgen.

Bei der konkreten Ausgestaltung eines SCRM verwiesen die Experten auf den sogenannten *Stand der Wissenschaft und Technik*. Dieser Begriff ist in Anlehnung an die Vorschriften zur Produktsicherheit gewählt. Das Produkthaftungsgesetz (vgl. § 1 Abs. 2 S. 5 ProdHaftG) schließt eine Haftung aus, wenn „der Fehler nach dem Stand der Wissenschaft und Technik in dem Zeitpunkt, in dem der Hersteller das Produkt in den Verkehr brachte, nicht erkannt werden konnte." Der Gesetzgeber behilft sich folglich mit einer ex-post Betrachtung des eingeführten Systems zur Produktsicherheit im Falle eines Schadens. In Bezug zu den Anforderungen an ein SCRM argumentiert ein Experte wie folgt:

> „Ich würde mit der Frage operieren „Was ist Stand der Technik?" [...] Weil es eben kein bindendes Gesetz gibt, was dies genau festschreibt. [...] Sie werden abschließend nichts finden, wo steht: „Machen Sie Folgendes" und dann sind Sie aus der Haftung raus. Sondern das bleibt ein unbestimmter Rechtsbegriff und er wird gefüllt durch das was Stand der Technik ist." (Experte 14)

Durch die Verwendung eines *unbestimmten Rechtsbegriffs* erkennt der Gesetzgeber die dynamische Entwicklung in der Wirtschaft an. Die Rechtsprechung kann folglich flexibler die aktuelle Entwicklung berücksichtigen und im Rahmen von Einzelfallprüfungen strittige Fragen klären (vgl. Küting 2011, S. 2091).

Wie in der Kategorie *Gesetze* aufgezeigt, ist der *Informationsaustausch in der Supply Chain* teilweise gesetzlich eingeschränkt. Insbesondere der Schutz von Betriebsgeheimnissen spielt hier eine wichtige Rolle. Aus rechtlicher Sicht ist eine Offenlegung von Sublieferanten nicht zwingend erforderlich, da jedes Unternehmen für seine eigene Zuliefererkette verantwortlich ist. Diese Verantwortung bezieht sich allerdings nur auf die Haftung und schließt kein Weisungsrecht mit ein, so dass nur eine eingeschränkte Kontrollmöglichkeit vorliegt. Nichtsdestotrotz erhöht die Weitergabe von Planungszahlen die Transparenz in der Wertschöpfungskette und wird in der Praxis vielfältig praktiziert.

Da ein Informationsaustausch rechtlich schwierig durchsetzbar ist, kommt der *Verhandlungsmacht in der Supply Chain* eine entsprechende Bedeutung zu. Die Experten weisen hier auf zwei rechtliche Aspekte hin: Zum einen ist eine Tendenz erkennbar, auf vertragliche Regelungen zu verzichten. Die Verhandlungsmacht ist dabei so groß, dass die Forderung nach Schadensersatz vom kundenseitigen Supply Chain-Partner in keinem Verhältnis zu möglichen Umsatzverlusten steht. Zum anderen wird versucht, alle Eventualitäten in Verträgen festzuhalten. Hier ist allerdings zu beobachten, dass viele Vertragsbestandteile keine rechtliche Wirkung entfalten. In der Praxis finden somit zwei gegensätzliche Bewegungen statt.

Neben den vertraglichen Möglichkeiten zur Gestaltung eines SCRM sind in der Kategorie *Methoden* weitere angesprochene Instrumente zusammengefasst. Diese umfassen sowohl strategische Möglichkeiten zur Risikodiversifikation als auch konkrete Anwendungsbeispiele, wie die FMEA oder Lieferantenaudits. Weiterhin ist die Bedeutung von geistigem Eigentumsrecht angesprochen worden. Diese sind insbesondere für den Fall von Lieferanteninsolvenzen vorsorglich zu regeln.

Die Kategorie *Quantifizierung* umfasst die Diskussion über rechtliche Möglichkeiten, die Höhe eines möglichen Schadensersatzes zu ermitteln. Hierbei spielt neben Eintrittswahrscheinlichkeit und Schadensausmaß auch die Haftungssumme eine Rolle. Allerdings weicht in der Praxis der gezahlte Schadensersatz häufig aufgrund der Verhandlungsmacht von Supply Chain-Partnern bzw. aus strategischen Gründen von den rein rechtlich ermittelten Haftungssummen ab.

Neben der Schwierigkeit der Quantifizierung von Supply Chain-Risiken sind weitere *Hindernisse* zur Einführung eines SCRM erläutert worden: Die weltweite Verteilung von Supply Chain-Partnern führt zur Problematik, dass eine Vielzahl von unterschiedlichen Rechtssystemen in Frage kommt. Zwar kann der Gerichtsstand für jeden einzelnen Vertragsabschluss festgelegt werden, allerdings wird dies in der Praxis in Abhängigkeit von der Verhandlungsmacht der Wertschöpfungspartner geschehen. Die Rechtssicherheit spielt als Unsicherheitsfaktor bei der rechtlichen Betrachtung des SCRM eine große Rolle. Neben der Internationalität wirkt sich vor allem der unternehmensübergreifende Aspekt des SCRM auf die mögliche Umsetzung aus. Da kein unmittelbares Weisungsrecht wie in einer Organisation herrscht, müssen andere Koordinationsmechanismen innerhalb einer Supply Chain eingesetzt werden. Diese Schwierigkeit wird durch unterschiedliche Prozesse und IKT-Systeme in den einzelnen Unternehmen der Wertschöpfungskette verstärkt.

3.3.3 Fallstudienforschung: Ist-Analyse des Implementierungsprozesses

Zur Analyse ausgewählter Aspekte der Basisanalyse sowie zur detaillierten Untersuchung der Forschungsfragen sind Fallstudien durchgeführt worden. Bei der Fallstudienforschung handelt es sich um eine Forschungsstrategie, die das Design, die Datenerhebung und -analyse umfasst (vgl. Yin 2003, S. 14). Dabei kann eine Reihe unterschiedlicher Forschungsmethoden mit dem Ziel eingesetzt werden, ein möglichst detailliertes Bild des untersuchten Falls zu zeichnen (vgl. Lamnek 1993, S. 5). Vorteil der Betrachtung einzelner Praxisfälle ist, dass die Untersuchung sich vollständig auf das jeweilige Unternehmen konzentriert und dieses nicht, wie in der quantitativen Forschung als ein zufällig ausgewähltes Mitglied der Stichprobe betrachtet wird (vgl. Lamnek 1993, S. 6). Als Nachteil von Fallstudien wird häufig die schwierige Verallgemeinerung der Ergebnisse diskutiert. Dies liegt in der kleinen Stichprobe, die keine statistische Generalisierung erlaubt, begründet (vgl. Eisenhardt 1989, S. 547). Yin (2003, S. 10f.) weist allerdings darauf hin, dass selbst eine einzige Fallstudie dafür geeignet sein kann, eine Theorie zu erweitern oder zu verallgemeinern. Die Generierung einer Theorie durch den Einsatz der Fallstudienforschung wird insbesondere für Probleme, die noch nicht vollständig erfasst sind oder aufbauend auf existierenden Theorien detaillierter untersucht werden können, empfohlen (vgl. Siggelkow 2007, S. 21). Insbesondere zur Ableitung von anwendungsorientierten Handlungsempfehlungen wird der Einsatz empfohlen (vgl. Wrona 2005, S. 9). Die Fallstudienforschung eignet sich für die, dieser Arbeit zu Grund liegenden Fragestellungen, da diese noch nicht umfassend im komplexen SCRM-Forschungsgebiet untersucht worden sind (vgl. Kap. 2.5.2).

Die Designphase wurde in Anlehnung an Eisenhardt (1989, S. 533) ausgestaltet. Zuerst sind die Forschungsfragen festgelegt und eine erste theoretische Basis für das zu entwickelnde Modell gelegt worden. Anschließend fand eine Planung der Datenerhebung statt.

In den durchgeführten Fallstudien sind folgende Forschungsfragen adressiert worden:

- Welche Ebenen umfasst eine SCRM-Implementierung?
- Wie wird SCRM in der Praxis unternehmensspezifisch umgesetzt?
- Welche Anforderungen können für eine SCRM-Implementierung aus der Praxis abgeleitet werden?

Diese vorherige Eingrenzung ist wichtig, um nicht von der Menge an Informationen erschlagen zu werden (vgl. Eisenhardt 1989, S. 536). Die Zusammenarbeit mit den Unternehmen erstreckte sich für die Analyse des Praxisstands und zur Ableitung von

Anforderungen an die Modellentwicklung von Anfang des Jahres 2010 bis Mitte des Jahres 2013 (vgl. Abb. 3-14). Zu Beginn ist mit Hilfe von Workshops eine Analyse des Implementierungsstands des SCRM durchgeführt worden. Dies ermöglichte zugleich einen Zugang zu den Unternehmen zu eröffnen. Der Kern des Erhebungszeitraums, in dem problemzentrierte Interviews geführt worden sind, fand von Dezember 2012 bis Juni 2013 statt.

Für die Fallstudienforschung bietet sich die Kombination von unterschiedlichen Methoden zur Datenerhebung an (vgl. Eisenhardt 1989, S. 537f.). Insbesondere die Analyse von Dokumenten, die Durchführung von Interviews, Befragungen und Beobachtungen können durchgeführt werden (vgl. Eisenhardt 1989, S. 535). In den vorliegenden Fällen sind primär problemzentrierte Interviews geführt worden (vgl. Lamnek 2005, S. 363f.). Darüber hinaus wurden im Rahmen von Workshops und Fokusgruppensitzungen (vgl. Kap. 3.3.1) Informationen durch offene Gespräche erhoben (vgl. Yin 2003, S. 90). Weiterhin wurden Unternehmensdokumente (Präsentationen, Konzernabschlüsse, interne Arbeitsdokumente) und eingesetzte Software in die Analyse mit einbezogen. Durch gemeinsame Arbeitstreffen mit den Praxisvertretern in den Unternehmen und anschließender Besichtigung der Produktionsstätten konnten direkte Beobachtungen durchgeführt werden (vgl. Yin 2003, S. 92f.). Eisenhardt (1989, S. 538) empfiehlt eine solche Methodentriangulation zur Erhöhung der Aussagenkraft.

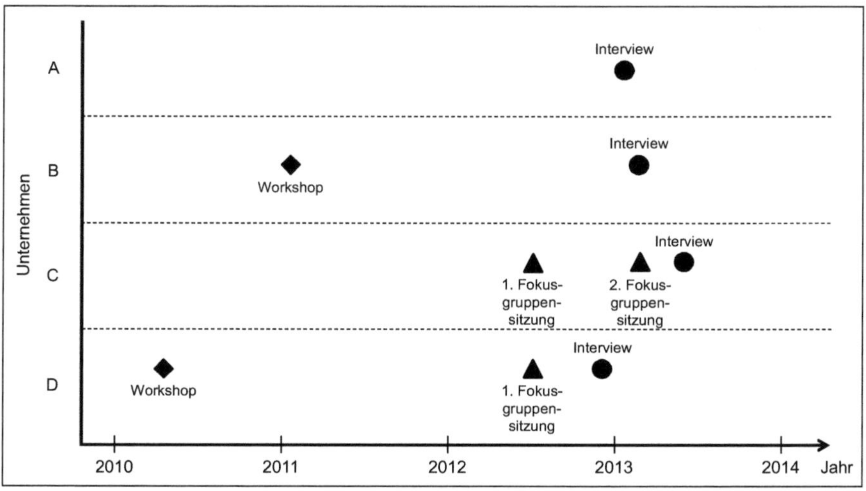

Abb. 3-14: Erhebungszeitraum und -arten der Fallstudien
Quelle: eigene Darstellung

Die geführten Interviews sind auf Grundlage eines initialen Konzepts zur SCRM-Implementierung mit Hilfe eines Leitfadens strukturiert worden (vgl. Anhang III). Dieser ist in fünf Abschnitte unterteilt: Im ersten Abschnitt geht es grundsätzlich um die Fragen, ob das Unternehmen über ein SCRM verfügt. Die organisatorische Ausgestaltung ist im zweiten Abschnitt im Fokus der Betrachtung. Der dritte Abschnitt behandelt den Betrachtungshorizont des SCRM. Die Herausforderung mit Risikotreibern umzugehen wird im vierten Abschnitt diskutiert. Die Befragung endete mit einer zusammenfassenden Frage, die sich darauf bezog, ob der Interviewpartner im Nachhinein bei der SCRM-Implementierung anders vorgehen würde. Dies ermöglichte den Experten eigene Erfahrungen noch einmal reflektiert zu betrachten und gleichzeitig das Interview Revue passieren zu lassen (vgl. hierzu auch Creswell 2009, S. 130).

Für die Fallstudienforschung bietet sich die Verwendung einer zielgerichteten Stichprobenbildung (theoretisches sampling) an (vgl. Eisenhardt 1989, S. 537; Lamnek 1993, S. 22; Collins 2010, S. 363). Da es sich typischerweise um eine geringe Anzahl von Fällen handelt, kommt der Auswahl geeigneter Unternehmen eine besondere Bedeutung zu. Die zielgerichtete Stichprobenbildung verfolgt einen systematischen Ansatz und sucht nach Fällen, die hinsichtlich einiger Kriterien übereinstimmen und für die zu untersuchenden Merkmale entweder ähnlich oder unterschiedlich sind (vgl. Lamnek 1993, S. 22; Wrona 2005, S. 23). Im vorliegenden Fall erfolgte die Auswahl der Fallstudienunternehmen auf Grundlage der folgenden Kriterien:

Branche: Alle Unternehmen sind Vertreter einer Branche (Medizintechnik), die aufgrund sehr hoher Qualitätsansprüche und komplexer Zusammenarbeit von Wertschöpfungspartnern mit unterschiedlichen technologischen Ursprüngen einen Bedarf an SCRM aufweist (vgl. Park et al. 2013, S. 79).

Art der Unternehmen: Es handelt sich um produzierende Unternehmen, die zumindest über ein globales Zulieferer- oder Distributionsnetzwerk verfügen.

Stand der SCRM-Implementierung: In allen Unternehmen spielt die SCRM-Implementierung eine zentrale Rolle, so dass SCRM als Konzept bekannt ist. Supply Chain-Risikoeintritte haben in allen Unternehmen bereits Störungen in der Wertschöpfungskette verursacht.

Zugang: Die Unternehmen sind in der Region angesiedelt, so dass eine intensive sowie persönliche Zusammenarbeit gewährleistet ist. Weiterhin sind die Unternehmen bereit Informationen zum SCRM zur Verfügung zu stellen.

Weiterhin wurde bei der Auswahl der Unternehmen darauf geachtet, dass diese hinsichtlich der folgenden Merkmale unterschiedliche Ausprägungen aufweisen, so dass eine breite Analyse hinsichtlich verschiedener Fälle möglich ist:

Unternehmensgröße: Es sind sowohl zwei mittlere Unternehmen mit einem Jahresumsatz unter 125 Mio. Euro als auch zwei große Unternehmen ausgewählt worden.

Fertigungstiefe: Es ist ein Unternehmen mit hoher Fertigungstiefe aufgenommen worden, das eine direkte Bearbeitung von Rohstoffen vornimmt. Die drei anderen Unternehmen verfügen über eine niedrige Fertigungstiefe und beziehen einen hohen Anteil von Vorprodukten aus ihrer Supply Chain.

Fertigungstyp: Die Fallstudienunternehmen wenden sowohl Lager- als auch Programmfertigung zur Steuerung ihrer Produktion an.

Zulieferanzahl: Zwei Unternehmen verfügen über eine niedrige Anzahl von Zulieferern, während die anderen zwei über eine hohe Anzahl verfügen.

Tab. 3-10 gibt einen Überblick über die ausgewählten Unternehmen. Als Interviewpartner sind in den einzelnen Unternehmen Ansprechpartner, die über umfangreiche Erfahrungen mit dem Thema SCRM verfügen, ausgewählt worden. Diese sind in den Bereichen Einkauf oder Supply Chain Management angesiedelt. Die Interviewpartner hatten leitende Funktionen inne oder verfügten über umfangreiche Projekterfahrung.

Tab. 3-10: Informationen zu Unternehmen der Fallstudien
Quelle: Kersten et al. 2013a, S. 65

Bez.	Interviewpartner	Unternehmensgröße	Unternehmensprofil
A	Leiter Materialwirtschaft	Mittel (unter 125 Mio. Euro Jahresumsatz inkl. aller verbundenen Unternehmen)	• Produzierendes Unternehmen der Medizintechnikbranche • Weltweit 1.500 Mitarbeiter • Zwei nationale und ein internationaler Produktionsstandort • Weltweite Vermarktung der Produkte über Distributionsagenten • Hoher Anteil lokaler Beschaffung (zum Teil über nationale Importeure) • Lagerproduktion • Hohe Fertigungstiefe
B	Projektmanager Einkauf	Groß (ca. 500 Mio. Euro Jahresumsatz inkl. aller verbundenen Unternehmen)	• Produzierendes Unternehmen der Medizintechnikbranche • Börsennotiertes Unternehmen mit weltweit 2.500 Mitarbeitern • Fokus der Fallstudie lag auf einer nationalen Division mit 170 Mitarbeitern, eines Produktionsstandorts mit knapp 10 verschiedenen Produktkategorien • Weltweiter Absatz (50% EU-Ausland) • Internationale Beschaffung (50% aus dem asiatischen Raum) • Niedrige Wertschöpfungsquote (30%) • Programmproduktion
C	Leiter Supply Chain Management	Groß (ca. 2 Mrd. Euro Jahresumsatz inkl. aller verbundenen Unternehmen)	• Produzierendes Unternehmen der Medizintechnikbranche • Börsennotiertes Unternehmen mit über 10.000 Mitarbeitern • Globale Beschaffung und Distribution • Verwendung von Standardansätzen (wie SCOR-Modell) im Supply Chain Management • Strategischer Einkauf am Hauptstandort mit über 40 Mitarbeitern
D	Leiter Strategischer Einkauf	Mittel (unter 125 Mio. Euro Jahresumsatz inkl. aller verbundenen Unternehmen)	• Produzierendes Unternehmen der Medizintechnikbranche • Familienunternehmen mit 500 Mitarbeitern • Weltweiter Absatz (über 50 Länder) und internationale Beschaffung • Hohe Flexibilität in der Lagerproduktion

Medizintechnikbranche

Zur detaillierten Untersuchung der Forschungsfragen sind Fallstudien mit Unternehmen der Medizintechnikbranche durchgeführt worden. Die Auswahl dieser Branche wird im Folgenden begründet:

Zunächst eine Abgrenzung von Medizinprodukten nach der letzten Fassung des Medizinproduktegesetzes (MPG) von 2012 (§ 3 Abs. 1 MPG):

> „Medizinprodukte sind alle einzeln oder miteinander verbunden verwendeten Instrumente, Apparate, Vorrichtungen, Software, Stoffe und Zubereitungen aus Stoffen oder andere Gegenstände einschließlich der vom Hersteller speziell zur Anwendung für diagnostische oder therapeutische Zwecke bestimmten und für ein einwandfreies Funktionieren des Medizinproduktes eingesetzten Software, die vom Hersteller zur Anwendung für Menschen mittels ihrer Funktionen zum Zwecke
>
> a) der Erkennung, Verhütung, Überwachung, Behandlung oder Linderung von Krankheiten,
> b) der Erkennung, Überwachung, Behandlung, Linderung oder Kompensierung von Verletzungen oder Behinderungen,
> c) der Untersuchung, der Ersetzung oder der Veränderung des anatomischen Aufbaus oder eines physiologischen Vorgangs oder
> d) der Empfängnisregelung
>
> zu dienen bestimmt sind und deren bestimmungsgemäße Hauptwirkung im oder am menschlichen Körper weder durch pharmakologisch oder immunologisch wirkende Mittel noch durch Metabolismus erreicht wird, deren Wirkungsweise aber durch solche Mittel unterstützt werden kann.“

Diese Definition beinhaltet eine Unterscheidung von Medizinprodukten zu Arzneimitteln, die durch pharmakologische und immunologische Wege bzw. über den Stoffwechsel ihre Wirkung erreichen (vgl. Stockhorst 2012, S. 95).

Beispielhaft lassen sich für Medizinprodukte Sehhilfen, Elektrokardiographen (EKG) oder künstliche Nieren nennen, um frühe Produktinnovationen dieser Branche aufzuzeigen (vgl. Kramme & Kramme 2011, S. 3). Das breite Produktspektrum wird durch neuere Technologien, wie die Computertomographie, die Positronenemissionstomographie oder das Magnetresonanzverfahren, deutlich. Diese neuen Technologien wurden insbesondere durch die Revolution in der Informationstechnologie ermöglicht (vgl. Kramme & Kramme 2011, S. 4).

Mit über 22 Milliarden Euro Umsatz und mehr als 90.000 Beschäftigten im Jahr 2012 spielt die deutsche Medizintechnikbranche im weltweiten Vergleich eine wichtige Rolle (vgl. Spectaris 2013, S. 6). Die USA sind der größte Produzent medizintechnischer

Geräte. Deutschland nimmt den dritten Platz weltweit ein (vgl. Spectaris 2013, S. 20). Dabei spielt die hohe Exportquote von knapp 70% eine entscheidende Rolle. Fast 40% dieser Exporte geht in Länder der EU, 15% in andere Länder Europas, 19% nach Nordamerika und 18% nach Asien. Während der Inlandsumsatz über die letzten Jahre konstant geblieben ist, zeigte der Auslandsumsatz ein Wachstum von knapp 7% im Vergleich zum Vorjahr (vgl. Spectaris 2013, S. 6f.).

In der Medizintechnikbranche kommt ein breites Spektrum an Technologien, wie die Elektronik, Optik, Metall- oder Informationsverarbeitung zur Anwendung. In vielen Fällen stammen die originären technischen Innovationen aus anderen Branchen. Diese hohe Anzahl unterschiedlich spezialisierter Unternehmen vereint die Anwendung der Technologien zur Erkennung, Behandlung, Überwachung und Verhütung von Erkrankungen beim Menschen (vgl. Kramme & Kramme 2011, S. 4; Stockhorst 2012, S. 93). Zusammenfassend lässt sich feststellen, dass die Medizintechnikbranche aufgrund der folgenden Aspekte zur Untersuchung der zugrunde liegenden Forschungsfragen geeignet ist:

- Der hohe Exportanteil der deutschen Medizintechnikbranche geht mit einer weltweiten Distribution und entsprechend globalen Supply Chains einher (vgl. Spectaris 2013, S. 6f.).
- In der Branche müssen hohe Design- und Produktionsanforderungen erfüllt werden (vgl. Park et al. 2013, S. 79).
- Das Zuliefererspektrum erstreckt sich über unterschiedlichste Branchen, so dass eine Vielzahl von technologischen Entwicklungen berücksichtigt werden müssen (vgl. Kramme & Kramme 2011, S. 4; Stockhorst 2012, S. 93).

Diese hier skizzierte hohe Komplexität der Wertschöpfungsstrukturen stellt hohe Anforderungen an ein SCRM, so dass durch die Betrachtung dieser Branche hilfreiche Aussage zur SCRM-Implementierung erwartet werden können.

Ergebnisse der Fallstudien

Die Auswertung der in den untersuchten Unternehmen geführten Interviews erfolgte mit Hilfe der qualitativen Inhaltsanalyse (vgl. Kap. 3.1). Das entwickelte Kategoriensystem umfasst auf oberster Ebene *Definitionen und Beispiele*, *spezifische Informationen zum Unternehmen* sowie *zur Supply Chain*, *Stand* und *Prozess der SCRM-*

Implementierung. Abb. 3-15 zeigt das Kategoriensystem, welches über 81 Unterkategorien verfügt, auf.

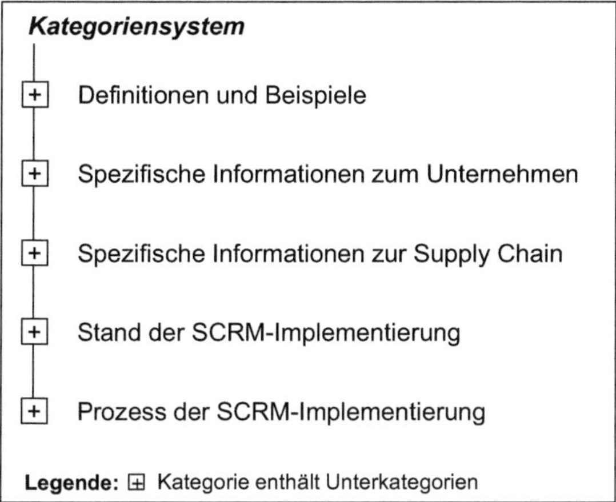

Abb. 3-15: Kategoriensystem der Fallstudien
Quelle: eigene Darstellung

In der Kategorie Definitionen und Beispiele sind Informationen zum Verständnis der Experten bezüglich Supply Chain-Risiko, SCRM, Medizintechnikbranche, gesetzliche Regelungen, sowie Standards und Normen zusammengefasst. Diese Unterkategorien dienen der Sicherstellung, dass die Interviewpartner über eine konsistente Auffassung hinsichtlich des Fokus dieser Arbeit haben. Weiterhin konnten wertvolle Informationen z.B. zu Branchenspezifika erhoben werden.

Darüber hinaus sind spezifische Informationen zum Unternehmen in einer Kategorie zusammengefasst worden. Diese gibt Aufschluss über die Unternehmensform, Unternehmensgröße, Produktspektrum, Fertigungstiefe, Fertigungsart, länderspezifische Aspekte, Internationalisierungsgrad und Unternehmensdokumente der jeweiligen Betriebe. Die Unterkategorie Unternehmensdokumente enthält Details zur verwendeten IT sowie zur organisatorischen Aufstellung, die nicht zwingend einen Bezug zum SCRM haben. Die Kategorie Unternehmensgröße enthält problematische Aspekte, die von den Unternehmen mittlerer Größe genannt wurden. Tab. 3-11 gibt hierzu einen Überblick über die gebildeten Unterkategorien und Kernaussagen.

Die mittleren Unternehmen unterliegen im Gegensatz zu den untersuchten großen Unternehmen spezifischen Hindernissen: Eine schwächere Machtposition in der Supply Chain schränkt den Einsatz möglicher SCRM-Maßnahmen ein. Weiterhin ist darauf hingewiesen worden, dass ein SCRM auf die unternehmensinternen Besonderheiten Rücksicht nehmen muss.

Tab. 3-11: Unterkategorie Unternehmensgröße
Quelle: eigene Darstellung

Unterkategorie	Kernaussage von Unternehmen mittlerer Größe (A und D)
Schwache Machtposition in der Supply Chain	Große Abhängigkeit von mächtigen Supply Chain-Partnern.
Eingeschränkte Ressourcenverfügbarkeit	Notwendigkeit pragmatische Lösungen mit überschaubaren Aufwand zu finden.
Hohes Kostenbewusstsein	Vermeidung von hohen Investitionen und Bevorzugung von pragmatischen Lösungen.
Geringe organisatorische Reife	Starke Abhängigkeit von einzelnen Personen, da kein gelebter Wissensmanagementprozess existiert.
Einsatz von Methoden-Unterstützung gering ausgeprägt	Einzelfallentscheidungen ohne strukturierten Einsatz von Methoden.
Einsatz von Software-Unterstützung gering ausgeprägt	Eingeschränkte Datenverfügbarkeit und geringer Grad von Automatisierung.
Unternehmensführung bringt sich in operative Prozesse ein	Häufige Ausübung von operativen Aufgaben durch das leitende Management.
Themen- statt Prozessorientierung	Initiierung von Managementaktivitäten aufgrund von Ereignissen, die nicht prozessual erfasst sind.
Improvisation und Intuition	Individuelle Problemlösung, die von einzelnen Personen vorangetrieben wird.
Mehrfachfunktionen von Mitarbeitern	Bündelung von Aufgaben und Verantwortlichkeiten bei wenigen zentralen Mitarbeitern. Keine Spezialisten für seltene Themen.

Spezifische Informationen zur Supply Chain bilden eine weitere Kategorie. Hier wird unter anderem die Anzahl von Supply Chain-Partnern spezifiziert. Die Unternehmen mittlerer Größe (A und D) verfügen jeweils über etwa 350 aktive Lieferanten. Weiterhin sind Informationen zur Absatz- und Zuliefererseite, sowie zur Komplexität der Supply Chain verfügbar. Die Komplexität wurde subjektiv von den Praxisvertretern eingeschätzt. Hierbei empfindet lediglich ein Vertreter eines mittleren Unternehmens (A) diese als niedrig. Dieses Unternehmen verfügt im Gegensatz zu den anderen außerdem über eine hohe Fertigungstiefe. Die Schnittstellen zu Supply Chain-Partnern sind noch weiter in die Güte der Partnerschaft und den betriebenen Informationsaustausch unterteilt.

Die Kategorie Stand der SCRM-Implementierung umfasst die folgenden fünf Unterkategorien: SCRM-Strategie, SCRM-Prozess, SCRM-Erfolgsfaktoren, Defizite des implementierten SCRM und SCRM-Treiber.

Keines der vier Unternehmen verfügt über eine explizite *SCRM-Strategie*, in dem Sinne, dass diese schriftlich niedergelegt und im gesamten Unternehmen kommuniziert ist. Allerdings hat das Thema SCRM in allen Unternehmen auf operativer Ebene einen hohen Stellenwert. Ein Unternehmensvertreter erläutert dies wie folgt:

> „Nein, nur indirekt. Wir haben so genannte Warengruppen-Strategien und die sind dreigeteilt: Ein Thema sind Kosten, das zweite Thema ist Innovationsunterstützung und das dritte Thema ist Störungsvermeidung. Es [eine SCRM-Strategie] ist dann ein Art Unterpunkt des dritten Themas Störungsvermeidung. Aber es gibt nicht auf einer höheren Ebene eine Strategie zum SCRM.“ (Unternehmen D)

Neben der Existenz einer SCRM-Strategie spielte die Institutionalisierung des SCRM in den Unternehmen eine Rolle. Die Koordination erfolgt in allen untersuchten Unternehmen zentral, entweder im Supply Chain Management oder strategischen Einkauf. Neben dieser aufbauorganisatorischen Ausgestaltung wurde auch die Interdisziplinarität bei der Prozessgestaltung thematisiert. In einem Unternehmen (A) spielt die intensive Einbindung von operativem Spezialwissen eine große Rolle. In den anderen Fällen (B, C und D) wird die Bündelung von Spezialwissen in einer zentralen Stelle hervorgehoben. Auch die Zusammenarbeit mit Supply Chain-Partnern ist unterschiedlich ausgeprägt. Zwei Unternehmen (A und C) arbeiten bei der Ausgestaltung des SCRM nicht mit Supply Chain-Partnern zusammen, sondern bewerten diese lediglich in den SCRM-Prozessphasen. Eine Kooperation wird in den anderen zwei Unternehmen gelebt. Dies geschieht in einem Fall auf strategischer (B) und im anderen Fall auf operativer Ebene (D). Als Zielsetzung wurde formuliert ein gemeinsames SCRM in der Zukunft ausgestalten zu können (A). Für die Unterstützung des SCRM werden in den Unternehmen unterschiedliche Softwares eingesetzt. Häufig wird auf Daten aus dem ERP-System zurückgegriffen (A, B, C und D). Das Berichtswesen wird ebenfalls in allen Unternehmen durch IT unterstützt. Bei der personellen Verantwortlichkeit sind unterschiedliche Ausprägungen zu beobachten. Zwei Unternehmen (A und C) haben einen Risikomanagementverantwortlichen. Weiterhin verfügt ein Unternehmen (B) über ein Risikokomitee. Im letzten Fall (D) ist die Verantwortung direkt bei der Unternehmensleitung verankert und nicht delegiert. Drei der Unternehmen (B, C und D) verfügen über ein Wissensmanagement, um unabhängig von einzelnen Personen in der Organisation zu sein. Die genannten strukturellen Themen sind in Tab. 3-12 als *organisatorische*, *informationstechnologische* oder *personelle* Aspekte aufgelistet.

Für den SCRM-Prozess sind für die Identifikations-, Analyse-, Steuerungs- und Kontrollphase jeweils betrachtet worden, welche Instrumente eingesetzt werden, als auch welche organisatorischen, personellen und informationstechnologischen Aspekte eine Rolle spielen. Für die Identifikations- und Analysephase sind weiterhin Kriterien dokumentiert worden. Um Supply Chain-Risiken zu erkennen, werten die Unternehmen beispielsweise Informationen zur Lieferantenperformance aus.

Tab. 3-12: Strukturelle Aspekte
Quelle: eigene Darstellung

Gruppe	Aspekt
Organisation	Aufbauorganisatorische Ausgestaltung/Interdisziplinarität
	Zusammenarbeit mit Supply Chain-Partnern
IT	Software-Einsatz
	IT-Unterstützung des Berichtswesens
Personal	Verantwortlichkeit
	Wissensmanagement

In den einzelnen Unternehmen konnten im Rahmen der Interviews folgende SCRM-Erfolgsfaktoren identifiziert werden. Hierzu zählt die interdisziplinäre Zusammenarbeit in der Organisation, da das in den einzelnen Abteilungen vorhandene Wissen aus Sicht der Experten im SCRM benötigt wird. Weiterhin ist eine hohe Datenverfügbarkeit vorteilhaft. Mit den Supply-Chain-Partnern sollte ein kontinuierlicher Informationsaustausch betrieben werden. Hierbei erweisen sich standardisierte Prozesse als hilfreich. Die einzelnen SCRM-Prozessphasen müssen regelmäßig und systematisch durchlaufen werden. Zur schnellen Umsetzung von SCRM-Maßnahmen empfiehlt sich die Etablierung von kurzen Entscheidungsprozessen. Schlussendlich ist noch auf die Notwendigkeit der internen Kommunikation und Berichterstattung verwiesen worden.

Neben den Erfolgsfaktoren wiesen die Experten auch auf Defizite des in ihrem Unternehmen implementierten SCRM hin. Die unternehmensinterne Abstimmung sorgt in einigen Organisationen für Schwierigkeiten. Darüber hinaus ist häufig der Informationsaustausch mit den Supply Chain-Partnern nur eingeschränkt etabliert. Die Experten würden sich auch wünschen, dass die SCRM-Prozessphasen regelmäßiger durchlaufen werden. So erfolgen Lieferantenbewertungen zum Teil nur jährlich. Zur langfristigen Verankerung eines SCRM ist aus Sicht der Experten ein kontinuierliches Wissensmanagement erforderlich, das nur ansatzweise in den Unternehmen umgesetzt ist. Förderlich wäre weiterhin die Berücksichtigung von SCRM-Aktivitäten in der Gratifikation von Mitarbeitern, so dass eine SCRM-Kultur im Unternehmen verankert werden kann. Intensiv wurde der Betrachtungshorizont des betriebenen SCRM diskutiert. Keines der analysierten Unternehmen wendet alle SCRM-Prozessphasen systematisch auf indirekte Supply Chain-Partner an. Lediglich im Falle von Systemlieferanten werden auch deren Lieferanten strukturiert erfasst und bewertet. Somit erstreckt sich der Betrachtungshorizont des kontinuierlich betriebenen SCRM vorrangig auf die direkten Supply Chain-Partner. Die Notwendigkeit darüber hinaus weitere Supply Chain-Stufen zu betrachten, erläutert ein Experte wie folgt:

> „Bei unkritischen Materialien kann es reichen wenn wir den Initiallieferanten kennen, bei Materialien wo wir mehrere Oberflächen- und Bearbeitungsvorgänge haben, die auch alle qualitätskritisch sind, wissen wir zum Beispiel auch bis in die dritte oder vierte Stufe hin welcher Lieferant dort noch welche Vorarbeiten tut, bevor die Ware dann letztendlich bei uns über den Hauptlieferanten ins Netzwerk einströmt. Das ist sehr unterschiedlich von Teil zu Teil und wir gehen da immer soweit rein, wie wir das für uns selber glauben, dass es notwendig ist.“ (Unternehmen C)

Die Bedeutung eines SCRM wird auch durch eine Reihe von Treibern hervorgehoben. Hier sprachen die Praxisvertreter von beschränkten Kapazitäten bei Zulieferern, Abhängigkeiten zwischen Supply Chain-Partnern als auch von Personal mit speziellen Qualifikationen. Weiterhin spielt die Komplexität der Supply Chain eine Rolle.

Die Erkenntnisse zum Prozess der SCRM-Implementierung in den analysierten Unternehmen sind in einer eigenen Kategorie zusammengefasst worden. Diese umfasst vier Unterkategorien: Prozessphasen, sowie organisatorische, personelle und informationstechnologische Aspekte der SCRM-Implementierung.

In der Kategorie Prozessphasen der SCRM-Implementierung kristallisierte sich eine Unterscheidung zwischen vorbereiteten Themen, einer eigentlichen Einführung und einer dauerhaften Anwendung heraus. Zur Vorbereitung zählen die Praxisvertreter die abteilungsübergreifende Einbindung von Mitarbeitern, die Schlüsselfunktionen bei der SCRM-Implementierung übernehmen sollen. Dies ist z.B. mit Hilfe eines Workshops erfolgt (C und D). Nach eigener Einschätzung der Praxisvertreter befinden sich die untersuchten Unternehmen in unterschiedlichen Phasen der SCRM-Implementierung. Ein mittleres (A) und großes Unternehmen (C) befinden sich in der Vorbereitung. Ein großes Unternehmen (B) führt während der Untersuchung die Implementierung eines SCRM durch. Das verbleibende mittlere Unternehmen (D) hat die Implementierung vor einem Jahr abgeschlossen. Dort wird das SCRM nun dauerhaft betrieben. Als Ausgangspunkt und Motivation zur Entscheidung ein SCRM einzuführen, werden von den Experten vergangene Supply Chain-Risikoeintritte genannt.

Unabhängig von den *Prozessphasen der SCRM-Implementierung* sind *Erfolgsfaktoren* erläutert worden. Tab. 3-13 fasst diese für eine SCRM-Implementierung zusammen. Es kommen organisatorische Aspekte wie *Interdisziplinarität*, *direkter Kontakt zur Geschäftsleitung*, *Zusammenarbeit mit Supply Chain-Partnern* sowie *klare Verantwortlichkeiten und Prozesse* vor. Darüber hinaus werden die personellen Aspekte *Mitarbeitermotivation* und *Ressourcenverfügbarkeit* hervorgerufen. Die *Datenverfügbarkeit* und *IT-Unterstützung* sind informationstechnologische Erfolgsfaktoren. Ein Unternehmensvertreter wies noch auf die Bedeutung der *Handhabbarkeit* hin.

Tab. 3-13: Erfolgsfaktoren für eine SCRM-Implementierung
Quelle: Kersten et al. 2013a, S. 27

Erfolgsfaktor	Beschreibung	Unternehmen
Interdisziplinarität	Interdisziplinäre Abstimmung zur Einbeziehung spezifischen Wissens und Verteilung der Aufgaben.	A, B, C
Datenverfügbarkeit	Ausnutzung existierender interner Daten und Akquise von externen Informationen.	A, D
Direkter Kontakt zur Geschäftsleitung	Unterstützung des Implementierungsprozesses durch die Geschäftsleitung und kurze Eskalationswege zur Entscheidungsfindung.	B, C
Handhabbarkeit	Beherrschbarkeit des zu implementierenden SCRM.	C
IT-Unterstützung	(Teil-)Automatisierung von Aufgaben zur effizienten Bearbeitung.	A, B, D
Klare Verantwortlichkeiten und Prozesse	Definierter Projektmanager und standardisierte Abbildung der Prozesse zur klaren Koordination der Aufgaben und Abstimmung der Ziele.	C, D
Mitarbeitermotivation	Frühzeitige Involvierung der betroffenen Mitarbeiter und Etablierung einer SCRM-Kultur; Einbindung der operativen Ebene.	A, C, D
Ressourcenverfügbarkeit	Finanzielle und personelle Ausstattung.	B, C, D
Zusammenarbeit mit Supply Chain-Partnern	Frühzeitige und intensive Zusammenarbeit mit Supply Chain-Partnern; Austausch von relevanten Informationen und Abstimmung über Maßnahmen.	A, B, C, D

Neben den genannten Erfolgsfaktoren ist auch eine Reihe von Hindernissen angesprochen worden. Zur regelmäßigen Anwendung eines implementierten SCRM ist es erforderlich, einen möglichst hohen Automatisierungsgrad zu erreichen. Dies ermöglicht die Verarbeitung von großen Datenmengen. Hierbei ist vor allem der Einsatz von IT vorteilhaft. Allerdings muss insbesondere beim unternehmensübergreifenden Datenaustausch auf die Kompatibilität geachtet werden. Der notwendige Informationsaustausch lässt sich häufig nur mit einer entsprechenden Machtposition in der Supply Chain durchsetzen. Ist eine solche oder ein entsprechendes Vertrauen zwischen den Akteuren nicht vorhanden, fehlt häufig eine ausreichende Transparenz. Dadurch ist oftmals eine Quantifizierung von Supply Chain-Risiken schwer durchzuführen. Ohne eine belastbare Aufwand-Nutzen-Rechnung fehlt in vielen Fällen eine entsprechende Priorisierung durch die Geschäftsführung. Vorteilhaft ist weiterhin spezifisches Methodenwissen. Tab. 3-14 fasst die Hindernisse zusammen.

Tab. 3-14: Hindernisse für eine SCRM-Implementierung
Quelle: Kersten et al. 2013a, S. 26

Hindernis	Beschreibung	Unternehmen
Fehlende Automatisierung	Manuelle Bearbeitung von wiederkehrenden Aufgaben führt zu einer hohen Ressourcenauslastung.	D
Geringe Informationsdichte	Unzureichende Informationen (Häufigkeit und Qualität) beeinträchtigen die Durchführung eines SCRM.	A, D
Hohe Komplexität	Die organisatorische Komplexität wird als Hindernis gesehen, da eine hohe Anzahl von Abteilungen und Mitarbeiter involviert werden müssen.	A, C
Geringe Machtposition	Eine geringe Machtposition in der Supply Chain behindert die SCRM-Implementierung.	B
Mangelhafte IT	Inkompatible IT-Systeme beeinträchtigen die effiziente Ausgestaltung eines SCRM.	A, B, D
Fehlende Priorisierung	Fehlende Erkenntnis über die Notwendigkeit eines SCRM führt zu einer niedrigen Priorisierung desselben.	C
Fehlende Quantifizierung	Die monetäre Quantifizierung von Supply Chain-Risiken stellt eine Herausforderung dar.	D
Mangelnde Transparenz	Mangelnde Transparenz in der Supply Chain erschwert die SCRM-Implementierung.	D
Unzureichendes Wissen	Geringes oder fehlendes Wissen über Methoden des SCRM erschwert die Implementierung.	C
Mangelndes Vertrauen	Beschränkter Austausch von Informationen aufgrund von Vertraulichkeiten stellt ein Problem dar.	A, D

Die Unternehmen haben sich in ihren verschiedenen *Prozessphasen der SCRM-Implementierung* unterschiedlich lange mit dem Thema beschäftigt. Zwei Unternehmen (A und C) bereiten sich seit zwei bis drei Jahren mit unterschiedlicher Intensität vor. Beim implementierenden Unternehmen (B) kann noch keine Einschätzung über die Implementierungsdauer abgegeben werden. Im Fall (D) der abgeschlossenen Implementierung wurde ein Projektzeitraum von neun Monaten für die Implementierungsphase skizziert.

Die Fallstudien ermöglichen es den Status quo der SCRM-Implementierung in den untersuchten Unternehmen festzuhalten. Tab. 3-15 gibt einen Überblick über die Ausprägung von ausgewählten Aspekten.

Die Unternehmen der durchgeführten Fallstudien geben aufgrund ihrer unterschiedlichen Phasen der SCRM-Implementierung wertvolle Einblicke, die bei der Modellentwicklung zu berücksichtigen sind.

Tab. 3-15: Status quo der SCRM-Implementierung
Quelle: in Anlehnung an Kersten et al. 2013a, S. 24

Aspekt	Unternehmen			
	A	B	C	D
SCRM-Strategie	Explizit: Nein Operativ: Ja	Explizit: Nein Operativ: Ja	Explizit: Nein Operativ: Ja	Explizit: Nein Operativ: Ja
Organisatorische Einbettung	Zentral: Supply Chain Management	Zentral: Strategischer Einkauf	Zentral: Supply Chain Management	Zentral: Strategischer Einkauf
Implementierungsphase	Vorbereitung	Implementierung	Vorbereitung	Dauerhafte Anwendung
SCRM-Prozessphase	Alle	Alle	Alle	Alle
Betrachtete Supply Chain-Stufen (sowohl absatz- als auch beschaffungsseitig)	Regelmäßig: 1. Stufe In Ausnahmen: 2. Stufe	Regelmäßig: 1. Stufe In Ausnahmen: 2. Stufe	Regelmäßig: 1. Stufe In Ausnahmen: 2. Stufe	Regelmäßig: 1. Stufe In Ausnahmen: 2. Stufe

3.4 Fazit zum Stand der Praxis

Die Basis- und die Detailanalyse liefern wichtige Erkenntnisse, die als Gestaltungsempfehlungen in Tab. 3-16 zusammenfassend dargestellt werden. Die Gestaltungsempfehlungen aus dem Stand der Praxis sind mit einer vorangestellten römischen Zahl (III) gekennzeichnet.

In der Praxis ist bislang ein sehr niedriger Grad einer Supply Chain-weiten Koordination von SCRM zu beobachten, so dass zunächst Konzepte von einzelnen Unternehmen aus betrieben werden sollten (vgl. Tab. 3-16, Kennzeichung: III-1). Die Ausgestaltung hat dabei unternehmensindividuell zu erfolgen und Kontextfaktoren zu berücksichtigen (vgl. III-2; III-3; III-4).

Dem Thema SCRM wird eine hohe Bedeutung beigemessen, da eine Vielzahl von Supply Chain-Risikotreibern existiert, weshalb Supply Chains verwundbar sind (vgl. III-5). Die SCRM-Implementierung ist einer großen Anzahl von Hindernissen ausgesetzt, so dass in der Praxis Bedarf nach Konzepten, die für das Thema aufwandsarme Lösungen bereithalten, besteht (vgl. III-6). Hierfür bietet sich ein Rückgriff auf die Kontingenztheorie an, mit deren Hilfe generische Ansätze unter Berücksichtigung situativer Faktoren angepasst werden können. Entsprechende Faktoren konnten mit Industrievertretern identifiziert werden (vgl. III-7).

Auch die Praxis fordert, dass sich die Ausgestaltung des Modells zur situationsadäquaten Implementierung eines SCRM am Stand der Wissenschaft und Technik orientieren sollte (vgl. III-8). Neben strukturellen Aspekten, bietet sich eine Unterstützung der Auswahl geeigneter Methoden für die SCRM-Prozessphasen an (vgl. III-9; III-11;

III-14). Um die existierenden Hindernisse überwinden zu können, sollte das Modell Informationen strukturieren können und in der Lage sein auf existierendes Expertenwissen zurückzugreifen (vgl. III-13 und III-17). Hierbei spielt weiterhin die interdisziplinäre Abstimmung durch klare Verantwortlichkeiten und Prozesse eine elementare Rolle (vgl. III-15 und III-16). Zur effizienten Erfüllung der Ziele eines SCRM erscheint die Automatisierung vorteilhaft (vgl. III-12). Abschließend sollte mit Hilfe eines Wissensmanagements sichergestellt werden, dass keine Abhängigkeiten von einzelnen Personen bestehen (vgl. III-10).

Tab. 3-16: Gestaltungsempfehlungen aus dem Stand der Praxis
Quelle: eigene Darstellung

Kapitelverweis	Gestaltungsempfehlung	Kennzeichnung
3.2	SCRM sollte vom eigenen Unternehmen koordiniert werden (vgl. Abb. 3-7).	III-1
3.2	Berücksichtigung der Unternehmensgröße bei der SCRM-Implementierung (vgl. Abb. 3-8).	III-2
3.2	Unternehmensindividuelle Ausgestaltung der organisatorischen Einbettung eines SCRM notwendig (vgl. Abb. 3-9).	III-3
3.2	Berücksichtigung der Supply Chain-Komplexität zur Ausgestaltung des Betrachtungshorizonts eines SCRM sinnvoll (vgl. Abb. 3-10).	III-4
3.2	Eine hohe Anzahl von Supply Chain-Risikotreibern sind zu beachten (vgl. Tab. 3-3).	III-5
3.2	Zur Überwindung zahlreicher Hindernisse sollten Konzepte zur SCRM-Implementierung Wissen transportieren können und diese Konzepte mit wenig Aufwand umgesetzt werden können (vgl. Tab. 3-4).	III-6
3.3.1	Die Ausgestaltung eines Implementierungskonzepts für ein SCRM sollte die identifizierten situativen Faktoren berücksichtigen (vgl. Tab. 3-7).	III-7
3.3.2	Die konkrete Ausgestaltung eines SCRM sollte sich am Stand der Wissenschaft und Technik orientieren.	III-8
3.3.3	Berücksichtigung von strukturellen Aspekten (vgl. Tab. 3-12).	III-9
3.3.3	Etablierung von Wissensmanagement zur Reduzierung von Abhängigkeiten von einzelnen Personen (vgl. Tab. 3-12).	III-10
3.3.3	Handlungsempfehlungen für den Einsatz geeigneter Methoden sinnvoll.	III-11
3.3.3	Automatisierung durch Einsatz von Software sicherstellen (vgl. Tab 3-12).	III-12
3.3.3	Bereitstellung von Expertenwissen wünschenswert.	III-13
3.3.3	Unterscheidung in unterschiedliche Prozessphasen der SCRM-Implementierung sicherstellen.	III-14
3.3.3	Interdisziplinäre Abstimmung erforderlich (vgl. Tab. 3-13).	III-15
3.3.3	Klare Verantwortlichkeiten und Prozesse definieren (vgl. Tab. 3-13).	III-16
3.3.3	Zur Überwindung von Hindernissen sollten Konzepte zur SCRM-Implementierung Informationen strukturieren und Wissen über SCRM bereitstellen (vgl. Tab. 3-14).	III-17

4 Modellentwicklung zur situationsadäquaten Implementierung eines Supply Chain Risikomanagements

Die Modellentwicklung in diesem Kapitel gliedert sich in vier Abschnitte. Zunächst erfolgt eine Zielformulierung und Anforderungsanalyse (vgl. Kap. 4.1). Daran schließt sich die Entwicklung des Modells an (vgl. Kap. 4.2). In Kap. 4.3 wird die prototypische Umsetzung des Modells in einer Software aufgezeigt. Abschließend erfolgt in Kap. 4.4 die Verifizierung des Modells mit Hilfe der in Kap. 4.1 abgeleiteten Anforderungen.

4.1 Zielformulierung und Anforderungsanalyse

Aus den Gestaltungsempfehlungen des Stands der Forschung sowie der Praxis werden im Folgenden die Zielformulierung und Anforderungen für das zu entwickelnde Modell abgeleitet. Die Gestaltungsempfehlungen II-1 bis II-20 aus Kap. 2 sind durch die vorangestellte römische Zahl II gekennzeichnet und in Tab. 2-10 zusammenfassend dargestellt. Aus dem Stand der Praxis sind entsprechende Gestaltungsempfehlungen (III-1 bis III-17) mit einer vorangestellten römischen Zahl III gekennzeichnet und in Tab. 3-16 aufgeführt.

Eine Übertragung des zugrunde liegenden Entscheidungsproblems von der Realität in ein Modell erscheint zielführend (vgl. II-8). Die Entwicklung von Modellen erfolgt zweckorientiert, das heißt mit dem Ziel ein spezifisches Problem zu lösen. Modelle bilden dabei die Realität vereinfacht ab, so dass komplexe Phänomene handhabbar werden (vgl. Haberfellner et al. 2002, S. 10).

Töllner et al. (2010, S. 16) geben einen systematischen Überblick über verschiedene Zwecke von Modellen. Abb. 4-1 illustriert diese Systematisierung. Ausgangspunkt dieser Modellbetrachtung ist das Verständnis, dass Modelle ein System strukturell nachbilden (vgl. Töllner et al. 2010, S. 7). In dieser Arbeit dient die Entwicklung eines Modells der Lösung eines Entscheidungsproblems. Modelle, die der Entscheidung dienen, greifen dabei unter anderem auf Modelle der Berechnung oder des Experiments zurück (vgl. Töllner et al. 2010, S. 17).

Bei dem Entscheidungsproblem handelt es sich um die situationsadäquate Ausgestaltung einer SCRM-Implementierung. Das SCRM steht hierbei als Implementierungsobjekt im Fokus der Betrachtung. Die situationsadäquate Ausgestaltung erfolgt unter Bezug auf die Kontingenztheorie. Hierbei wird für die Entscheidungsfindung auf situative Faktoren zurückgegriffen (vgl. II-2, II-5, II-7).

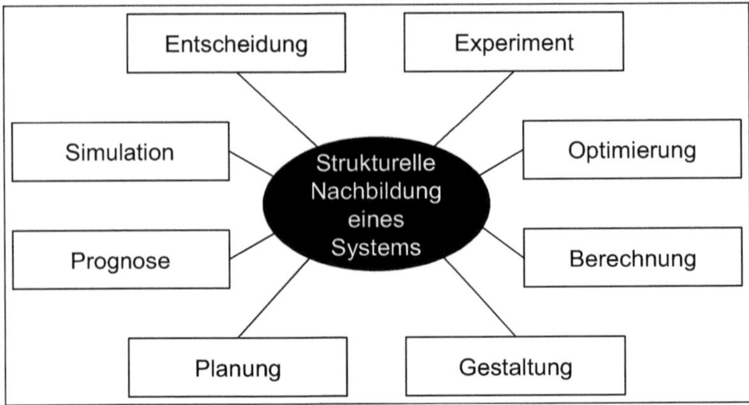

Abb. 4-1: Systematisierung von Modellzwecken
Quelle: Töllner et al. 2010, S. 16

Die präskriptive Entscheidungstheorie bietet eine generische Erläuterung für die Elemente eines Modells mit dem Zweck der Entscheidung (vgl. Abb. 2-14). Da dieser Arbeit ein Entscheidungsproblem mit mehreren konfliktionären Zielen zugrunde liegt, ist eine Präzisierung der Elemente mit Hilfe des Einsatzes eines multiattributiven Entscheidungsverfahrens (Multiple Attribute Decision Making – MADM) erforderlich. Die Gestaltungsempfehlung II-11 führt zu dem Schluss, dass der generische Lösungsprozess von MADM-Verfahren zu befolgen ist:

1. **Schritt – Definition des zugrunde liegenden Problems:**
   Aus den Gestaltungsempfehlungen II-7 und III-1 lässt sich die Zielformulierung ableiten, dass das zu entwickelnde Modell eine situationsadäquate Implementierung eines SCRM ermöglichen soll. Dabei hat es dem Stand der Wissenschaft und Technik zu entsprechen (vgl. III-8). Das Modell soll dabei unterschiedliche Phasen der Implementierung berücksichtigen (vgl. II-1, III-14). Bei der situationsadäquaten Implementierung sollen auf einer prozessualen Ebene die SCRM-Phasen der Identifikation, Analyse, Steuerung und Kontrolle unterstützt werden (vgl. II-4, III-11). Weiterhin soll auf einer strukturellen Ebene die organisatorische (vgl. II-3, II-6, III-3, III-9, III-15, III-16), personelle (vgl. II-3, II-6, III-6, III-9, III-10, III-13, III-17) und informationstechnologische Umsetzung (vgl. II-3, II-6, III-9, III-12) eines SCRM in Unternehmen behandelt werden.

2. **Schritt – Aufbau eines hierarchischen Bewertungssystems:**
   Aus dem im ersten Schritt formulierten übergeordneten Ziel lässt sich die Aufgliederung des zu entwickelten Modells in eine prozessuale und strukturelle Ebene ableiten. Für beide Ebenen sollen im Rahmen der Modellentwicklung geeignete Kriterien, die der Auswahl von Handlungsalternativen dienen, bestimmt werden (vgl. Tzeng & Huang 2011, S. 16). Als Gestaltungsempfehlung wurde die Berücksichtigung von situativen Faktoren gegeben (vgl. II-2, II-5, III-2, III-4, III-7). Zur Erfüllung der Gestaltungsempfehlung II-9 sollen die Entscheidungskriterien und -regeln offengelegt werden. Dafür ist eine entsprechende Ausgestaltung der Schnittstelle zwischen Nutzer und System erforderlich (vgl. II-13, II-14, II-15, II-16).

3. **Schritt – Auswahl eines geeigneten Bewertungsmodells:**
   Die Gestaltungsempfehlungen unterscheiden sich hinsichtlich der Ausgestaltung des Bewertungsmodells für die zu berücksichtigenden Ebenen.
   In der prozessualen Ebene eignet sich zunächst der Einsatz von nichtkompensatorischen Verfahren zur Vorauswahl von Alternativen, um anschließend mit Hilfe kompensatorischer Verfahren die restlichen Handlungsalternativen nach ihrer Eignung zu bewerten (vgl. II-12).
   In der strukturellen Ebene eignet sich zunächst der Einsatz von regelbasierten Systemen zur Ableitung von Handlungsempfehlungen (vgl. II-20). Diese können anschließend durch den Einsatz eines kompensatorischen Verfahrens nach ihrer Eignung sortiert werden (vgl. II-12).

4. **Schritt – Festlegung der Gewichtungsfaktoren für jedes Kriterium und Berechnung der Ergebnisse für die vorhandenen Alternativen:**
   Wie im vorherigen Schritt unterscheiden sich die Gestaltungsempfehlungen für die zu berücksichtigenden Ebenen.
   Die Handlungsempfehlungen auf der prozessualen Ebene sollen auf Expertenwissen basieren (vgl. II-17, III-10, III-13, III-17). Eine Erweiterung eines EUS um Komponenten eines XPS erscheint sinnvoll (vgl. II-19). Dies soll eine Verarbeitung von Expertenwissen mit wenig Aufwand ermöglichen (vgl. III-6).
   Für die strukturelle Ebene erfolgt die Ableitung von Handlungsempfehlungen ebenfalls auf Basis von Expertenwissen (vgl. II-17, III-10, III-13, III-17). Regelbasierte Systeme ermöglichen die entsprechende Verarbeitung von Wissen (vgl. II-20). Hierbei erfolgt eine Offenlegung der Regeln zur Gewährleistung

der Nachvollziehbarkeit (vgl. II-9). Weiterhin wird die Erweiterbarkeit ermöglicht (vgl. II-18, III-10).

5. **Schritt – Auswahl der am meisten geeigneten Alternative hinsichtlich der zugrunde liegenden Präferenzfunktion:**
   Auf prozessualer sowie struktureller Ebene eignet sich die Nutzwertanalyse für die Berücksichtigung der Präferenzen von Entscheidungsträgern (vgl. II-10). Der Einsatz ermöglicht die gewichtete Ausgabe von Handlungsalternativen. Auf beiden Ebenen sollen die individuellen Präferenzen der Nutzer des zu entwickelnden Modells durch die Erweiterbarkeit der Wissensbasis sichergestellt werden (vgl. II-18). Damit soll auch dem dynamischen Umfeld mit einer Reihe von Supply Chain-Risikotreibern Rechnung getragen werden (vgl. III-5).

Die aus den Gestaltungsempfehlungen abgeleitete Zielformulierung sowie die Anforderungen an die Modellentwicklung lassen sich wie folgt zusammenfassen (vgl. Abb. 4-2).

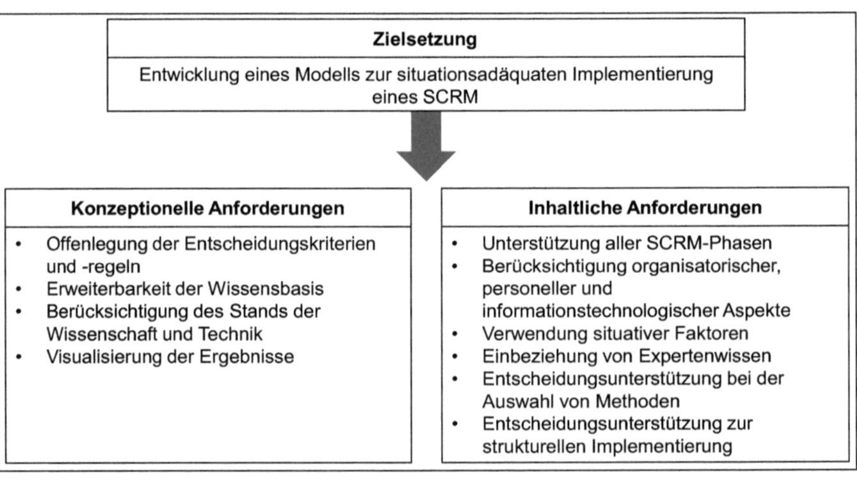

Abb. 4-2: Zielsetzung und Anforderungen an die Modellentwicklung
Quelle: eigene Darstellung

Im Folgenden werden die erläuterten Anforderungen aufgegriffen und in der Modellentwicklung berücksichtigt.

4.2 Entwicklung des Modells

Die Erläuterung der Entwicklung des Modells orientiert sich an den fünf Schritten des zuvor beschriebenen Lösungsprozesses von MADM-Verfahren.

4.2.1 Grundstruktur

Die Grundstruktur des Modells gliedert sich in drei Phasen: Vorbereitung, Implementierung und dauerhafte Anwendung. Abb. 4-3 illustriert diese Phasen, die im Folgenden erläutert werden.

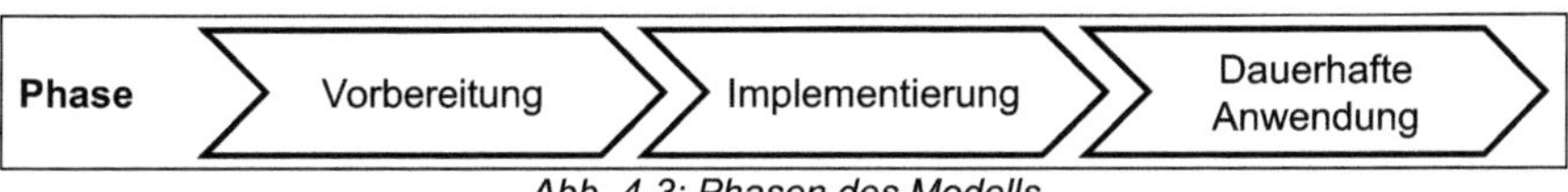

Abb. 4-3: Phasen des Modells
Quelle: eigene Darstellung

4.2.1.1 Vorbereitungsphase

Wie im Projektmanagement steht am Anfang eine Vorbereitungsphase, in der eine Problemanalyse durchgeführt werden muss (vgl. Jakoby 2010, S. 36). Hierzu zählen die Erkennung und Strukturierung des Problems sowie die Definition des Projektziels (vgl. Jakoby 2010, S. 36). Ausgangspunkt einer SCRM-Implementierung ist die Notwendigkeit, Supply Chain-Risiken systematisch zu behandeln. Wie im Stand der Praxis aufgezeigt (vgl. Kap. 3.3.3) gehen dieser Erkenntnis häufig Erfahrungen mit Supply Chain-Risikoeintritten voraus. Für die Entwicklung des Modells wird die Zielsetzung zugrunde gelegt, dass alle Phasen des SCRM-Prozesses berücksichtigt werden sollen. Die Entscheider legen in dieser Phase weiterhin eine initiale Einschätzung des erwarteten Nutzens fest und stellen Ressourcen für die SCRM-Implementierung zur Verfügung. Eine Verankerung einer solchen Projektkalkulation empfiehlt sich in einer frühen Phase von Projekten (vgl. Arbi et al. 2013, S. 73). Auf strategischer Ebene ist es für eine erfolgreiche SCRM-Implementierung erforderlich, die Unternehmenskultur mit Hilfe einer Risikostrategie anzupassen (vgl. Kajüter 2003b, S. 327). Weiterhin spielt bereits in dieser frühen Phase die Einbeziehung der Mitarbeiter eine entscheidende Rolle (vgl. Christopher et al. 2004, S. 11; Peck 2006, S. 140). Neben diesen strategischen werden auch strukturelle Elemente, die in Abb. 4-4 aufgezeigt werden, berücksichtigt.

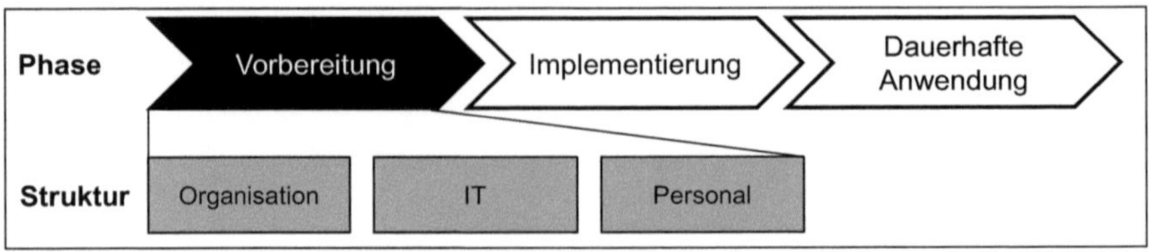

Abb. 4-4: Ebene der Vorbereitungsphase
Quelle: eigene Darstellung

Die strukturelle Ebene der Vorbereitungsphase berücksichtigt Aspekte aus den drei Gruppen *Organisation*, *IT* und *Personal (vgl. Kap. 3.3.3)*. Tab. 4-1 zeigt die dazugehörigen Ausprägungen, die im Folgenden erläutert werden, auf.

Tab. 4-1: Strukturelle Aspekte und deren Ausprägungen in der Vorbereitungsphase
Quelle: Kersten et al. 2013a, S. 31

Gruppe	Aspekt	Ausprägung
Organisation	Aufbauorganisatorische Ausgestaltung	• Zentral • Dezentral
	Zusammenarbeit mit Supply Chain-Partnern	• Gemeinsames SCRM • Kooperatives SCRM • Unabhängiges SCRM
IT	Software-Einsatz	• Integration in existierende Software • Einsatz zusätzlicher Software
	IT-Unterstützung des Berichtswesens	• Automatisiert • Manuell
Personal	Verantwortlichkeit	• Unternehmensleitung • Risikokomitee • Risikomanagementverantwortlicher
	Wissensmanagement	• Etabliert • Individuell

Für die Gruppe *Organisation* werden die *aufbauorganisatorische Ausgestaltung* des SCRM sowie die *Zusammenarbeit mit Supply Chain-Partnern* betrachtet. Bei der Aufbauorganisation wird zwischen einer *zentralen* und *dezentralen* Ausgestaltung unterschieden (vgl. Kap. 2.1.4). Ein zentral verankertes SCRM bietet den Vorteil, dass ein koordiniertes Vorgehen sichergestellt werden kann (vgl. Burger & Buchhart 2002, S. 274). Bei einer dezentralen Lösung kann dagegen auf operatives Spezialwissen zurückgegriffen werden (vgl. Fiege 2006, S. 237). Bei der Zusammenarbeit mit Supply Chain-Partnern nimmt die Intensität der koordinierten Aktivitäten von *unabhängigen*, über *kooperativen* zu *gemeinsamen* SCRM zu (vgl. Kap. 2.4.1.2). Bei einem unabhängigen SCRM geht die Betrachtung zwar über die eigenen Unternehmensgrenzen hinaus, allerdings erfolgt keine Abstimmung mit Supply Chain-Partnern. Bei einem kooperativen SCRM erfolgt die Zusammenarbeit in einzelnen SCRM-Prozessphasen, wie z.B. der Identifikation durch Austausch der jeweilig erkannten Risiken. Ein gemeinsames SCRM umfasst eine strategische Abstimmung, so dass eine intensive Zusammenarbeit in allen SCRM-Prozessphasen existiert (vgl. Pfohl et al. 2010, S. 40).

In der Gruppe *IT* wird der *Software-Einsatz* für das Betreiben eines SCRM betrachtet. Hier lässt sich die Einführung spezieller SCRM-Software und die *Integration in existierende Software* unterscheiden. Wird *zusätzliche Software* eingesetzt, so verfügt diese über spezielle Funktionen, die es ermöglichen den SCRM-Prozess vollständig zu unterstützen (vgl. Hotwanger 2008, S. 34f.). Mit weniger Aufwand ist die Verwendung existierender Software, wie z.B. die Analyse von bereits im ERP erfassten Daten verbunden (vgl. Ziegenbein 2007, S. 55). Das Berichtswesen kann durch IT-Unterstützung effizienter gestaltet werden. Die Risikoerfassung kann z.B. dezentral durch Checklisten oder eigenentwickelte Software bewerkstelligt werden (vgl. Diederichs 2012, S. 200). Die Eintragungen erfolgen hierbei *manuell* durch die Anwender. Eine *Automatisierung* des Berichtswesens kann in Teilen durch den Einsatz spezieller Software ermöglicht werden. Beispielhaft können wichtige Meldungen im Rahmen einer Ad-hoc-Berichterstattung über elektronische Kommunikationswege an Entscheidungsträger weitergeleitet werden (vgl. Gleißner & Romeike 2005, S. 246).

In der Gruppe Personal werden *Verantwortlichkeiten* und *Wissensmanagement* betrachtet. Grundsätzlich ist die *Unternehmensleitung* für das Risikomanagement verantwortlich (vgl. Kap. 2.1.3; Gleißner 2011, S. 246). Über eine Delegation können bestimmte Aufgaben auf ein *Risikokomitee* oder einen *Risikomanagementverantwortlichen* übertragen werden (vgl. Schorcht 2004, S. 294f.). Ein Risikokomitee kann als Stabsfunktion die Überwachung des Risikomanagementprozesses übernehmen. Der Risikomanagementverantwortliche führt Teilaufgaben des Risikomanagementprozesses auf operativer Ebene aus (vgl. Gleißner 2011, S. 247f.). Dazu kann z.B. die periodische Neubewertung von Einzelrisiken in seinem Verantwortungsbereich zählen. Das Betreiben eines Wissensmanagements verhindert, dass Abhängigkeiten von einzelnen Personen in einer Organisation entstehen (vgl. Bukowitz & Williams 2002, S. 13f.). Für das SCRM ist es von Bedeutung, dass Informationen aus den einzelnen Prozessphasen dokumentiert werden und Methoden- und Erfahrungswissen zur Verfügung steht (vgl. Kersten et al. 2006, S. 246). Ein *etabliertes* Wissensmanagement stellt sicher, dass für jeden Beteiligten die notwendigen Informationen bereitstehen und keine *individuellen* Entscheidungen, die unabhängig von dem gesamten existierenden Wissen sind, getroffen werden (vgl. Massingham 2010, S. 465).

4.2.1.2 Implementierungsphase

Die eigentliche Implementierungsphase umfasst eine *prozessuale* und *strukturelle* Ebene (vgl. Abb. 4-5). Auf der prozessualen Ebene werden die *Identifikation*, *Analyse*, *Steuerung* und *Kontrolle* berücksichtigt. Für diese vier SCRM-Prozesse werden auf der strukturellen Ebene jeweils organisatorische (*Organisation*), informationstechnologische (*IT*) und personelle (*Personal*) Aspekte beachtet.

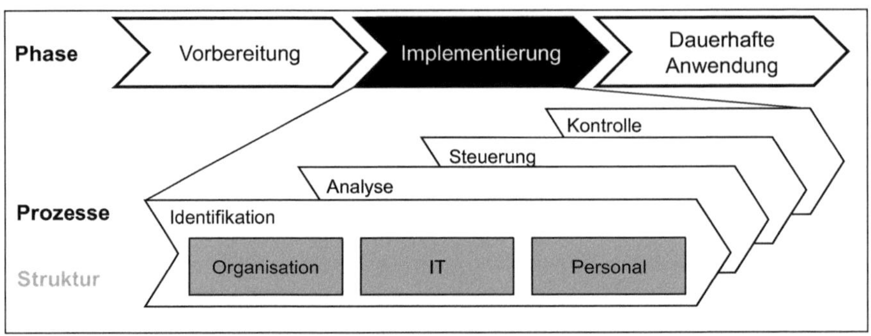

Abb. 4-5: Ebenen der Implementierungsphase
Quelle: eigene Darstellung

Im Folgenden wird einzeln auf die beiden Ebenen eingegangen.

Ausgestaltung der prozessualen Ebene in der Implementierungsphase

Das Modell unterstützt Anwender bei der Zielerfüllung der einzelnen SCRM-Prozessphasen:

- Ziel der Identifikationsphase des SCRM-Prozesses ist die Erstellung eines Katalogs von Supply Chain-Risiken (vgl. Tab. 2-2 in Kap. 2.4.2.2). Es existiert eine hohe Anzahl von unterschiedlichen Methoden, welche zur Identifikation von Supply Chain-Risiken in Frage kommen. Anhang IV gibt einen Überblick über die in dem entwickelten Modell berücksichtigten 60 Methoden für die Identifikationsphase. Diese wurden literaturgestützt identifiziert. Methoden zur Identifikation von Supply Chain-Risiken lassen sich in kreativ-intuitive und analytisch-strukturierte Verfahren gruppieren (vgl. Böger 2010, S. 118; Fischer 2008, S. 7; Ziegenbein 2007, S. 50). Kreativ-intuitive Methoden, wie z.B. Brainstorming, die Delphi-Methode oder Mind-Mapping haben den Vorteil, dass auch bisher unbeachtete Supply Chain-Risiken entdeckt werden können. Hierbei spielt vor allem der vorhandene Erfahrungsschatz eine große Rolle. Als Nachteil kann der hohe personelle Aufwand gesehen werden. Analytisch-strukturierte Methoden, wie die Checkliste, FMEA oder Szenariotechnik erfordern häufig spezifischeres Wissen, stellen dafür allerdings sicher, dass in einem systematischen Verfahren Supply Chain-Risiken erfasst werden. Es wird empfohlen Methoden aus beiden Gruppen anzuwenden, um eine möglichst vollständige Identifikation zu erreichen (vgl. Ziegenbein 2007, S. 53). Da der Grenznutzen jeder zusätzlich verwendeten Methode kontinuierlich abnimmt, wird empfohlen nur eine begrenzte Anzahl von Methoden zu verwenden (vgl. Wildemann 2006, S. 145). Dies trifft auch für die anderen SCRM-Prozessphasen zu.

- Die Analysephase des SCRM-Prozesses verfolgt das Ziel, eine Bewertung von Supply Chain-Risiken nach den Dimensionen Schadenshöhe und Eintrittswahrscheinlichkeit zu ermöglichen. Eine Visualisierung des Ergebnisses kann mit Hilfe einer Risikomatrix erfolgen (vgl. Abb. 2-12 in Kap. 2.4.2.2). Zur Bewertung der beiden Dimensionen eignen sich sowohl qualitative als auch quantitative Methoden (vgl. Ziegenbein 2007, S. 53). Qualitative Methoden haben den Vorteil, dass ihr Einsatz auch ohne verfügbare Daten möglich ist. Nachteilig ist, dass die Ergebnisse eine höhere Ungenauigkeit gegenüber quantitativen Methoden aufweisen. Allerdings benötigen quantitative Methoden für eine präzise Bewertung eine möglichst detaillierte Datengrundlage. Ist eine solche vorhanden, ist der Einsatz von quantitativen Methoden mit einem geringen Aufwand verbunden. Die Erstellung einer geeigneten Datengrundlage und die Investitionen in geeignete Software, die den Einsatz quantitativer Methoden ermöglichen, können allerdings hohe Kosten verursachen (vgl. Burger & Buchhart 2002, S. 19f.). Anhang IV zeigt die berücksichtige Sammlung von insgesamt 47 Methoden zur Bewertung von Supply Chain-Risiken. Hierbei werden in der Literatur häufig Methoden, die auch in anderen Phasen des SCRM-Prozesses Anwendung finden können, empfohlen.
- In der Steuerungsphase des SCRM-Prozesses werden geeignete Maßnahmen zur Beherrschung der identifizierten und bewerteten Supply Chain-Risiken ausgewählt. Ziel dieser Phase ist die Erstellung eines Maßnahmenplans (vgl. Tab. 2-3 in Kap. 2.4.2.2). Es existiert eine hohe Anzahl von Maßnahmen, die teilweise sehr spezifisch für die jeweiligen Supply Chain-Risiken

ausgestaltet sind (vgl. Sodhi & Tang 2012, S. 57). Um eine geeignete Auswahl von Maßnahmen zu gewährleisten, ist es erforderlich diese in einem ersten Schritt zu identifizieren (vgl. Ziegenbein 2007, S. 59f.). Hierzu bietet sich eine Auswahl von Methoden, die auch in der Identifikationsphase des SCRM-Prozesses zum Einsatz kommen, an. Beispielhaft lassen sich Brainstorming oder Interviews nennen (vgl. Ziegenbein 2007, S. 60). Darüber hinaus eignen sich spezielle Methoden, wie z.B. das Hazard Analysis of Critical Control Points-Verfahren (vgl. Hertlein et al. 2007, S. 81). In einem zweiten Schritt ist es erforderlich, die Wirksamkeit der ausgewählten Maßnahmen zu kontrollieren (vgl. Erben & Romeike 2004, S. 292). Hierfür eigenen sich Methoden, wie die Nutzwert- oder Kosten-Nutzen-Analyse. Im Anhang IV werden insgesamt 16 Methoden zur Identifikation und Bewertung von Maßnahmen zur Steuerung von Supply Chain-Risiken aufgelistet.

- Ziel der Kontrollphase des SCRM-Prozesses ist die Überwachung der Effizienz der ausgewählten Maßnahmen zur Steuerung von Supply Chain-Risiken sowie die Sicherstellung einer geeigneten Berichterstattung (vgl. Schorcht 2004, S. 221f.). Die Effizienz kann mit Hilfe eines Audits oder der Anwendung der Risiko-Indikatoren-Methode bewertet werden. Für die Berichterstattung bietet sich der Einsatz einer, um die Risikokategorie erweiterte Balanced-Scorecard oder die Organisation von Workshops an (vgl. Burger & Burchhardt 2002, S. 209). Anhang IV gibt einen Überblick über die insgesamt fünf Methoden, die in der Kontrollphase des SCRM-Prozesses eingesetzt werden können. Das Ergebnis kann in einem Berichtsbogen strukturiert dokumentiert werden (vgl. Tab. 2-4 in Kap. 2.4.2.2).

Kompakte Beschreibungen für die insgesamt 90 Methoden werden dem Anwender des entwickelten Modells in der prototypischen Software zur Verfügung gestellt. Ziel dieser Informationskarten ist es einen schnellen Überblick über die jeweilige Methode zu vermitteln. So können Anwender beurteilen, ob bereits Erfahrungen für die jeweilige Umsetzung im Unternehmen vorliegen. Jede dieser Beschreibungen enthält neben einer generellen Einführung, einen Einblick in die grundlegende Vorgehensweise, eine Auflistung der Vor- und Nachteile, sowie Hinweise zu weiterführender Literatur. Der unternehmensindividuelle Einsatz der Methoden sollte im Anschluss an die Auswahl ausgehend von den zur Verfügung gestellten Informationen geplant werden. Tab. 4-2 enthält eine beispielhafte Darstellung für die Szenariotechnik.

Tab. 4-2: Beispielhafte Methodenkarte
Quelle: eigene Darstellung

<table>
<tr><th colspan="2">Szenariotechnik</th></tr>
<tr><td colspan="2">Beschreibung</td></tr>
<tr><td colspan="2">Ursprünglich kommt die Szenariotechnik aus dem militärischen Bereich, wird heutzutage aber auch häufig für ökonomische und gesellschaftliche Themen angewendet. So bedient sich z.B. der Club of Rome dieser Technik für seine volkswirtschaftlichen Studien. Grundsätzlich kombiniert die Szenariotechnik quantitative und qualitative Prognoseelemente. Somit wird keine reine lineare Projektion auf Grundlage historischer Daten vorgenommen. Das Ziel des Verfahrens ist die Vorbereitung von Unternehmen auf zukünftige Entwicklungen, um die Handlungsfähigkeit zu verbessern.
Aus der aktuellen Situation eines Unternehmens wird unter Berücksichtigung einer Vielzahl von möglichen Einflussfaktoren eine Reihe von möglichen Entwicklungen prognostiziert. Dabei wird die Komplexität durch die Berechnung und Ausschließung nicht konsistenter Zukunftsentwicklungen reduziert. Die Szenariotechnik liefert damit konsistente Zukunftsprojektionen auf Basis der im Verlauf gesammelten Informationen. Für diese Szenarios können Unternehmensstrategien, die auf identifizierte Risiken adäquat reagieren, entwickelt werden.</td></tr>
<tr><td colspan="2">Grundlegende Vorgehensweise</td></tr>
<tr><td colspan="2">Zu Beginn sollte das Team zusammengestellt und eine klare Projektzielsetzung definiert werden.
Der Ablauf der Szenariotechnik lässt sich in fünf Phasen zusammenfassen:
• Vorbereitung und Definition des Gestaltungsfeldes
• Analyse des Szenario-Felds
• Projektion der identifizierten Trends
• Bildung von Szenarien
• Transfer der Szenarien</td></tr>
<tr><td colspan="2">Voraussetzungen/Hilfsmittel</td></tr>
<tr><td colspan="2">Aufgrund der Komplexität der anzuwendenden Technik ist ein/e Projektleiter/in mit Methodenkenntnissen einzusetzen. Einige Phasen der Szenariotechnik erfordern die Investition in spezielle Software.</td></tr>
<tr><td colspan="2">Aufwand</td></tr>
<tr><td colspan="2">Hoher zeitlicher und personeller Aufwand, sowie eventuelle Investitionen in Software erforderlich.</td></tr>
<tr><td>Vorteile</td><td>Nachteile</td></tr>
<tr><td>• Mehrere mögliche Alternativen werden berücksichtigt
• Kombination von quantitativen und qualitativen Prognoseverfahren
• Extrem-Szenarien werden berücksichtigt
• Vorbereitung auf ungewisse Zukunft</td><td>• Hoher zeitlicher Aufwand
• Kostenintensiv, da mit hohem personellen Aufwand und ggf. externen Dienstleistungen (Einkauf von Beratern/Daten) verbunden
• Nicht für überraschende, kurzfristig eintretende Ereignisse geeignet
• Software-Einsatz erforderlich</td></tr>
<tr><td colspan="2">Weiterführende Literatur</td></tr>
<tr><td colspan="2">Fink, A. & Siebe, A., 2011. Handbuch Zukunftsmanagement: Werkzeuge der strategischen Planung und Früherkennung, Frankfurt: Campus.
Gausemeier, J. & Plass, C., 2014. Zukunftsorientierte Unternehmensgestaltung: Strategien, Geschäftsprozesse und IT-Systeme für die Produktion von morgen, München: Hanser.
von Reibnitz, U., 1992. Szenario-Technik: Instrumente für die unternehmerische und persönliche Erfolgsplanung, Wiesbaden: Gabler.</td></tr>
</table>

Das entwickelte Modell ermöglicht das iterative Durchlaufen aller SCRM-Prozessphasen. Zur Ergebnisdokumentation wird in jeder Phase ein entsprechendes Template zur Verfügung gestellt. Die Vorlagen für den Risikokatalog, die Risikomatrix, den Maßnahmenplan und den Berichtsbogen sind in Anlehnung zu denen im Theorieteil vorgestellten erstellt (vgl. Tab. 2-2, Abb. 2-12, Tab. 2-3 und Tab. 2-4 in Kap. 2.4.2.2).

Ausgestaltung der strukturellen Ebene in der Implementierungsphase

Die strukturelle Ebene wird in der Implementierungsphase für jede SCRM-Prozessphase betrachtet (vgl. Abb. 4-5). Tab. 4-3 zeigt die berücksichtigten strukturellen Aspekte für jede SCRM-Prozessphase und deren Ausprägungen auf. Nachfolgend werden die Ausprägungen literaturgestützt abgeleitet und erläutert.

Im Modell wird für jeden Aspekt aus Tab. 4-3 die Ist-Situation abgefragt, um einen Soll-Ist-Vergleich durchzuführen. Ein solcher Vergleich ermöglicht die Identifizierung von Abweichungen (vgl. Coenenberg 1999, S. 37). Die Ist-Situation wird mit Hilfe von Fragen an die Nutzer ermittelt. Die Spalte *Abfrage im Modell* zeigt diese Fragen auf. Wird z.B. die Frage zur *Interdisziplinarität* mit ja beantwortet, entspricht dies einer *hohen Ausprägung*. Eine Verneinung wird im Modell entsprechend als *niedrig* interpretiert.

Tab. 4-3: Ausprägungen der strukturellen Aspekte in der Implementierungsphase
Quelle: eigene Darstellung

Gruppe	Aspekt	Ausprägung	Abfrage im Modell
Organisation	Interdisziplinarität	• Hoch • Niedrig	Führen Sie diese SCRM-Phase bereichsübergreifend aus?
	Zusammenarbeit mit SC-Partnern	• Intensiv • Bei Bedarf	Tauschen Sie regelmäßig für diese SCRM-Phase Daten mit Ihren direkten Zulieferern oder Kunden aus?
IT	Software-Einsatz	• Integration in existierende Software • Einsatz zusätzlicher Software	Nutzen Sie regelmäßig existierende Software zur Unterstützung dieser SCRM-Phase?
	IT-Unterstützung des Berichtswesens	• Automatisiert • Manuell	Werden die Ergebnisse dieser SCRM-Phase mit Hilfe von IT-Unterstützung berichtet?
Personal	Verantwortlichkeit	• Unternehmensleitung • Risikomanagementverantwortlicher • Mitarbeiter	Wer ist für diese SCRM-Phase bei Ihnen verantwortlich?
	Involviertes Personal	• Unternehmensleitung • Risikomanagementverantwortlicher • Führungsebene • Mitarbeiter	Wer ist in dieser SCRM-Phase personell involviert?

Im Gegensatz zur Vorbereitungsphase (vgl. Kap. 4.2.1.1) spielt in der Implementierungsphase in der Gruppe der *Organisation* im ersten Punkt nicht die aufbauorganisatorische Ausgestaltung eine Rolle, sondern die Interdisziplinarität. Hierbei wird für jede SCRM-Prozessphase zwischen einer hohen Interdisziplinarität und einer niedrigen unterschieden. Die *bereichsübergreifende* Zusammenarbeit bietet den Vorteil, dass Wissen aus den betroffenen Abteilungen berücksichtigt werden kann. Dies liefert zusätzlichen Input aus dem Einkauf in der Identifikationsphase oder aus allen betroffenen Abteilungen in der Analysephase (vgl. Norrman & Jansson 2004, S. 446). Bei einer niedrigen Interdisziplinarität erfolgt dagegen eine getrennte Durchführung der einzelnen SCRM-Prozessphasen in den betroffenen Abteilungen. Hier bietet sich dann zusätzlich eine übergeordnete Abstimmung an (vgl. Barodte et al. 2008, S. 135). Bei der *Zusammenarbeit mit Supply Chain-Partnern* steht nicht wie in der Vorbereitungsphase die strategische Zusammenarbeit im Vordergrund, sondern die *Intensität* der Austauschbeziehungen in den einzelnen SCRM-Prozessphasen. Die intensive Zusammenarbeit mit Supply Chain-Partnern und der damit einhergehende Austausch von Informationen können z.B. in der Analysephase die Bewertung von Supply Chain-Risiken ermöglichen (vgl. Harland et al. 2003, S. 55). Besteht allerdings kein intensiver Informationsaustausch zu Supply Chain-Partnern, ist es sinnvoll, dass *bei Bedarf* eine Zusammenarbeit in den einzelnen SCRM-Prozessphasen umgesetzt wird (vgl. Pfohl et al. 2010, S. 41).

In der Gruppe *IT* unterscheiden sich die betrachteten Aspekte in der Implementierungsphase nicht von denen in der Vorbereitungsphase (vgl. Kap. 4.2.1.1). Lediglich die Ebene der Betrachtung wird unterschieden. Während in der Vorbereitungsphase unabhängig von den Prozessphasen die Unterstützung des SCRM durch *Software* betrachtet wird, erfolgt die Empfehlung in der Implementierungsphase spezifisch für die Identifikation, Analyse, Steuerung und Kontrolle. Der Einsatz *zusätzlicher Software* ermöglicht z.B. die Unterstützung spezifischer Aufgaben der Analysephase, wie statistische Berechnungen (vgl. Erben & Romeike 2004, S. 290). Teilweise können Aufgaben der SCRM-Prozessphasen auch durch die *Integration in existierende Software* gelöst werden. In der Identifikationsphase können z.B. Daten über Lieferanten aus einem ERP-System bezogen werden und in diesem auch direkt zur Auffindung von kritischen Lieferanten verwendet werden (vgl. Erben & Romeike 2004, S. 289). Bei der *IT-Unterstützung des Berichtswesens* können *manuelle* Schritte erforderlich sein oder eine *Automatisierung* erfolgen (vgl. Diederichs 2012, S. 200; Gleißner & Romeike 2005, S. 246). Eine Automatisierung hat den Vorteil, dass relevante Informationen den Entscheidungsträgern zeitnah zur Verfügung stehen (vgl. Berg et al. 2008, S. 299; Gleißner & Romeike 2005, S. 246).

In der Gruppe *Personal* wird in der Implementierungsphase auf die *Aspekte der Verantwortlichkeit* sowie auf *involviertes Personal* eingegangen. Auch in den einzelnen SCRM-Prozessphasen obliegt die Verantwortlichkeit zuletzt der *Unternehmenslei-*

tung, allerdings können operative Aufgaben delegiert werden (vgl. Kap. 2.1.3; Gleißner 2011, S. 246). Hierfür bieten sich *Risikomanagementverantwortliche* oder *Mitarbeiter* an. Bei der Einbeziehung von Mitarbeitern wird auf die niedrigste Hierachieebene in einem Unternehmen zurückgegriffen. Die Delegation der Verantwortung für einzelne SCRM-Prozessphasen hat den Vorteil, dass eine Integration in tägliche Arbeitsabläufe ermöglicht wird (vgl. Kern & Hartung 2008, S. 59). Bei dem Einsatz von Risikomanagementverantwortlichen geht dies mit einem separaten Führungsteilsystem, welches in der Lage ist komplexe Abläufe zu steuern, einher (vgl. Burger & Buchhart 2002, S. 262). Theoretisch können auch Mitarbeiter mit der Durchführung einzelner SCRM-Prozessphasen betraut werden. Insbesondere in kleineren Unternehmen kann die Entscheidungsbefugnis einzelner Mitarbeiter einen großen Einfluss auf partnerschaftliche Beziehungen zu Supply Chain-Partnern haben (vgl. Hallikas et al. 2002, S. 3529). Neben der Verantwortlichkeit stellt sich weiterhin die Frage, welches Personal in die einzelnen SCRM-Prozessphasen involviert werden sollte. Hier wird darauf abgezielt, auf welcher Hierarchieebene die operativen Tätigkeiten erbracht werden. In kleinen Unternehmen können einzelne SCRM-Prozessphasen, wie z.B. die Identifikation durchaus von der *Unternehmensleitung* top-down ausgeführt werden (vgl. Barodte et al. 2008, S. 135). Erfolgt eine enge Zusammenarbeit mit Supply Chain-Partnern ist es vorteilhaft, wenn auf der Ebene eines *Risikomanagementverantwortlichen* gemeinsame Aktivitäten in der Identifikation, Analyse, Steuerung und Kontrolle durchgeführt werden (vgl. Hallikas & Virolainen 2004, S. 61f.). Die darüber hinausgehende Involvierung der *Führungsebene* fördert den Informationsaustausch in der Organisation (vgl. Berry & Collier 2007, S. 1009). Verfügen *Mitarbeiter* über die notwendige Kompetenz, kann die operative Bearbeitung der SCRM-Prozessphasen auch auf dieser Hierarchieebene erfolgen (vgl. Kern & Hartung 2008, S. 62).

4.2.1.3 Dauerhafte Anwendung

Die Phase der dauerhaften Anwendung stellt zum einen das Ziel der SCRM-Implementierung dar, zum anderen ist das entwickelte Modell so gestaltet, dass eine kontinuierliche Verbesserung möglich ist.

Da dem SCRM ein kontinuierlicher Prozess zu Grunde liegt, ist es erforderlich, dass alle Schritte im Modell wiederholt durchlaufen werden können. Dies ermöglicht die Berücksichtigung regelmäßiger Änderungen im Unternehmen, in der Supply Chain als auch in der Umwelt. Entstehen z.B. durch technologische Veränderungen neue

Supply Chain-Risiken, so können diese durch eine wiederholte Anwendung von Methoden in der Risikoidentifikationsphase entdeckt werden. Auf prozessualer Ebene kann die Eignung von Methoden für die einzelnen SCRM-Prozessphasen durch eine erneute Eingabe der Ausprägungen von den situativen Faktoren ermittelt werden. So ermöglicht das Modell auf sich verändernde situative Faktoren einzugehen. Auf der strukturellen Ebene wird eine wiederholte Durchführung des Soll-Ist-Vergleichs im Modell unterstützt. Auf diese Weise kann bei veränderten situativen Faktoren ein erneuter Abgleich der Ist-Situation mit den Handlungsempfehlungen erfolgen.

Zur kontinuierlichen Verbesserung sind im Modell Schnittstellen, die eine Veränderung der Datengrundlage erlauben, berücksichtigt worden. Auf diese Weise ist es möglich neues Wissen zu berücksichtigen. Auf prozessualer Ebene ist die Aufnahme neuer Methoden gewährleistet. Dadurch lassen sich weiterhin die Eignung der Methoden für die Ausprägungen der situativen Faktoren anpassen. Auf struktureller Ebene ist eine entsprechende Anpassung für die hinterlegte Regelbasis möglich. Die literaturabgeleitete Regelbasis kann somit um neue Erkenntnisse der Wissenschaft als auch um Einschätzungen aus der Praxis ergänzt werden. Die zu Grunde liegenden Funktionalitäten, welche es erlauben die entsprechenden Anpassungen in der dauerhaften Anwendung vorzunehmen, werden im Folgenden erläutert.

4.2.2 Berücksichtigte situative Faktoren und Entscheidungsregeln

Das entwickelte Modell gibt je nach Ausprägung der berücksichtigten situativen Faktoren sowohl auf prozessualer als auch struktureller Ebene unterschiedliche Handlungsempfehlungen. Im Folgenden werden daher zunächst die Ausgestaltung der situativen Faktoren vorgestellt und dann die im Modell hinterlegten Entscheidungsregeln offengelegt.

Situative Faktoren

Für die im Kap. 3.3.1 identifizierten und erläuterten situativen Faktoren werden im Folgenden aus der Literatur abgeleitete Ausprägungen aufgezeigt. Tab. 4-4 fasst diese zusammen. Die Spalte *Erläuterung im Modell* entspricht Informationstexten, die Nutzer als Hilfe für ihre eigene Einordnung zur Verfügung gestellt bekommen.

Tab. 4-4: Situative Faktoren und deren Ausprägungen
Quelle: in Anlehnung an Kersten et al. 2013a, S. 42

Gruppe	Situativer Faktor	Ausprägung	Erläuterung im Modell
Unter-nehmen	Unternehmens-größe	• Klein • Mittel • Groß	• Bis unter 10 Millionen Euro Jahresumsatz. • 10 Millionen bis unter 125 Millionen Euro Jahresumsatz. • Über 125 Millionen Euro Jahresumsatz.
	Unternehmens-form	• Börsennotiert • Nicht-börsennotiert	• In Deutschland oder in einem anderen Land. • Andere Unternehmensform.
	Fertigungstiefe	• Niedrig • Hoch	• Weniger als 50% eigene Wertschöpfung. • 50% oder mehr eigene Wertschöpfung.
	Fertigungstyp	• Lagerproduk-tion • Auftrags-produktion • Programm-fertigung	• Kein Kundenauftrag als expliziter Anstoß zur Produktion erforderlich. • Anstoß zur Produktion erfolgt durch Kunden-auftrag. • Mischform aus Lager- und Auftragsprodukti-on.
Supply Chain	Supply Chain-Komplexität	• Niedrig • Hoch	Bitte geben Sie eine subjektive Einschätzung über Ihre Supply Chain-Komplexität mit Hinblick auf die Zahl Ihrer Kooperationspartner und der Intensität Ihrer Austauschbeziehungen ab. Eine hohe Anzahl von Kooperationspartnern bei gleichzeitig hoher Intensität ihrer Austauschbeziehungen führt zu einer hohen Supply Chain-Komplexität.
	Zuliefereranzahl	• Niedrig • Hoch	• Bis 1000 direkte Supply Chain-Partner auf Zulieferer- oder Abnehmerseite. • Ab 1000 direkte Supply Chain-Partner auf Zulieferer- oder Abnehmerseite.
	Schnittstellen	• Wenig-ausgeprägt • Automatisiert	• Nur eine geringe Anzahl von Informationen wird mit einzelnen Supply Chain-Partnern ausgetauscht. • Eine hohe Anzahl von Informationen wird automatisiert mit den wichtigsten Supply Chain-Partnern ausgetauscht.
	Internationalität	• National • Global	• Die wichtigsten Partner der ersten Supply Chain-Ebene sind national vertreten. • Die wichtigsten Partner der ersten Supply Chain-Ebene sind global verteilt.
Umwelt	Rahmenbedin-gungen	• Stabil • Volatil	• Die primären Strukturen der Supply Chain können an bestehende Verhältnisse ausgerichtet werden. • Wichtige Bereiche der Supply Chain sind mit einer großen Anzahl von unsicheren Veränderungen aus dem Bereich der Handelshemmnisse konfrontiert.
	Standards	• Eingeführt • Nicht-eingeführt	• Ansätze wie SCOR werden verwendet. • Standardansätze zur Beschreibung, Messung und Bewertung von Supply Chains werden nicht verwendet.

Für die *Unternehmensgröße* ist eine Unterscheidung nach Jahresumsatz gewählt worden. *Kleine* Unternehmen verfügen bis unter 10 Mio. Euro, *mittlere* bis unter 125 Mio. Euro und *große* über 125 Mio. Euro (vgl. European Commission 2006, S. 14;

AiF 2014, Kap. 1.6). Bei der *Unternehmensform* wurde in Anlehnung an die Erkenntnisse aus Kap. 3.3.2 lediglich eine Aufteilung in *börsennotierte* (in Deutschland oder in einem anderen Land) und *nicht-börsennotierte* Unternehmen vorgenommen. Die *Fertigungstiefe* ist in *niedrig* bei weniger als 50% eigene Wertschöpfung und *hoch* bei 50% oder mehr eingeteilt worden (vgl. Stütz 2011, S. 187; Eberle 2005, S. 15f.).

Als *Fertigungstypen* erfolgte eine Unterscheidung in *Lager-*, *Auftragsproduktion* und *Programmfertigung* (vgl. Kap. 3.3.1). Für die Einschätzung der *Supply Chain-Komplexität* in *niedrig* oder *hoch* wird auf eine subjektive Beurteilung hinsichtlich der Zahl an Kooperationspartnern und der Intensität der Austauschbeziehungen zu diesen zurückgegriffen (vgl. Sydow 2010, S. 3). Bei der *Zulieferanzahl* gelten bis 1000 direkte Supply Chain-Partner auf Zulieferer- oder Abnehmerseite als *niedrig*. Eine größere Anzahl wird als *hoch* bewertet (vgl. Ziegenbein 2007, S. 151). Bei der Unterscheidung zwischen *wenig-ausgeprägten* und *automatisierten Schnittstellen* wird ebenfalls einer subjektiven Einschätzung gefolgt (vgl. Kap. 3.3.1). Die *Internationalität* wird in Anlehnung an Trippner (2006, S. 97) in *national* und *global* aufgeteilt.

Bei der Berücksichtigung von *Rahmenbedingungen* wird zwischen *stabilen* und *volatilen* Verhältnissen unterschieden (vgl. Kraljic 1983, S. 109). Unternehmensvertreter können die Möglichkeit der Ausrichtung von Supply Chains an bestehende Bedingungen als Grundlage für ihre Einschätzung nehmen. Schlussendlich wird bei *Standards* noch zwischen *eingeführt* und *nicht-eingeführt* charakterisiert. Hier stellt sich den Nutzern die Frage, ob Ansätze wie das SCOR-Modell verwendet werden (vgl. Tang & Musa 2011, S. 27).

Die identifizierten situativen Faktoren mit den zuvor erläuterten Ausprägungen ermöglichen die Berücksichtigung von 2.304 unterschiedlichen Konstellationen.[9]

Entscheidungsregeln

Auf struktureller Ebene erfolgt eine Verknüpfung der situativen Faktoren mit den Ausprägungen der organisatorischen, informationstechnologischen und personellen Aspekte mit Hilfe von Entscheidungsregeln. Diese sind als wenn-dann-Beziehungen formuliert (vgl. Kap. 2.6.5). Tab. 4-5 illustriert beispielhaft für den situativen Faktor der *Unternehmensgröße* die regelbasierte Verknüpfung zu dem strukturellen Aspekt der *aufbauorganisatorischen Ausgestaltung*. Die Entscheidungsregeln sind literatur-

[9] Acht situative Faktoren mit jeweils zwei Ausprägungen und zwei situative Faktoren mit jeweils drei Ausprägungen: $2^8 * 3^2 = 2304$

basiert abgeleitet. Im vorliegenden Beispiel werden für Unternehmen *kleiner* und *mittlerer Größe* eine *zentrale* aufbauorganisatorische Ausgestaltung der Organisation empfohlen (vgl. Kersten et al. 2008b, S. 219; Barodte et al. 2008, S. 135). Für *große* Unternehmen empfiehlt sich dagegen eine *dezentrale* Lösung (vgl. Norrman & Jansson 2004, S. 442ff.).

Eine vollständige Sammlung von 90 Entscheidungsregeln befindet sich in Anhang VI.

Tab. 4-5: Beispielhafter Auszug aus den Entscheidungsregeln (strukturelle Ebene)
Quelle: eigene Darstellung

Situativer Faktor	Ausprägung	Entscheidungsregel in der Vorbereitungsphase (Organisation – Aufbauorganisatorische Ausgestaltung)
Unternehmensgröße	Klein	WENN ein Unternehmen eine kleine Größe hat, DANN ist eine zentrale aufbauorganisatorische Ausgestaltung sinnvoll (vgl. Kersten et al. 2008b, S. 219).
	Mittel	WENN ein Unternehmen eine mittlere Größe hat, DANN ist eine zentrale aufbauorganisatorische Ausgestaltung sinnvoll (vgl. Barodte et al. 2008, S. 135).
	Groß	WENN ein Unternehmen eine große Größe hat, DANN ist eine dezentrale aufbauorganisatorische Ausgestaltung anzustreben (vgl. Norrman & Jansson 2004, S. 442ff.).
⋮	⋮	⋮

4.2.3 Situative Ausgestaltung des Modells

Die identifizierten situativen Faktoren bilden die Grundlage für die im Modell verwendeten Bewertungsverfahren. Sowohl auf prozessualer als auch auf struktureller Ebene beeinflussen die Ausprägungen der situativen Faktoren die ausgegebenen Empfehlungen.

Prozessuale Ebene

Der situativen Ausgestaltung der prozessualen Ebene in der Implementierungsphase liegt die Problematik einer Entscheidungsfindung bei konfliktionären Zielen zugrunde (vgl. Kap. 2.6.1). Ziel ist es die am meisten geeignete Methode für die jeweilige SCRM-Prozessphase unter Berücksichtigung der Ausprägungen der situativen Faktoren zu bestimmen. Es eignet sich daher der Einsatz von MADM-Verfahren zur Bewertung, Priorisierung und Auswahl von Methoden für die einzelnen SCRM-Prozessphasen. Die Ergebnismatrix für das zugrunde liegende Problem sieht beispielhaft für eine Methode bei gegebener Umweltsituation wie folgt aus (vgl. Tab. 4-6):

Tab. 4-6: Beispielhafter Auszug aus der Ergebnismatrix (prozessuale Ebene)
Quelle: eigene Darstellung

Methode	Unternehmensgröße			...	Schnittstelle	
	Klein	Mittel	Groß	...	Wenig-ausgeprägt	Automatisiert
Bayessche Netzwerke	X	0	1	...	X	1

Legende: X – nicht empfehlenswert, 0 – möglich, 1 – empfehlenswert

Eine initiale Einschätzung der Eignung ist mit Hilfe einer Delphi-Befragung mit vier Wissenschaftlern durchgeführt worden. Die entsprechenden Befragungsrunden fanden im Februar und März 2014 statt. Eine Delphi-Befragung als strukturierter Gruppenkommunikationsprozess eignet sich zur Konsensfindung bei komplizierten Fragestellungen (vgl. Bortz & Döring 2006, S. 261). In einem ersten Schritt wurde die zugrunde liegende Problemstellung konkretisiert. Jeder Teilnehmer war aufgefordert eine Einschätzung zur Eignung der Methoden für die jeweiligen Ausprägungen der situativen Faktoren vorzunehmen. Dafür konnte zwischen *nicht empfehlenswert*, *möglich* und *empfehlenswert* unterschieden werden. Den Teilnehmern ist für jede Methode eine Beschreibung zur Verfügung gestellt worden (vgl. Tab. 4-2 in Kap. 4.1.2). Die Rückläufer sind anschließend auf Konsistenz der Einschätzungen ausgewertet worden. Unterschiede sind den Teilnehmern abschließend zur Diskussion gestellt worden mit dem Ziel konsistente Bewertungsergebnisse zu erhalten. Anhang V zeigt die endgültigen 1.980 Zuordnungen auf.

Die Auswahl der am meisten geeigneten Methode erfolgt in zwei Schritten. Zunächst wird ein nicht-kompensatorisches Verfahren eingesetzt. Dieses verfolgt eine konjunktive Entscheidungsregel, nach welcher alle Attribute der jeweiligen Methode mindestens als *möglich* erachtet werden müssen. Wird wie in Tab. 4-6 beispielhaft die Eignung von Bayesschen Netzwerken herangezogen, würde diese Methode für Unternehmen mit *wenig-ausgeprägten Schnittstellen* nicht weiter betrachtet werden. Im gleichen Beispiel würde auch eine *kleine Unternehmensgröße* unabhängig von anderen Ausprägungen von den situativen Faktoren zu einer Nichtbeachtung der Methode führen. Der Einsatz dieses nicht-kompensatorischen Verfahrens hat den Vorteil, dass die Anzahl der zu betrachtenden Methoden eingeschränkt wird. Allerdings werden in diesem ersten Schritt ausgeschlossene Methoden auch im Folgenden nicht weiter in die Bewertung mit einbezogen. In einem zweiten Schritt wird die Nutzwertanalyse als kompensatorisches Verfahren eingesetzt. Für jede Methode, die für die Ausprägungen der situativen Faktoren mit *möglich* oder *empfehlenswert* bewertet worden sind, wird ein Nutzwert berechnet (vgl. Kap. 2.6.2). Wird die Ergebnismatrix aus Tab. 4-6 zugrunde gelegt und von einer Gleichgewichtung von lediglich zwei situativen Faktoren ausgegangen, kann beispielhaft für zwei unterschiedliche Unternehmen folgende Nutzwerte für Bayessche Netzwerke berechnet werden (vgl. Formel 2-1 in Kap. 2.6.2 und Formel 4-1 sowie 4-2):

Unternehmen 1 *(*mittlere Unternehmensgröße/automatisierte Schnittstellen*):*

$$\left(0 * \frac{1}{2} + 1 * \frac{1}{2}\right) / \left(\frac{1}{2} + \frac{1}{2}\right) = 0{,}5 \qquad (4\text{-}1)$$

Unternehmen 2 *(*große Unternehmensgröße/automatisierte Schnittstellen*):*

$$\left(1 * \frac{1}{2} + 1 * \frac{1}{2}\right) / \left(\frac{1}{2} + \frac{1}{2}\right) = 1 \qquad (4\text{-}2)$$

Für Unternehmen 1 wäre der Nutzwert für Bayessche Netzwerke 0,5, für Unternehmen 2 hingegen das mögliche Maximum von 1.

Strukturelle Ebene

Auf der strukturellen Ebene kommt die Nutzwertanalyse als einstufiges kompensatorisches Verfahren zum Einsatz. Die für dieses MADM-Verfahren erforderliche Ergebnismatrix basiert auf den literaturbasierten Entscheidungsregeln, welche in Kap. 4.2.2 eingeführt und im Anhang VI offengelegt worden sind. Wird in der Literatur die Zuordnung eines situativen Faktors zu einer strukturellen Gestaltungsempfehlung kontrovers diskutiert, ist keine Entscheidungsregel hinterlegt worden. In diesen Fällen wird für die Berechnung des Nutzwerts auf die anderen situativen Faktoren zurückgegriffen. Tab. 4-7 zeigt den Aufbau der Ergebnismatrix für die strukturelle Ebene auszugsweise auf.

Die Berechnung der Nutzwerte für die einzelnen strukturellen Aspekte erfolgt wie auf der prozessualen Ebene. Das Ergebnis ist eine nach Nutzwert sortierte Rangfolge der Handlungsalternativen. So würde beispielsweise für die aufbauorganisatorische Ausgestaltung auf Basis der Ausprägungen der situativen Faktoren die Berechnung des Nutzwerts für eine zentrale und dezentrale Lösung erfolgen. Die Alternative mit dem höheren Nutzwert wird dem Anwender entsprechend als Handlungsempfehlung ausgegeben.

Tab. 4-7: Beispielhafter Auszug aus der Ergebnismatrix (strukturelle Ebene)
Quelle: eigene Darstellung

Situativer Faktor	Ausprägung	Vorbereitungsphase (Organisation – Aufbauorganisatorische Ausgestaltung)	
		Zentral	Dezentral
Unternehmens-größe	Klein	1	0
	Mittel	1	0
	Groß	0	1
⋮	⋮	⋮	⋮

Legende: 0 – nicht empfehlenswert, 1 – empfehlenswert

4.2.4 Berücksichtigtes Expertenwissen

Das Modell greift sowohl auf prozessualer als auch struktureller Ebene auf Expertenwissen zurück. Mit Hilfe von Knowledge Engineering ist eine entsprechende Datenbasis, die dem aktuellen Stand der Wissenschaft und Technik entspricht und kontinuierlich erweitert werden kann, entstanden.

Auf prozessualer Ebene erfolgte die initiale Einschätzung der Ergebnismatrix mit vier Wissenschaftlern, die in der Literatur verfügbare Informationen berücksichtigten. Stehen neue Erkenntnisse aus der Theorie oder aus dem Erfahrungswissen von Experten zur Verfügung, können diese in die Ergebnismatrix aufgenommen werden. Eine entsprechende Eingabe ist im Modell über eine Schnittstelle möglich. Weiterhin verfügt das Modell über literaturbasierte Methodenbeschreibungen. Hier ist ebenfalls eine Erweiterung um neue Methoden durch Experten möglich.

Zur Nachvollziehbarkeit des entwickelten Modells sind alle Entscheidungsregeln zur Ableitung von Handlungsempfehlungen auf der strukturellen Ebene offengelegt. Eine Plausibilitätsprüfung kann daher laufend erfolgen. Diese Entscheidungsregeln sind literaturbasiert abgeleitet worden. Experten ist es jederzeit über eine entsprechende Schnittstelle möglich, Entscheidungsregeln zu überarbeiten oder hinzuzufügen.

4.2.5 Ausgabe von Handlungsempfehlungen

Die Ausgabe der Handlungsempfehlungen auf prozessualer und struktureller Ebene erfolgt unter Berücksichtigung der Präferenzen von Entscheidungsträgern. Diese können eine Gewichtung für die situativen Faktoren vornehmen. Dem Modell liegt eine initiale Gleichgewichtung zugrunde. Daher fließt jeder der zehn situativen Faktoren mit 10% in die Berechnung des Nutzwerts der Methoden ein, wenn keine individuelle Anpassung erfolgt.

Die Ausgabe auf der prozessualen Ebene umfasst eine nach Nutzwert sortierte Liste von geeigneten Methoden für die jeweilige SCRM-Prozessphase. Dies ist beispielhaft in Tab. 4-8 für die Risikoidentifikationsphase dargestellt. Bei der Auflistung wird weiterhin eine Gruppierung vorgenommen, um eine sinnvolle Kombination von mehreren Methoden zu unterstützen (vgl. Kap. 4.2.1.2). In der Risikoidentifikationsphase wird z.B. zwischen kreativ-intuitiven und analytisch-strukturierten Methoden unterschieden. Die Protokollierung der Entscheidung für eine oder mehrere Methoden erfolgt in einem Ergebnisordner.

Tab. 4-8: Beispielhafte Darstellung der Methodenausgabe (prozessuale Ebene)
Quelle: eigene Darstellung

Risikoidentifikationsphase			
Kreativ-intuitive Methoden		Analytisch-strukturierte Methoden	
Methode	Nutzwert	Methode	Nutzwert
z.B. Brainstorming	z.B. 0,9	z.B. PESTEL-Analyse	z.B. 0,7
⋮	⋮	⋮	⋮

Auf der strukturellen Ebene werden die Handlungsempfehlungen als Soll-Ist-Vergleich ausgegeben. Dies geschieht sowohl in der Vorbereitungs- als auch Implementierungsphase. Für die Vorbereitungsphase ist dies beispielhaft für die aufbauorganisatorische Ausgestaltung in Tab. 4-9 dargestellt.

Tab. 4-9: Beispielhafte Darstellung der Methodenausgabe (prozessuale Ebene)
Quelle: eigene Darstellung

Vorbereitungsphase (Organisation – Aufbauorganisatorische Ausgestaltung)		…
Ist-Wert	Soll-Werte (Nutzwert)	…
z.B. zentral	z.B. • dezentral (0,8) • zentral (0,2)	…

Hierfür wird der zuvor abgefragte Ist-Wert den nach ihrem Nutzwert sortierten Soll-Werten gegenübergestellt. Dieser Vergleich ermöglicht es Entscheidungsträger nachzuvollziehen, welche Ausgestaltung bereits mit den Empfehlungen übereinstimmen und welche angepasst werden sollten. Für das Beispiel in Tab. 4-9 wäre eine dezentrale aufbauorganisatorische Ausgestaltung aufgrund des höheren Nutzwertes der angegebenen zentralen Ausgestaltung vorzuziehen. Ist kein Ist-Wert vorhanden, umfasst die Ausgabe nur die Sollwerte als Handlungsempfehlungen.

4.3 Prototypische Software-Umsetzung des Modells

Das entwickelte Modell ist prototypisch mit der Skriptsprache Visual Basic for Applications (VBA) in dem Microsoft-Office-Programm Excel umgesetzt worden.[10] Diese Programmumgebung erlaubt aufgrund der hohen Verbreitung in vielen Praxisfällen einen Einsatz ohne zusätzliche Investitionskosten. Die Software-Umsetzung ermöglicht den Einsatz von computerbasierten Lösungsverfahren zur Verarbeitung von großen Mengen an Wissen (vgl. Kap. 2.6.4). Das Modell konnte auf diesem Wege Unternehmensvertretern präsentiert werden. Die Visualisierung der Ergebnisse ist mit Hilfe der Software umgesetzt worden. Insbesondere die grafische Benutzeroberfläche konnte mit Hilfe von VBA anforderungsgerecht gestaltet werden. Die Programmierung erfolgte mit dem Ziel, die konzeptionellen und inhaltlichen Anforderungen zu erfüllen (vgl. Abb. 4-2 in Kap. 4.1).

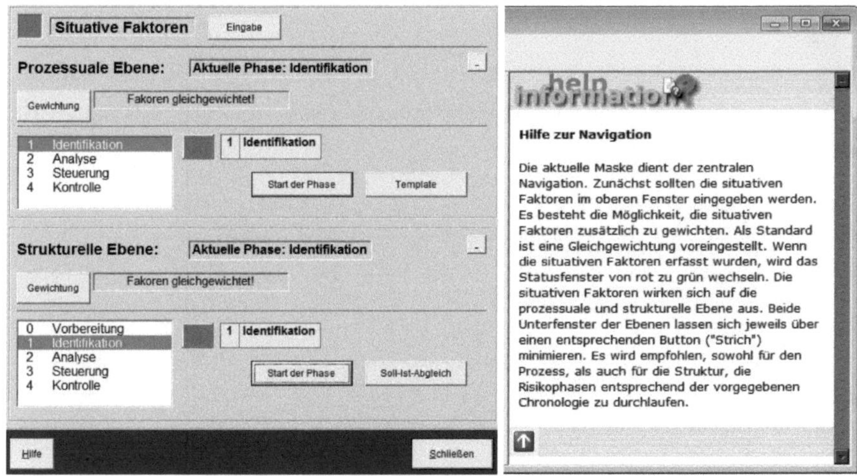

Abb. 4-6: Zentrale Navigationsmaske und dazugehöriges Hilfefenster
Quelle: eigene Darstellung

Der Anwender kann die einzelnen Funktionen des Modells über eine zentrale Navigationsmaske, die in Abb. 4-6 auf der linken Seite dargestellt ist, aufrufen. Statusfelder geben Auskunft darüber, welche Schritte bereits durchlaufen worden sind. Ein-

---

[10] Die prototypische Umsetzung des in dieser Arbeit entwickelten Modells in einer Software wurde teilweise durch das IGF-Vorhaben 17234 N/1 der Forschungsvereinigung Bundesvereinigung Logistik e.V. - BVL, Schlachte 31, 28195 Bremen über die Arbeitsgemeinschaft industrieller Forschungsvereinigungen „Otto von Guericke“ (AiF) e. V. im Rahmen des Programms zur Förderung der industriellen Gemeinschaftsforschung und -entwicklung (IGF) vom Bundesministerium für Wirtschaft und Energie aufgrund eines Beschlusses des Deutschen Bundestages gefördert.

zelne Funktionen stehen in der zentralen Navigationsmaske erst zur Verfügung, wenn die dafür notwendigen Eingaben getätigt wurden. Im ersten Schritt kann zur Aufnahme der *situativen Faktoren* über das Feld *Eingabe* die initiale Eingabemaske des Programms aufgerufen werden. Die Eingabe der situativen Faktoren wird über Auswahlmenüs, welche die in Kap. 4.2.2 definierten Ausprägungen enthalten, vorgenommen. Der Anwender hat an dieser Stelle, wie auch in anderen informationskritischen Punkten, die Möglichkeit eine Hilfe aufzurufen. In dieser werden z.B. in der zentralen Navigationsmaske Beschreibungen für die Ausprägungen der situativen Faktoren zur Verfügung gestellt. Eine ausführliche Definition für diese Faktoren ist in Kap. 3.3.1 zu finden. Die Hilfe dient zur Nachvollziehbarkeit der Softwareanwendung und ist beispielhaft für die zentrale Navigationsmaske in Abb. 4-6 auf der rechten Seite dargestellt. Ist eine erfolgreiche Eingabe der situativen Faktoren erfolgt, kann über die zentrale Navigationsmaske die *prozessuale* und *strukturelle Ebene* aufgerufen werden.

Auf prozessualer Ebene kann für alle Phasen des SCRM eine Methodenausgabe, die in Abb. 4-7 beispielhaft für die Identifikations- sowie Analysephase dargestellt sind, aufgerufen werden.

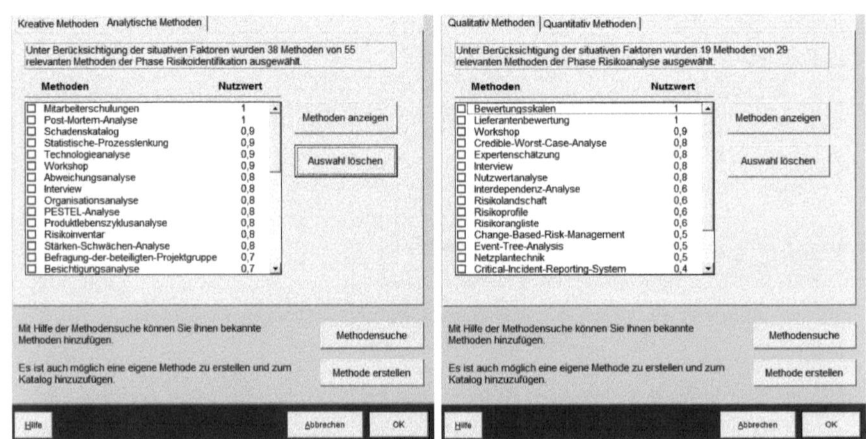

Abb. 4-7: Methodenausgabe der Risikoidentifikations- und Risikoanalysephase
Quelle: eigene Darstellung

Methoden der Identifikationsphase sind in *kreative* und *analytische* gruppiert und werden in getrennten Fenstern angezeigt. In der Analysephase erfolgt eine Unterscheidung zwischen qualitativen und quantitativen Methoden. Ein Wechsel zwischen den Fenstern ist jederzeit über Reiter möglich. Die gruppierte Methodenausgabe erfolgt absteigend nach *Nutzwert* sortiert. Die Nutzwertberechnung basiert auf einer *Gewichtung* der situativen Faktoren, die veränderbar ist. Wird die initiale Gleichgewichtung manuell geändert, erscheint ein entsprechender Hinweis in der zentralen Navigationsmaske. Zur Auswahl von Methoden stehen zusätzlich zum Nutzwert ausführliche Beschreibungen zur Verfügung. Diese sind in Form von Methodenkarten umgesetzt (vgl. Abb. 4-2 in Kap. 4.2.1.2) und können über das Feld *Methode anzeigen* aufgerufen werden. Die Auswahl geeigneter Methoden erfolgt über eine Bestätigung der Auswahlkästchen. Es empfiehlt sich die Kombination von mehreren Methoden aus beiden Gruppen. Wird die Auswahl über ein Verlassen des Fensters über das Feld *OK* bestätigt, resultiert eine Dokumentation im Ergebnisordner des Programms. Da eine Reihe von alternativen Bezeichnungen für eine hohe Anzahl von Methoden existiert, kann über das Feld *Methodensuche* eine vollständige Liste aufgerufen werden. Dies ist in Abb. 4-8 auf der linken Seite dargestellt. Diese umfasst synonyme Bezeichnungen und eine entsprechende Zuordnung zu den im Programm verwendeten Methodennamen. Über diese Funktion ist weiterhin das Hinzufügen von Methoden möglich (vgl. rechte Seite Abb. 4-8). Somit kann eine Bewertung aus dem ersten nicht-kompensatorischen Auswahlschritt vom Anwender geändert werden.

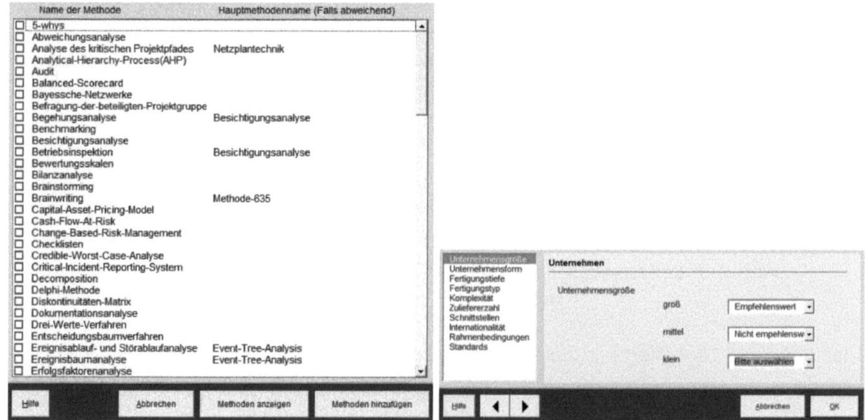

Abb. 4-8: Methodensuche und -eingabe
Quelle: eigene Darstellung

Darüber hinaus ist die Erstellung eigener Methoden über das Feld *Methode erstellen* möglich. Damit wird eine Erweiterbarkeit der Methodenbasis sichergestellt. Die für die Identifikationsphase beschriebenen Funktionen sind analog in den anderen drei Phasen des SCRM gegeben.

Nach der Auswahl von Methoden mit Hilfe der Handlungsempfehlungen hat der Anwender in der zentralen Navigationsmaske die Möglichkeit ein *Template* für jede SCRM-Phase aufzurufen. Die Templates dienen der Dokumentation der Ergebnisse und stellen die Ziele der einzelnen Phasen dar.

Die strukturelle Ebene unterscheidet zwischen der Vorbereitung (vgl. Kap. 4.2.1.1) sowie den vier Phasen des SCRM (vgl. Kap. 4.2.1.2). Zunächst erfolgt für alle diese fünf Bausteine eine Aufnahme der Ist-Situation. Hierzu dient eine Eingabemaske, die über Auswahlmenüs Optionen zur Verfügung stellt. Zusätzliche Informationen zu jeder Option lassen sich über die Hilfe-Funktion abrufen. Ist die Eingabe getätigt, kann für alle Bausteine ein *Soll-Ist-Abgleich* aufgerufen werden. Abb. 4-9 zeigt auf der linken Seite einen solchen beispielhaft für die Vorbereitungsphase auf. Über die abgebildeten Fragen bzw. Reiter (Seite 1, Seite 2, etc.) können die unterschiedlichen Aspekte der Vorbereitungsphase abgerufen werden. Der Ist-Wert wird hierbei jeweils einem mit Nutzwert spezifizierten Soll-Wert gegenübergestellt.

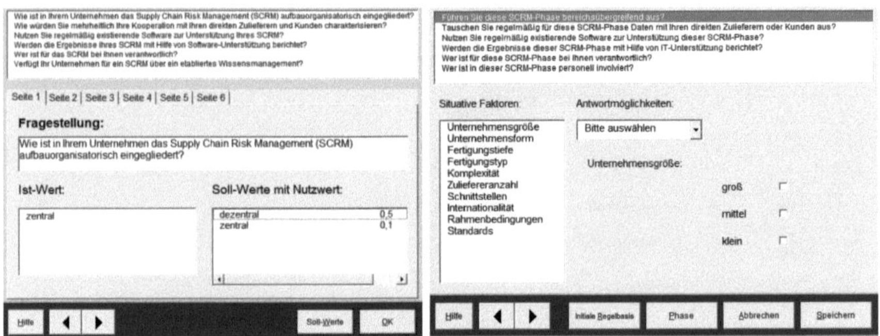

Abb. 4-9: Soll-Ist-Abgleich der Vorbereitung und Eingabe der Regelbasis
Quelle: eigene Darstellung

Über das Feld *Soll-Werte* ist eine Schnittstelle, die es erlaubt, die hinterlegte Regelbasis zu verändern, in dem Programm implementiert. Außerdem kann die initiale Regelbasis über dieses Feld und verändert werden aufgerufen werden. Die entsprechende Benutzeroberfläche ist in Abb. 4-9 auf der rechten Seite abgebildet.

4.4 Verifizierung des Modells mit Hilfe der Anforderungen

In diesem Abschnitt wird überprüft, ob die in Kap. 4.1 formulierten Anforderungen bei der Entwicklung eines Modells zur situationsadäquaten Implementierung eines SCRM berücksichtigt worden sind.

Als *konzeptionelle Anforderung* ist die *Offenlegung der Entscheidungskriterien und -regeln* gestellt worden. Eine solche wird im Modell durch die aus der Literatur hergeleitete Sammlung von 90 Entscheidungsregeln erfüllt (vgl. Kap. 4.2.5). Die *Erweiterbarkeit der Wissensbasis* wird über entsprechende Schnittstellen sichergestellt (vgl. Kap. 4.2.4). Expertenwissen kann auf diese Weise in die Datenbasis auch nachträglich aufgenommen werden. Eine *Entsprechung des Stands der Wissenschaft und Technik* ist aufgrund der Einbeziehung aktueller Erkenntnisse zum SCRM auf dem Stand der Forschung und Praxis gegeben (vgl. Kap. 4.2.4). Als weitere konzeptionelle Anforderung ist die *Visualisierung der Ergebnisse* durch entsprechende Ausgaben im Modell erfüllt worden (vgl. 4.2.5). Hierbei handelt es sich um nach Nutzwert sortierte Listen von Handlungsempfehlungen bzw. einen 90 Methoden umfassenden Katalog.

Zu den *inhaltlichen Anforderungen* zählt die *Unterstützung aller SCRM-Prozessphasen.* Das entwickelte Modell unterstützt die Implementierung aller vier Phasen des SCRM von der Identifikation über die Analyse und Steuerung bis hin zur Kontrolle (vgl. Kap. 4.2.1). Ebenfalls werden sechs *organisatorische, personelle und informationstechnologische Aspekte berücksichtigt* (vgl. Kap. 4.2.2.1). Die Ableitung von Handlungsempfehlungen auf prozessualer als auch struktureller Ebene erfolgt in Abhängigkeit von zehn identifizierten *situativen Faktoren* (vgl. Kap 4.2.2). *Expertenwissen* spielt für die Herleitung der Ergebnismatrizen eine herausragende Rolle (vgl. Kap. 4.2.4). Auf der prozessualen Ebene wurde durch eine Delphi-Befragung das Expertenwissen von vier Wissenschaftlern aufgenommen. Auf struktureller Ebene erfolgte die literaturbasierte Ableitung von 90 Entscheidungsregeln. Diese initialen Einschätzungen können im Modell durch Experten angepasst werden, wofür entsprechende Schnittstellen ausgearbeitet worden sind. Das entwickelte Modell ermöglicht die *Entscheidungsunterstützung* auf prozessualer Ebene durch Handlungsempfehlungen für die *Auswahl* von geeigneten *Methoden* (vgl. Kap. 4.2.3). Zur *strukturellen Implementierung* wird eine *Entscheidungsunterstützung* durch Empfehlungen für organisatorische, informationstechnologische und personelle Gestaltungsvarianten ermöglicht (vgl. Kap. 4.2.3).

Tab. 4-10 ordnet den im Kap. 4.1 formulierten Anforderungen an die Entwicklung eines Modells zur situationsadäquaten Implementierung eines SCRM entsprechende Kapitelverweise zu und fasst die zuvor spezifizierten Einschätzungen hinsichtlich der Erfüllung zusammen. Das entwickelte Modell zur situationsadäquaten Implementierung eines SCRM erfüllt alle aus dem Stand der Forschung und Praxis abgeleiteten Anforderungen.

Tab. 4-10: Verifizierung des Modells mit Hilfe der Anforderungen
Quelle: eigene Darstellung

Anforderung		Behandelt in Kap.	Er-füllt
Konzeptionell	Offenlegung der Entscheidungskriterien und -regeln	4.2.2	Ja
	Erweiterbarkeit der Wissensbasis	4.2.4	Ja
	Entsprechung des Stands der Wissenschaft und Technik	4.2.4	Ja
	Visualisierung der Ergebnisse	4.2.5	Ja
Inhaltlich	Unterstützung aller SCRM-Prozessphasen	4.2.1	Ja
	Berücksichtigung organisatorischer, personeller und informationstechnologischer Aspekte	4.2.2.1	Ja
	Verwendung situativer Faktoren	4.2.2	Ja
	Einbeziehung von Expertenwissen	4.2.4	Ja
	Entscheidungsunterstützung bei der Auswahl von Methoden	4.2.3	Ja
	Entscheidungsunterstützung zur strukturellen Implementierung	4.2.3	Ja

5 Praktische Evaluation des Modells

Ziel dieses Kapitels ist die praktische Evaluation des entwickelten Modells. In Kap. 5.1 wird zunächst der Gang der Evaluation aufgezeigt. Danach werden die Ergebnisse präsentiert (vgl. 5.2). Abschließend erfolgt eine kritische Würdigung der Ergebnisse und Darlegung von Gestaltungsempfehlungen (vgl. Kap. 5.3).

5.1 Gang der Evaluation

Ziel der praktischen Evaluation ist die Verifizierung und Validierung des entwickelten Modells. Unter Verifizierung wird das Testen der einzelnen Elemente des Modells mit Hinblick auf die realistische Herleitung der Ergebnisse verstanden (vgl. Hair et al. 2007, S. 294). Bei der prototypischen Software-Umsetzung wird verifiziert, ob die Anwendung das erwartete Ergebnis ausgibt (vgl. Goll 2011, S. 902; Tiemeyer 2013, S. 336). Die Validierung stellt die Praxistauglichkeit des entwickelten Modells in den Fokus (vgl. Blaxter et al. 2006, S. 221). Hinsichtlich der prototypischen Software-Umsetzung stellt sich hierbei die Frage, ob die Funktionalität den Anforderungen der Nutzer entspricht und ob das System die verfolgten Ziele erfüllt (vgl. Goll 2011, S. 902; Tiemeyer 2013, S. 336).

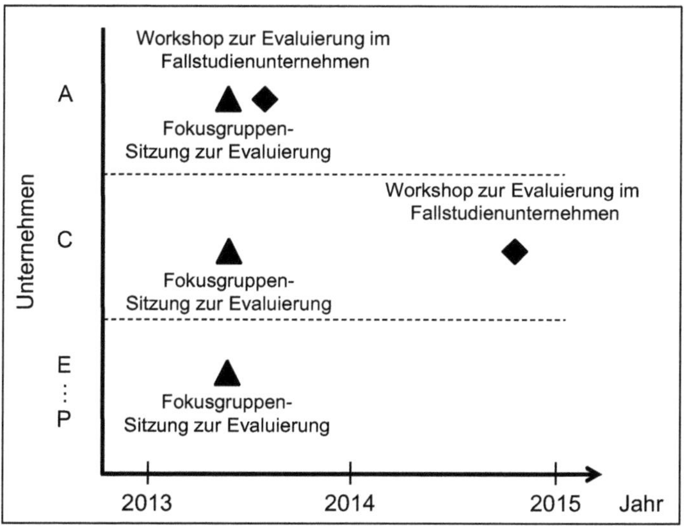

Abb. 5-1: Ablauf der praktischen Evaluierung
Quelle: eigene Darstellung

Abb. 5-1 illustriert den zeitlichen Ablauf der praktischen Evaluierung. Weiterhin erfolgt eine Zuordnung der Erhebungsarten zu den beteiligten Unternehmen.

Um eine möglichst hohe Relevanz der praktischen Evaluation sicherzustellen, ist auf die Triangulation zurückgegriffen worden (vgl. Myers 2009, S. 10ff.; Kap. 3.1). Das Vorgehen gliedert sich hierbei in zwei Schritte. Zunächst ist das entwickelte Modell in einer Fokusgruppensitzung vorgestellt worden. Hierbei stand die Verifizierung im Vordergrund. Eine Fokusgruppe bringt Experten mit unterschiedlichen Perspektiven zusammen und ermöglicht somit die Bewertung der Ergebnisse mit Hilfe eines breiten Erfahrungsschatzes. Anschließend ist die Validität in zwei Fallstudienunternehmen überprüft worden. Die Durchführung mehrerer Fallstudien zu unterschiedlichen Zeitpunkten erhöht die Aussagekraft der Ergebnisse (vgl. Hair et al. 2007, S. 298). Weiterhin ist es möglich die Ergebnisse zu vergleichen und allgemeingültige Aussagen abzuleiten (vgl. Yin 2003, S. 37).

5.2 Ergebnisse der Diskussion zur prototypischen Anwendung des Modells

Die Fokusgruppensitzung fand im Juni 2013 mit neun Industrievertretern statt. Das forschungsmethodische Vorgehen für diese Fokusgruppensitzung entsprach den in Kap. 3.1 erläuterten Aspekten. Eine Konsistenz bei den Teilnehmern konnte bei den Ansprechpartnern 3, 7 und 9 sichergestellt werden. Bei der Auswahl der neu hinzugekommenen Industrievertreter sind dieselben Kriterien wie bei den Fokusgruppensitzungen in Kap. 3.3.1 angewendet worden. Die Gruppe der vertretenen Unternehmen aus den ersten beiden Fokusgruppensitzungen konnte um ein weiteres produzierendes Unternehmen (P) sowie zwei Dienstleistungsunternehmen (N und O) erweitert werden. Tab. 5-1 zeigt die Zusammensetzung der Teilnehmer sowie der zugehörigen Branchen der Unternehmen auf.

Neben dem Experten des produzierenden Unternehmens (P) aus dem Spezialmaschinenbau waren noch zwei Industrievertreter aus den Fallstudienunternehmen (A und C) anwesend. Aus der Dienstleistungswirtschaft nahmen drei Vertreter aus Unternehmensberatungen (E, N und F) sowie jeweils ein Vertreter aus der Energiewirtschaft (H), Logistik (J) und Rechtsberatung (O) teil. Die Unternehmensvertreter verfügen über langjährige Berufserfahrung mit Schwerpunkten auf Supply Chain Management und Risikomanagement.

Die Fokusgruppensitzung diente der Evaluierung des entwickelten Konzepts zur SCRM-Implementierung. Zunächst wurde in die theoretischen Grundlagen eingeführt. Anhand der Diskussion eines aktuellen Supply Chain-Risikos wurde sichergestellt, dass ein gemeinsames Verständnis bezüglich der Theorie herrscht. Dann erfolgte eine Präsentation der Ergebnisse aus dem Stand der Praxis (siehe Kap. 3). Die abgeleiteten Gestaltungsempfehlungen (vgl. Tab. 3-16 aus Kap. 3.4) wurden mit den Experten diskutiert. Abschließend erfolgte die Präsentation des entwickelten Modells (vgl. Kap. 4).

Tab. 5-1: Teilnehmer der Fokusgruppe
Quelle: eigene Darstellung

Nr.	Unternehmen	Branche	Position des Ansprechpartners	Teilnahme
3	E	Dienstleistungen (Unternehmensberatung)	Lead Consultant	06/13
7	H	Dienstleister (Energiewirtschaft)	Projektmanager	06/13
9	J	Dienstleister (Logistik)	Risikomanager	06/13
14	N	Dienstleistungen (Rechtsberatung)	Partner	06/13
15	O	Dienstleistungen (Unternehmensberatung)	Senior Consultant	06/13
17	A	Medizintechnik	Leiter Materialwirtschaft	06/13
18	C	Medizintechnik	Consultant	06/13
19	F	Dienstleistungen (Unternehmensberatung)	Partner	06/13
20	P	Spezialmaschinenbau	Operations Manager	06/13

Ergebnisse der Fokusgruppensitzung

Die neun Industrievertreter verifizierten die Herleitung des entwickelten Modells. Die getroffenen Annahmen aus der Theorie wurden als schlüssig beurteilt. Das Thema SCRM spielt eine wichtige Rolle in der Unternehmenspraxis, allerdings fehlt es den Experten an Konzepten zur Implementierung. Das verfolgte Forschungsziel dieser Arbeit wurde daher als hoch eingeschätzt.

Die Schlussfolgerungen aus den Experteninterviews zu rechtlichen Aspekten wurden als schlüssig bewertet. Ein interviewter Teilnehmer (14, vgl. Kap. 3.3.2) stellte in der Fokusgruppensitzung zur Diskussion, dass es für die operative Ausgestaltung eines SCRM zwar keine gesetzlichen Vorgaben gibt, allerdings eine ordnungsgemäße Unternehmensführung dazu verpflichtet, bestandsgefährdende Supply Chain-Risiken entsprechend zu beachten. Die übrigen Teilnehmer pflichteten bei, verwiesen allerdings auch auf rechtliche Aspekte wie das Betriebsverfassungsgesetz, welches unter anderem die Überwachung von Mitarbeitern behandelt und damit Einschränkungen bezüglich der Umsetzung eines SCRM mit sich bringt.

Die strukturelle Ebene mit den organisatorischen, informationstechnologischen und personellen Aspekten konnte nachvollziehbar hergeleitet werden. Die Unternehmensvertreter reflektierten, ob der Faktor Mensch noch stärker berücksichtigt werden könnte. Auf Unternehmensebene spielt die Regelung von Entscheidungsbefugnissen eine wichtige Rolle. Dazu bedarf es z.B. Organisationsregelungen über welche Supply Chain-Risikohöhen entschieden werden darf.

Anschließend wurde die prozessuale Ebene im Detail aufgezeigt. Die getroffenen Annahmen und die Ableitung der Handlungsempfehlungen ist als schlüssig bewertet worden. Ein Experte regte die Aufnahme der „Political, Economic, Sociological, Technological, Environmental & Legal“ (PESTEL)-Methode in den Katalog an. Darüber hinaus wurde intensiv über mögliche Wechselwirkungen von Supply Chain-Risiken diskutiert und die Schwierigkeit hervorgehoben, diese zu erkennen sowie zu bewerten. Die Teilnehmer empfahlen den Einsatz der Szenariotechnik, die allerdings auch als sehr aufwendig eingeschätzt wurde. Weiterhin wurde der Einsatz sowohl qualitativer als auch quantitativer Bewertungsmethoden empfohlen, um je nach Informationslage eine Priorisierung von Supply Chain-Risiken zu gewährleisten.

Darüber hinaus wurde der logische Aufbau der prototypischen Software diskutiert. Die Ergebnisse und Funktionalitäten entsprachen den Erwartungen der Experten. Die beiden Fallstudienunternehmen A und C erklärten sich bereit eine prototypische Anwendung des entwickelten Modells in Workshops durchzuführen.

Praktische Evaluierung im Fallstudienunternehmen A

Um die Praxistauglichkeit des entwickelten Modells zu überprüfen, ist im Fallstudienunternehmen A gemeinsam mit dem Leiter der Materialwirtschaft die Vorgehensweise in einem Expertenworkshop durchgesprochen worden. Tab. 5-2 fasst die Informationen über den Experten zusammen.

Tab. 5-2: Teilnehmer des Expertenworkshops
Quelle: eigene Darstellung

Nr.	Unternehmen	Branche	Position des Interviewpartners	Datum
17	A	Medizintechnik	Leiter Materialwirtschaft	09/13

Zunächst wurden das Forschungsvorgehen erläutert und die theoretischen Annahmen diskutiert. Hierbei ist intensiv auf die Vielzahl von Hindernissen eingegangen worden. Der Experte wies auf die Notwendigkeit, die Unternehmensleitung von dem Nutzen eines SCRM zu überzeugen, hin. Hierfür spielt eine Kosten-Nutzen-Betrachtung eine wichtige Rolle, da auf einer solchen Grundlage Investitionsentscheidungen auf ihre Vorteilhaftigkeit hin überprüft werden können. Für eine Abschätzung des Nutzens könnte aus Praxissicht auf beispielhafte Auswirkungen von Supply Chain-Risikoereignissen zurückgegriffen werden. Als Unternehmensbeispiel wurde die Bestückung eines Produktes herangezogen, in welchem der Verkauf der Größen der Komponenten normalverteilt ist. Extrem kleine oder große Größen werden in der Folge seltener nachgefragt. Für die Ausstattung von Neukunden ist allerdings die komplette Größenpalette zu liefern. Existiert hier ein Engpass bei einer Größe, kann der Neukunde nicht beliefert werden. Als Folge tritt ein Umsatzausfall oder -verzug auf. Für eine Abschätzung der Kosten müsste unternehmensspezifisch der erforderliche Ressourcenaufwand betrachtet werden.

Anschließend ist das entwickelte Modell und dessen unterschiedliche Ebenen diskutiert worden. Hierfür wurde mit Hilfe der prototypischen Software eine beispielhafte Anwendung vorgenommen und die Funktionalität überprüft.

Zunächst wurden die Ausprägungen der situativen Faktoren für das Fallstudienunternehmen bestimmt. Hierbei äußerte der Experte, dass eine Erweiterung um unternehmenskulturelle Aspekte erfolgen könnte. Diese sind aus seiner Sicht allerdings sehr unternehmensspezifisch, so dass eine Berücksichtigung auf individueller Ebene erfolgen müsste. Die Bedeutung des situativen Faktors Fertigungstiefe wurde als sehr hoch eingeschätzt, da dieser im betrachteten Unternehmen eine entscheidende Rolle bezüglich der Exposition hinsichtlich Supply Chain-Risiken einnimmt. Insgesamt konnte für jeden situativen Faktor eine Ausprägung, die das Fallstudienunternehmen passend charakterisiert, ausgewählt werden.

Auf der prozessualen Ebene sind die empfohlenen Methoden durchgesprochen worden. Aus Sicht des Expertens erfolgen die Handlungsempfehlungen nachvollziehbar und erfüllen die Methoden seinen Anforderungen aus der Praxis. Zur Vereinfachung der Auswahl wurde eine weitere Filterung der ausgegebenen Methoden angeregt. Von einer solchen vereinfachten Ausgabe würden insbesondere kleine und mittelständische Unternehmen profitieren.

Die Verständlichkeit und Funktionalität der Softwareanwendung auf struktureller Ebene ist mit Hilfe eines Leitfadens abgefragt worden (vgl. Anhang VII). Die Abfrage der Gestaltungsvariablen wurde mit Hilfe von Informationstexten in der prototypischen Software durchgeführt. Auf diese Weise konnte sichergestellt werden, dass die Ausprägungen im Modell nachvollziehbar beschrieben sind und auf die Praxis bezogen werden können. Weiterhin gewährleistete dieses Verfahren, dass die notwendigen Eingaben in der prototypischen Software ohne Vorkenntnisse möglich sind. Die Ist-Situation im Unternehmen konnte mit Hilfe der Antwortmöglichkeiten spezifiziert werden. Aus Sicht eines mittelständischen Unternehmens ist die Differenzierung für die einzelnen SCRM-Prozessphasen auf struktureller Ebene nicht erforderlich. Hier reichen generelle Aussagen für alle SCRM-Prozessphasen aus.

Insgesamt ist das entwickelte Modell als nützlich und praxistauglich eingeschätzt worden. Die prototypische Software-Umsetzung wurde als intuitiv bedienbar bewertet und die zur Verfügung gestellten Informationstexte wurden als hilfreich angesehen, um eine Nachvollziehbarkeit zu erreichen. Der Experte wies abschließend darauf hin, dass nach erfolgreicher Implementierung eines SCRM auf das wiederholte Durchlaufen der einzelnen SCRM-Prozessphasen geachtet werden sollte.

Praktische Evaluierung im Fallstudienunternehmen C

Im Fallstudienunternehmens C erfolgte die Anwendung des in einer prototypischen Software umgesetzten Modells mit sieben Unternehmensvertretern. Tab. 5-3 gibt einen Überblick über die Teilnehmer am Workshop.

Tab. 5-3: Workshopteilnehmer
Quelle: eigene Darstellung

Nr.	Unternehmen	Branche	Position/Abteilung des Interviewpartners	Datum
18	C	Medizintechnik	Consultant/Operations Development	11/14
21			Leiter Supply Chain Planning	
22			Leiter Distribution	
23			Distribution/Supply Chain Planning	
24			Distribution/Supply Chain Planning	
25			Strategischer Einkauf	
26			Strategischer Einkauf	

Der Consultant (18) nahm bereits an der dritten Fokusgruppensitzung teil und ist organisatorisch in einer Stabstelle, die direkt dem Chief Operations Officer unterstellt ist, angesiedelt (vgl. Tab. 5-1). Als weitere strategische Abteilung war das Supply Chain Planning involviert. Der Leiter (21) verantwortet die prozessuale Organisation des Supply Chain Managements. In der Abteilung ist ebenfalls die funktionale Verantwortung über die globale Distributionsstrategie angesiedelt. Aus diesem Verantwortungsbereich war der mit Prokura ausgestattete Leiter (22) eingebunden. Darüber hinaus nahmen zwei Mitarbeiter (23 und 24) dieser Abteilung teil. Um die beschaffungsseitige Perspektive abzudecken waren zwei strategische Einkäufer (25 und 26) involviert.

Wie bereits in Kap. 3.3.3 aufgezeigt, befindet sich das Fallstudienunternehmen C in der Phase der Vorbereitung einer SCRM-Implementierung. Da keine explizite SCRM-Strategie im Unternehmen vorhanden ist, wurde zunächst ein gemeinsames Verständnis der zugrunde liegenden Theorie abgestimmt. Neben den negativen Auswirkungen, die Supply Chain-Risiken in der Praxis haben können, wurde auch auf die Bedeutung von überproportionalem Wachstum als Supply Chain-Risikotreiber hingewiesen. Auf den Eintritt von Supply Chain-Risiken wird im Unternehmen mit der Bildung von Kriseneinsatzteams reagiert. Weiterhin existieren einzelne proaktive Elemente, wie z.B. die Durchführung von Lieferantenbewertungen im Einkauf. Die Implementierung eines ganzheitlichen SCRM wird angestrebt.

Für die praktische Anwendung des entwickelten Modells wurde eine Eingrenzung auf einen Produktbereich vorgenommen, um die dort verfolgte Fertigungsstrategie berücksichtigen zu können. Das entwickelte Modell für verschiedene Produktbereiche getrennt voneinander durchzuführen, hat den Vorteil, die vorhandene Diversität im gesamten Konzern betrachten zu können. Bei dem Produktbereich handelt es sich um Zubehör sowie Verbrauchsmaterialien für den Krankenhausbedarf. Dieser umfasst sieben verschiedene Produktgruppen mit ungefähr 2.000 Artikeln. Die Produktgruppen umfassen Beatmungszubehör, Sensoren, Atemkalk, Monitoringzubehör, Stationsgeräte, Schienenzubehör und Untersuchungsleuchten sowie Neonatologie und Wärmetherapie.

Für den betrachteten Produktbereich sind folgende Ausprägungen der situativen Faktoren ausgewählt worden (vgl. Tab. 5-4): Bei dem Fallstudienunternehmen handelt es sich um einen großen börsennotierten Konzern mit etwa 2 Mrd. Euro Jahresumsatz (*große Unternehmensgröße/börsennotierte Unternehmensform*). Die *Fertigungstiefe* ist im Durchschnitt für alle sieben Produktgruppen *niedrig*, das heißt unter

50% eigene Wertschöpfung. Die rund 2.000 Artikel werden auf *Lager produziert*. Die *Komplexität der Supply Chain* wurde von den Unternehmensvertretern als *hoch* eingeschätzt. Für die Beschaffung der Artikel wird mit knapp unter 1.000 Lieferanten zusammengearbeitet, so dass eine *niedrige Zuliefereranzahl* angenommen wird. Die Schnittstellen zu diesen direkten Supply Chain-Partnern sind nur in Einzelfällen automatisiert. In der Mehrzahl werden Informationen aufgrund von unterschiedlichen IT-Systemen und fehlenden Schnittstellen manuell ausgetauscht (*wenig ausgeprägte Schnittstellen*). Die Supply Chain ist *global* aufgestellt. Die *Rahmenbedingungen* sind *volatil*, so dass kontinuierlich auf Veränderungen aus dem Umfeld reagiert werden muss. Hier spielen regulatorische Änderungen auf den jeweiligen nationalen Märkten eine zentrale Rolle. *Standards* sind im Unternehmen und den Supply Chain-Partnern mehrheitlich *eingeführt*. Tab. 5-4 fasst die Ausprägungen zusammen.

Tab. 5-4: Gewählte Ausprägungen der situativen Faktoren
Quelle: eigene Darstellung

Situativer Faktor	Gewählte Ausprägung
Unternehmensgröße	Groß
Unternehmensform	Börsennotiert
Fertigungstiefe	Niedrig
Fertigungstyp	Lagerfertigung
Supply Chain-Komplexität	Hoch
Zuliefereranzahl	Niedrig
Schnittstellen	Wenig ausgeprägt
Internationalität	Global
Rahmenbedingungen	Volatil
Standards	Eingeführt

Nach der Bestimmung der situativen Faktoren sind die Handlungsempfehlungen auf der prozessualen Ebene diskutiert worden. Für die Identifikationsphase wurden Mitarbeiterschulungen, die Post-Mortem-Analyse sowie die statistische Prozesslenkung als am meisten geeignete, analytische Methoden empfohlen (jeweils mit Nutzwert 1,0). Zusätzlich erscheint der Einsatz eines Workshops als kreative Methode zielführend (Nutzwert 0,9). Diese Methoden sollten aus Sicht der Unternehmensvertreter auch dazu verwendet werden Checklisten zu erstellen (Nutzwert 0,5). Diese wären bei der wiederholten Identifikation von Supply Chain-Risiken in anderen Produktbereichen hilfreich, um den Aufwand zu reduzieren. Die Verwendung von ergänzenden

Methoden sowohl aus der kreativen als auch analytischen Gruppe ist als sinnvoll erachtet worden.

Für die Analysephase wiesen Bewertungsskalen und Lieferantenbewertungen den höchsten Nutzwert (jeweils 1,0) auf. Die Verwendung von je nach Datengrundlage anwendbaren Bewertungsskalen unterstützt den Einsatz sowohl qualitativer als auch quantitativer Methoden. Lieferantenbewertungen werden im Unternehmen bereits eingesetzt. Hier müsste aus Sicht der Unternehmensvertreter noch stärker auf Aspekte eines SCRM bei der Ausgestaltung derselben eingegangen werden. Im Unternehmen werden in einigen Bereichen bereits FMEA verwendet (Nutzwert 0,6). Diese vorhandene Erfahrung sollte genutzt werden, um die Methode auch für die Analyse von Supply Chain-Risiken einzusetzen. Der Einsatz weiterer Methoden erscheint den Praxisvertretern zu einem späteren Zeitpunkt sinnvoll. Zunächst sollte mit einer begrenzten Anzahl von Methoden gearbeitet werden.

Tab. 5-5: Nach Nutzwert sortierte Ausgabe von Methoden in der Steuerungsphase
Quelle: eigene Darstellung

Methode	Nutzwert in der Gruppe zur Identifikation von Steuerungsmethoden	Nutzwert in der Gruppe zur Bewertung von Steuerungsmethoden
Kosten-Nutzen-Analyse		1,0
Nutzwertanalyse		0,9
Workshop	0,9	
Delphi-Methode	0,8	
Hazard Analysis of Critical Control Points	0,8	
Interview	0,8	0,8
Morphologischer Kasten	0,8	
Befragung der beteiligten Projektgruppen	0,7	0,7
Brainstorming	0,7	
Methode 635	0,7	
Mind-Mapping	0,7	
FMEA		0,6
Checklisten	0,5	

Tab. 5-5 zeigt die Ausgabe der nach Nutzwert absteigend sortierten Methoden in der Steuerungsphase auf. Zur Identifikation von geeigneten Maßnahmen in der Steuerungsphase erscheint die Organisation von *Workshops* sinnvoll (*Nutzwert 0,9*). Bei dem bisherigen reaktiven Management von Supply Chain-Risiken wurden mit Hilfe von *Interviews* und *Befragungen der beteiligten Projektgruppen* nach geeigneten Maßnahmen gesucht. Diese Methoden sind auch für einen proaktiven SCRM-Ansatz geeignet (*Nutzwert 0,8* bzw. *0,7*). Darüber hinaus würde sich eine strukturierte Herangehensweise im Rahmen der *Delphi-Methode* eignen (*Nutzwert 0,8*). Aufgrund fehlender Erfahrungen der Unternehmensvertreter mit den Methoden *Hazard Analysis of Critical Control Points* sowie *Morphologischer Kasten* (jeweils mit *Nutzwert 0,8*) wurde eine Einschätzung über die Verwendung dieser Methoden zunächst zurückgestellt. Für die Bewertung der ausgewählten Maßnahmen erscheint es aus Praxissicht sinnvoll eine *Kosten-Nutzen-Analyse* durchzuführen (*Nutzwert 1,0*). Für die Gruppe der Identifikation von Maßnahmen ist aufgrund des nicht-kompensatorischen Auswahlverfahrens das Entscheidungsbaumverfahren nicht weiter betrachtet worden. Hierfür ist die hohe Supply Chain-Komplexität ausschlaggebend. Diese wirkt sich auch auf den Ausschluss von Benchmarking als Methode für die Bewertung von Maßnahmen aus. Darüber hinaus wird Benchmarking auch für wenig-ausgeprägte Schnittstellen zu Supply Chain-Partnern als nicht-empfehlenswert eingeschätzt. Die Unternehmensvertreter bewerteten den Ausschluss dieser Methoden als sinnvoll.

Für die Kontrollphase wird die Durchführung von abteilungsübergreifenden Workshops empfohlen (Nutzwert 0,9). Dies wird als geeignet eingeschätzt, um regelmäßig die Effizienz der ausgewählten Maßnahmen zu überwachen. Für die Berichterstattung wird neben Workshops die Verwendung einer Balanced-Scorecard als empfehlenswert eingestuft (Nutzwert 0,8). Eine solche Balanced-Scorecard sollte um Aspekte des SCRM erweitert sein. Die Unternehmensvertreter erachten die Ausgestaltung dieser Methode für die Berichterstattung als sinnvoll, da auf diese Weise unterschiedliche Perspektiven betrachtet werden können.

Auf struktureller Ebene erfolgte zunächst eine Diskussion der Vorbereitungsphase. Tab. 5-6 fasst die Ergebnisse der erfolgten Abfrage der Ist-Situation sowie der ausgegebenen Handlungsempfehlungen zusammen.

Eine *aufbauorganisatorische Eingliederung des SCRM* ist noch nicht erfolgt, so dass hier *keine Angabe* vorgenommen wurde. Die *Zusammenarbeit mit direkten Zulieferern* ist für den betrachteten Produktbereich als *neutral* eingestuft worden. Zusätzliche *Software* wird bisher nicht für das SCRM verwendet, allerdings können Daten aus dem *existierenden* ERP-Tool hilfreich sein. Eine *Berichterstattung* für SCRM findet noch *nicht statt* und es gibt außer der *Unternehmensleitung* bisher keine Verantwortlichen im Unternehmen. Über ein *Wissensmanagement* für den Bereich SCRM verfügt der Konzern *nicht*.

Tab. 5-6: Ist- und Soll-Werte der Vorbereitungsphase auf struktureller Ebene
Quelle: eigene Darstellung

Aspekt	Ist-Wert	Soll-Wert
Wie ist in Ihrem Unternehmen das SCRM aufbauorganisatorisch eingegliedert?	Keine Angabe	Dezentral
Wie würden Sie mehrheitlich Ihre Kooperation mit Ihren direkten Zulieferern und Kunden charakterisieren?	Neutral	Strategisch
Nutzen Sie regelmäßig existierende Software zur Unterstützung Ihres SCRM?	Existierende Software	Zusätzliche Software
Werden die Ergebnisse Ihres SCRM mit Hilfe von Software-Unterstützung berichtet?	Nein	Ja
Wer ist für das SCRM bei Ihnen verantwortlich?	Unternehmensleitung	Risikomanagement-verantwortlicher
Verfügt Ihr Unternehmen für ein SCRM über ein etabliertes Wissensmanagement?	Nein	Ja

Die Gestaltungsempfehlungen werden als Soll-Wert ausgegeben und dem Ist-Wert gegenübergestellt. Als aufbauorganisatorische Ausgestaltung ist eine dezentrale Eingliederung eines SCRM empfohlen worden. Die Zusammenarbeit mit direkten Zulieferern und Kunden sollte mehrheitlich strategisch ausgerichtet sein. Neben der Verwendung von Daten aus dem existierenden ERP-Tool bietet sich die Verwendung zusätzlicher Software, die alle SCRM-Prozessphasen unterstützt, an. Dies kann auch über eine Erweiterung der Funktionalität des bestehenden ERP-Tools erfolgen. Hier wiesen die Praxisvertreter auf die Vorteile einer homogenen IT-Landschaft hin, so dass eine solche Erweiterung bevorzugt wird. Eine Unterstützung der Berichterstattung durch den Einsatz von Software erscheint sinnvoll. Die Verantwortung sollte einem Risikomanagementverantwortlichen, der die Berichterstattung an die Unternehmensleitung übernimmt, übertragen werden. Zuletzt sollte ein Wissensmanagement etabliert werden, so dass unabhängig von einzelnen Personen eine Institutionalisierung eines SCRM erfolgen kann. Diese Gestaltungsempfehlungen wurden von den Unternehmensvertretern als zielführend erachtet.

Neben der Vorbereitungsphase sind weiterhin Gestaltungsempfehlungen für die SCRM-Prozessphasen diskutiert worden. Für das in der Vorbereitungsphase befindliche Unternehmen wurde keine Aufnahme der Ist-Situation vorgenommen. Es wird empfohlen, in den SCRM-Prozessphasen interdisziplinär zusammen zu arbeiten. Dies wird durch die prozessuale Ausrichtung der Organisation im Unternehmen unterstützt und daher als sehr sinnvoll erachtet. Der Austausch von Daten mit Supply

Chain-Partnern sollte regelmäßig erfolgen, allerdings mit der Einschränkung, dass entsprechende IT-Schnittstellen existieren und keine sensiblen Informationen betroffen sind. Zur Unterstützung der einzelnen SCRM-Prozessphasen erscheint der Einsatz von spezieller Software vorteilhaft, allerdings gilt auch hier der in der Vorbereitungsphase diskutierte Verweis auf eine möglichst einheitliche IT-Landschaft. Die Berichterstattung der Ergebnisse der einzelnen SCRM-Prozessphasen kann mit Hilfe von Software automatisiert werden. Es ist anzustreben die Verantwortung auf Risikomanagementverantwortliche zu delegieren und es sollten Fachexperten auf Mitarbeiterebene involviert werden. Diese Gestaltungsempfehlungen sind aus der Praxis als geeignet bewertet worden.

5.3 Kritische Würdigung der Ergebnisse und Gestaltungsempfehlungen

Das entwickelte Modell ist sowohl von den Teilnehmern der dritten Fokusgruppensitzung als auch von den beteiligten Experten aus den Fallstudienunternehmen A und C als praxistauglich eingeschätzt worden. SCRM kann aus Sicht der Praxisvertreter mit Hilfe des Modells situationsadäquat implementiert werden.

Die Unternehmensvertreter bewerteten es positiv, dass eine Vorbereitungsphase berücksichtigt wurde. Dies ermöglicht es auf struktureller Ebene Entscheidungen über die aufbauorganisatorische Eingliederung, die Kooperation mit Supply Chain-Partnern, den Einsatz von Software, die Ausgestaltung der Berichterstattung, die personelle Verantwortlichkeit sowie die Etablierung eines Wissensmanagements in dieser frühen Phase eines Implementierungsprojekts zu treffen.

In der eigentlichen Implementierungsphase sind eine Vielzahl von Entscheidungen hinsichtlich der Ausgestaltung des SCRM-Prozesses und der strukturellen Verankerung eines SCRM vorzunehmen. Das entwickelte Modell unterstützt diese Entscheidungen sowohl auf prozessualer als auch auf struktureller Ebene. In der praktischen Anwendung bringt die Nutzwertberechnung eine erhebliche Erleichterung der Entscheidungsfindung mit sich. Die vorgenommene Gruppierung in der prozessualen Ebene ermöglicht es den Anwendern, die Vor- und Nachteile einzelner Methoden durch Kombination zu kompensieren. Auf struktureller Ebene ist die Herleitung der Gestaltungsempfehlungen für die Praxis von großer Bedeutung. Die Entscheidungen zur Ausgestaltung eines SCRM auf organisatorischer, informationstechnologischer sowie personeller Ebene gehen mit aufwendigen Veränderungen einher. Die Offenlegung der Entscheidungsgrundlage, die durch die Regelbasis erfolgt ist, wurde daher als wichtige Zusatzinformation gewertet. Die Möglichkeit im Rahmen der Nutzwertberechnung eine unternehmensspezifische Gewichtung der situativen Faktoren vorzunehmen, ist ebenfalls als wichtiges Element des Modells eingeschätzt worden.

Auf struktureller Ebene wurde die systematische Abfrage der Ist-Situation begrüßt. Der anschließende Soll-Ist-Vergleich ermöglicht eine gute Visualisierung des Status quo. Die Praxisvertreter regten eine ähnliche Aufnahme der Ist-Situation für die prozessuale Ebene an. Bereits existierende Erfahrungen mit einzelnen Methoden erleichtern deren Anwendungen, so dass sich dies auf die Auswahl auswirkt. Ein solches Vorgehen erscheint auf Unternehmensebene sinnvoll. Eine entsprechende Erweiterung des entwickelten Modells könnte über eine Abfrage der Ist-Situation auf prozessualer Ebene in der Vorbereitungsphase integriert werden.

Als Limitation ist die Einschränkung auf produzierende Unternehmen für die praktische Anwendung des Modells zu sehen. Für eine Übertragung der Ergebnisse auf Dienstleistungsunternehmen, wäre eine detaillierte Analyse von spezifischen Anforderungen erforderlich. Im Rahmen der Fokusgruppensitzungen konnten zwar die Ergebnisse auch mit Vertretern von Dienstleistungsunternehmen diskutiert werden, allerdings hat keine Detailuntersuchung stattgefunden.

Darüber hinaus ist eine Fokussierung auf die Medizintechnikbranche im Rahmen der Fallstudienforschung erfolgt. Dies ermöglichte eine detaillierte Untersuchung unter Berücksichtigung des Kontexts. Eine Verallgemeinerung der Erkenntnisse bedarf allerdings einer Überprüfung. Dafür eignen sich quantitative Forschungsmethoden, wie großzahlige Studien, die auf den Erkenntnissen dieser Modellentwicklung ansetzen können.

Die Beschränkung auf zehn situative Faktoren limitiert die differenzierte Anwendung des Modells auf unterschiedliche Unternehmenstypen. Eine Erweiterung ist allerdings aufgrund des zunehmenden Aufwands bei der notwendigen Generierung der Wissensbasis nur begrenzt möglich. Eine quantitative Untersuchung der Wirkung der einzelnen situativen Faktoren auf die einzelnen Elemente der SCRM-Implementierung könnte allerdings in weiteren Forschungsarbeiten sinnvollerweise thematisiert werden.

Als weitere Limitation ist die notwendige Beschränkung auf einzelne Produktbereiche in Unternehmen bei der Anwendung des Modells zu nennen. In der Realität werden in Unternehmen häufig für verschiedene Produktbereiche unterschiedliche Supply Chain-Strategien verfolgt. Aus diesem Grund sollte auch für die SCRM-Implementierung eine Analyse auf Produktbereichsebene erfolgen. Dies kann mit Hilfe einer getrennten Abfrage der situativen Faktoren erfolgen. Die Erkenntnisse aus den einzelnen Produktbereichen sollten anschließend übergeordnet abgestimmt werden.

Bei der SCRM-Implementierung stellt die unternehmensübergreifende Koordination der Aktivitäten eine wichtige Frage dar. Das in dieser Arbeit entwickelte Modell berücksichtigt die Zusammenarbeit mit Supply Chain-Partnern. Zur unternehmensübergreifenden Ausgestaltung eines SCRM müsste darüber hinaus eine umfassende Betrachtung möglicher Anreizsysteme erfolgen. Die Forschungslandschaft weist diesbezüglich, insbesondere hinsichtlich der praktischen Umsetzbarkeit diverse Lücken auf.

Die prototypische Softwareumsetzung unterstützt die wiederholte Durchführung der einzelnen Modellschritte. Für die Anwendung des Modells in der Praxis wird damit nicht nur einer systematischen Ergebnisherleitung und -dokumentation Rechnung getragen, sondern auch die Berücksichtigung von neuem Expertenwissen sichergestellt.

Gestaltungsempfehlungen

Bei der SCRM-Implementierung handelt es sich um ein strategisches Projekt, das ohne eine entsprechende Priorisierung durch die Geschäftsleitung nicht verfolgt werden kann. In der Vorbereitungsphase ist eine SCRM-Strategie, die eine Abgrenzung und Definition von zentralen Begrifflichkeiten umfasst, zu verabschieden. Darauf aufbauend ist eine Zielsetzung, die den Umfang eines SCRM und gegebenenfalls Entwicklungsschritte spezifiziert, zu entwickeln. Die SCRM-Implementierung sollte unternehmensspezifisch ausgestaltet werden. Das in dieser Arbeit entwickelte Modell kann durch die Berücksichtigung situativer Faktoren als System zur Entscheidungsunterstützung dienen, welches für eine möglichst große Anzahl von unterschiedlichen Konstellationen der Ausprägungen dieser Faktoren, Handlungsempfehlungen für die SCRM-Implementierung liefert.

In der Vorbereitungsphase spielen neben den generischen Empfehlungen eine SCRM-Strategie sowie eine Zielsetzung zu definieren, Fragestellungen auf organisatorischer, informationstechnologischer und personeller Ebene eine Rolle. Für die organisatorische Verankerung eines SCRM muss zunächst über die Ausprägung der Zentralität entschieden werden. SCRM ist als Baustein des Supply Chain Managements ein interdisziplinäres Thema, das möglichst alle Unternehmensfunktionen umfasst. Eine dezentrale Ausgestaltung geht allerdings in vielen Fällen mit einem erhöhten Ressourcenbedarf einher, so dass hier eine Abwägung hinsichtlich des Aufwands erfolgen muss. Eine ähnliche Einschätzung ist hinsichtlich der Zusammenarbeit mit Supply Chain-Partnern zu treffen. Aus theoretischer Sicht bieten sich partnerschaftliche Beziehungen zu möglichst vielen Supply Chain-Partnern an, wenn idealtypische Bedingungen angenommen werden. In der Praxis ist allerdings mit Informationsasymmetrien und opportunistischem Handeln zu rechnen, so dass auch hier eine Aufwand-Nutzen-Analyse erfolgen muss.

Aus informationstechnologischer Sicht sind Investitionen in Software, die in ihrer Funktionalität die Aufgaben eines SCRM unterstützen kann, zu überlegen. Die befragten Unternehmensvertreter konnten diesbezüglich allerdings auf keine ganzheitliche Lösung verweisen, so dass eine spezifische Entwicklung erfolgen müsste. Dies erscheint aus Sicht der Praxis nur sinnvoll zu sein, wenn vorrangig die organisatorischen und personellen Fragestellungen gelöst sind. Auch für die Berichterstattung ist eine automatisierte IT-Lösung erstrebenswert, allerdings nur mit erheblichen Investitionen umsetzbar, so dass dies nicht für alle Unternehmen vorteilhaft erscheint.

Auf personeller Ebene ist es wichtig eine klare Verantwortlichkeit für das Thema SCRM-Implementierung herzustellen. Ist eine entsprechende Komplexität vorhanden und stehen Ressourcen zur Verfügung bietet sich die Etablierung eines Risikokomittees an. Ansonsten kann auch eine Übernahme der Tätigkeiten durch einen Risikomanagementverantwortlichen oder im Extremfall durch die Unternehmensleitung erfolgen. Zur langfristigen personenunabhängigen Verankerung der Thematik, erscheint die Etablierung eines Wissensmanagements sinnvoll.

Nach der Behandlung der Vorbereitungsphase, steht die Implementierung des SCRM-Prozesses an. Hierfür sind die vier Phasen der Identifikation, Analyse, Steuerung und Kontrolle zu beachten. Für die einzelnen Phasen sind geeignete Methoden auszuwählen, um die jeweilige Zielerreichung sicherzustellen. Das entwickelte Modell stellt eine entsprechende Methodenbasis zur Verfügung und bewertet diese mit Hilfe einer Nutzwertberechnung. In der Praxis sollte eine Kombination von mehreren Methoden angestrebt werden, um eine hohe Effektivität zu erreichen. Die Verankerung des Themas in eine Organisation kann durch den Rückgriff auf eine bestehende Methodenerfahrung erleichtert werden. Es empfiehlt sich außerdem eine Anpassung von Methoden, die bereits in einzelnen Unternehmensfunktionen für andere Themenstellungen verwendet werden. Eine Erweiterung mit gegebenenfalls besser geeigneten Methoden, kann sukzessive erfolgen. Auf diese Weise muss eine SCRM-Implementierung nicht gänzlich ohne Vorwissen erfolgen.

Für jede SCRM-Prozessphase müssen neben geeigneten Methoden auch organisatorische, informationstechnologische und personelle Aspekte geklärt werden. Unter der Voraussetzung zur Verfügung gestellter Ressourcen sollten die Phasen möglichst dezentral durchgeführt werden, um auf entsprechendes Fachwissen zurückgreifen zu können. Bei einer gewählten hohen Interdisziplinarität ist eine übergeordnete Abstimmung der Aktivitäten erforderlich. In den einzelnen Phasen ist es weiterhin erstrebenswert eine möglichst intensive Zusammenarbeit mit Supply Chain-Partnern sicherzustellen. Die Investition in Software kann diese Zusammenarbeit mit Supply Chain-Partnern und die Bearbeitung der einzelnen SCRM-Prozessphasen unterstützen. Zunächst sollte diesbezüglich eine Analyse erfolgen, welche Informationen in bereits bestehenden Systemen zur Verfügung stehen. Anzustreben ist neben einer Unterstützung der Zielerreichung auch eine IT-gestützte Dokumentation und Berichterstattung der Ergebnisse in den einzelnen SCRM-Phasen. Auf personeller Ebene sind entsprechende Verantwortlichkeiten zu klären. Hier bietet sich der Einsatz von Spezialisten, wie einem Risikomanagementverantwortlichen an. Die Benennung eines Risikomanagementverantwortlichens bringt den Vorteil einer klaren Zuordnung von Verantwortlichkeiten mit. Weiterhin wird die Unternehmensleitung hinsichtlich ihres Aufgabenspektrums entlastet. Es ist allerdings sicherzustellen, dass ein ausgereiftes Berichtswesen implementiert wird. Ein solches sollte nicht nur zur Information von Entscheidungsträgern dienen, sondern auch den Zugriff auf verteiltes Wissen in einer Organisation gewährleisten. Im Idealfall sollte es Mitarbeitern auf allen Ebenen möglich sein, z.B. identifizierte Risiken zu melden und somit zu einem SCRM-System beizutragen.

6 Schlussbetrachtung

Abschließend werden in diesem Kapitel die Ergebnisse dieser Arbeit zusammengefasst und ein Ausblick gegeben.

6.1 Zusammenfassung

Supply Chain Management sorgt für eine Koordination von globalen Waren-, Informations- sowie Finanzflüssen und strebt eine hohe Effizienz der zugrunde liegenden Prozesse an. Individuelle Kundenwünsche werden heutzutage kostengünstig bei gleichzeitig hoher Produkt- sowie Servicequalität erfüllt. Beim Supply Chain Risikomanagement (SCRM) handelt es sich um ein Element des Supply Chain Managements, welches dazu beiträgt dessen Ziele zu erfüllen. Die Notwendigkeit für ein SCRM wird durch eine große Anzahl von möglichen Supply Chain-Risiken, die einen reibungslosen Wertschöpfungsprozess gefährden, begründet. SCRM hat sich als Disziplin, die unter Rückgriff auf Erkenntnisse aus der Risikomanagementforschung einen systematischen Umgang mit Supply Chain-Risiken als Baustein des Supply Chain Managements propagiert, entwickelt. Mittlerweile existieren eine Reihe von generischen SCRM-Ansätzen sowie einzelnen Lösungsbausteinen. In der Praxis ist dagegen ein geringer Umsetzungsgrad eines SCRM zu beobachten. Praxistaugliche Konzepte zur Implementierung sind daher nachgefragt. In der Theorie besteht allerdings eine Forschungslücke hinsichtlich einer situationsadäquaten Implementierung eines SCRM. Die vorliegende Arbeit hat daher das folgende Ziel verfolgt:

> Die Entwicklung eines Modells zur situationsadäquaten Implementierung eines Supply Chain Risikomanagements (SCRM).

Um dieses Ziel zu erreichen, sind zunächst theoretische Grundlagen aufgearbeitet und eine Reihe von Forschungsfragen im Laufe der Arbeit adressiert worden (vgl. Kap. 1.2). Zur Abgrenzung von elementaren Begriffen und Konzepten erfolgte zunächst eine Einführung in die theoretischen Grundlagen. Um das Implementierungsobjekt SCRM detailliert zu betrachten, sind Elemente des Risikomanagements und Supply Chain Managements behandelt worden. Beim Risikomanagement erfolgten eine Erhebung der gesetzlichen Notwendigkeiten sowie eine Darstellung der Vor- und Nachteile möglicher Organisationsformen. Hinsichtlich des Supply Chain Managements ist eine prozessuale Sichtweise, die den funktionsübergreifenden Charakter dieses Forschungsgebiets hervorhebt, erläutert worden.

Bei der Implementierung steht der Transformationsprozess von einem Ist- in einen Soll-Zustand im Vordergrund. Hierbei sind in einem schrittweisen Vorgehen verschiedene Phasen zu durchlaufen. Zunächst ist eine Vorbereitungsphase sinnvoll, in der grundlegende Aspekte einer SCRM-Implementierung behandelt werden. Anschließend kann die Implementierungsphase durchgeführt werden. Da der Soll-Zustand des angestrebten SCRM von unterschiedlichen Faktoren abhängt, erweist sich ein Rückgriff auf die Kontingenztheorie als zielführend.

Für die Disziplin SCRM wurde ein Überblick über existierende Forschungsansätze gegeben. Hinsichtlich des Ziels dieser Arbeit, in welchem SCRM als Implementierungsobjekt behandelt wird, ist eine Definition, die einen möglichen Entwicklungspfad umfasst, ausgewählt worden. SCRM kann demzufolge aus einer Organisation heraus weiterentwickelt werden, um schlussendlich gemeinsam mit Supply Chain-Partnern betrieben zu werden.

Im Folgenden wird auf die behandelten Forschungsfragen zusammenfassend eingegangen.

- Welche Anforderungen können für eine SCRM-Implementierung aus der Theorie und Praxis abgeleitet werden?

Aus den theoretischen Grundlagen sowie der empirischen Untersuchung im Rahmen der Basis- und Detailanalyse wurden Anforderungen für die Modellentwicklung abgeleitet (vgl. Kap. 4.1). Aus der Theorie konnte abgeleitet werden, dass zur Berücksichtigung situativer Faktoren und damit einhergehender Auswahl von Alternativen der Einsatz eines Entscheidungsunterstützungssystems (EUS) sinnvoll ist. Ferner ist die Beachtung von Expertenwissen vorteilhaft. Zur Umsetzung in einem Modell zur situationsadäquaten Implementierung eines SCRM konnten entsprechende Anforderungen aus der Entscheidungstheorie sowie den Grundlagen zu einem kombinierten Entscheidungsunterstützungs- und Expertensystem (EUS/XPS) abgeleitet werden. Ein zweistufiges Forschungsvorgehen diente zur Ermittlung des Praxisstands. Eine Basisanalyse untersuchte den aktuellen Status quo der SCRM-Implementierung mit Hilfe einer quantitativen Studie, die 150 Unternehmen umfasste. Die Erkenntnisse flossen in die Ausgestaltung der qualitativen Detailanalyse ein. Konzeptionell waren unter Berücksichtigung der empirischen Ergebnisse folgende Aspekte in der Modellentwicklung zu beachten: Die Offenlegung der Entscheidungskriterien und -regeln, die Erweiterbarkeit der Wissensbasis, die Entsprechung des Stands der Wissenschaft und Technik sowie die Visualisierung der Ergebnisse. Weiterhin wurden folgende inhaltliche Anforderungen gestellt: Die Unterstützung aller SCRM-Phasen, die Berücksichtigung organisatorischer, informationstechnologischer und personeller Aspekte, die Verwendung situativer Faktoren, die Einbeziehung von Expertenwissen, die Entscheidungsunterstützung bei der Auswahl von Methoden und die Entscheidungsunterstützung zur strukturellen Implementierung.

- Welche situativen Faktoren beeinflussen eine SCRM-Implementierung?

Die Identifizierung der berücksichtigten situativen Faktoren erfolgte mit Vertretern einer Fokusgruppe in einer auf die Basisanalyse aufgesetzten Detailuntersuchung. Insgesamt wurden zehn situative Faktoren im Modell aufgenommen und deren Ausprägungen literaturgestützt abgeleitet. Zur Einordnung auf Unternehmensebene spielen die -größe, -form, Fertigungstiefe und -typ eine Rolle. Zur Charakterisierung der Supply Chain sind deren Komplexität, die Zuliefererstruktur, Schnittstellen und Internationalität von Bedeutung. Rahmenbedingungen und Standards wurden zur dritten Gruppe Umwelt zusammengefasst.

- Welche rechtlichen Aspekte wirken sich auf eine SCRM-Implementierung aus?

Zur Ermittlung rechtlicher Aspekte wurden Interviews mit Fachexperten geführt. Die Einführung von SCRM wird durch eine Reihe von deutschen sowie internationalen Gesetzen tangiert. Allerdings existiert keine explizite gesetzliche Notwendigkeit ein SCRM zu betreiben. Vielmehr ist das Thema in einem Spannungsfeld von fördernden als auch hindernden Gesetzen, so dass hier mit dem Stand der Wissenschaft und Technik in Zusammenhang mit einem unbestimmten Rechtsbegriff argumentiert wird. Insbesondere der Umgang mit hinderlichen Gesetzen, die den Informationsaustausch mit Supply Chain Partnern betreffen, kommt hier eine wichtigere Rolle zu, da dies ein zentrales Element für kooperatives Verhalten ist. Eine Beobachtung der zukünftigen Entwicklungen empfiehlt sich.

- Welche Ebenen umfasst eine SCRM-Implementierung?

Im Rahmen von vier Fallstudien wurde der Praxisstand der SCRM-Implementierung detailliert analysiert. Als Gestaltungsempfehlung für die Modellentwicklung konnte abgeleitet werden, dass für die Implementierung sowohl eine prozessuale als auch eine strukturelle Ebene zu beachten ist. Auf der prozessualen Ebene sind die SCRM-Prozessphasen der Identifikation, Analyse, Steuerung und Kontrolle zu gestalten. Auf der strukturellen Ebene sind organisatorische, informationstechnologische und personelle Aspekte von Bedeutung.

- Wie wird SCRM in der Praxis unternehmensspezifisch umgesetzt?

Die Aufnahme von Erfahrungen mit der unternehmensspezifischen SCRM-Implementierung spielte in den vier Fallstudien eine elementare Rolle. Die Fallstudienforschung eignet sich für eine solche Detailanalyse, da Kontextfaktoren mit in die Betrachtung einbezogen werden können. In den einzelnen Fallstudienunternehmen konnte ein unterschiedlicher SCRM-Implementierungsstand beobachtet werden. Hindernisse und Erfolgsfaktoren wurden identifiziert. Für die strukturelle Ebene sind folgende sechs Aspekte abgeleitet worden: Die aufbauorganisatorische Ausgestaltung, die Zusammenarbeit mit Supply Chain-Partnern, der Software Einsatz, die IT-Unterstützung des Berichtswesens, die Verantwortlichkeit sowie die Etablierung eines Wissensmanagements.

- Welche Entscheidungen zur situationsadäquaten Implementierung eines SCRM kann ein Modell unterstützen?

Zusammenfassend konnte aus der Theorie und Praxis die Erkenntnis gewonnen werden, dass ein Modell zwei Ebenen der SCRM-Implementierung mit unterschiedlichen Handlungsempfehlungen unterstützen sollten. Auf prozessualer Ebene hilft eine Nutzwertberechnung Methoden für die einzelnen SCRM-Prozessphasen vorzuschlagen und deren Eignung zu bewerten. Insgesamt sind 90 Methoden hinterlegt und mit entsprechenden Beschreibungen für die Anwendung ausgestattet. Auf struktureller Ebene werden mit Hilfe einer Nutzwertberechnung Gestaltungsempfehlungen für sechs Aspekte der strukturellen Ebene gegeben.

Neben der prozessualen und strukturellen Ebene wird im entwickelten Modell zwischen verschiedenen Phasen der SCRM-Implementierung unterschieden. Zunächst erfolgt in der Vorbereitungsphase eine Ableitung von Handlungsempfehlungen für die strukturelle Ebene. In der anschließenden Implementierungsphase wird zusätzlich die prozessuale Ebene im Modell eingeführt. In der dritten Phase des Modells wird dessen dauerhafte Anwendung sichergestellt. Das entwickelte Modell konnte mit Hilfe der aus der Theorie und Praxis abgeleiteten Anforderungen verifiziert werden.

Darüber hinaus wurde das entwickelte Modell im Rahmen einer Evaluierung mit Industrievertretern auf seine Praxistauglichkeit hin untersucht. Hierzu wurde sowohl mit

Vertretern einer Fokusgruppe als auch mit zwei Fallstudienunternehmen zusammengearbeitet. Im Rahmen dieser Bewertung wurden alle Elemente des Modells auf deren Funktionalität und Anwendbarkeit überprüft. Die exemplarische Anwendung des Modells erzielte stichhaltige Ergebnisse und ist aus Sicht der Praxis geeignet, eine SCRM-Implementierung systematisch zu unterstützen.

6.2 Ausblick

Das in dieser Arbeit entwickelte Modell ermöglicht die situationsadäquate Implementierung eines SCRM unter Beachtung prozessualer und struktureller Elemente. Die Ergebnisse leisten einen Beitrag in der jungen Forschungsdisziplin SCRM. Aktuell steht das Thema sowohl auf der wissenschaftlichen als auch praktischen Agenda, so dass auch in den kommenden Jahren mit interessanten Entwicklungen zu rechnen ist. Wünschenswert wäre eine Zunahme der praktischen Umsetzungsquote des Konzepts. Unvermeidbar werden Ereignisse, die SCRM auch in den kommenden Jahren wiederholt auf die Tagesordnung bringen werden, bleiben. Solche Eintritte von Supply Chain-Risiken eignen sich in der Unternehmenspraxis, um den Nutzen eines SCRM herauszustellen. Eine solche Wertschätzung des Themas ist unvermeidbar, um die notwendigen Investitionen für eine SCRM-Implementierung zu rechtfertigen. Kann die Vorteilhaftigkeit von Investments herausgearbeitet werden, wird auch der Markt für Dienstleistungen hinsichtlich der Unterstützung von SCRM-Aktivitäten wachsen. Die Forschung ist hierbei gefragt weiteres Wissen, welches in marktfähige Innovationen führen kann, zu generieren. Die ingenieurwissenschaftliche Forschung kann hier durch die Weiterentwicklung von geeigneten Entscheidungsunterstützungs- und Expertensystemen einen wichtigen Beitrag leisten. Weiterhin stellt sich die quantitative Bewertung von Supply Chain-Risiken als ein Forschungsfeld mit Lücken hinsichtlich der praktischen Umsetzbarkeit dar. Hier könnten Lösungen zu einer Gegenüberstellung von Kosten und Nutzen eines SCRM beitragen.

Auf operativer Ebene wird neben einer Supply Chain-Risikobewertung auch nach Möglichkeiten, die Transparenz innerhalb von Supply Chains zu erhöhen, gesucht. In der Unternehmenspraxis sind entsprechende Initiativen mit einer Reihe von Hindernissen konfrontiert. Aus betriebswirtschaftlicher Sicht bieten sich hier Analysen unter Rückgriff auf die neue Institutionenökonomik an. Aus forschungsmethodischer Perspektive erscheint der Einsatz von Simulationstechniken vielversprechend. In der Praxis lässt sich in diesem Feld der Einsatz neuer Technologien beobachten, so dass empirische Untersuchungen zweckmäßig erscheinen.

Da es sich beim SCRM um ein funktionsübergreifendes und strategisches Thema handelt, sollte die Betrachtung nicht losgelöst von anderen Forschungstrends erfolgen. Insbesondere die Einbeziehung von Nachhaltigkeitsthemen und ethischen Richtlinien sollte nicht nur aus der Perspektive eines Supply Chain-Risikos erfolgen, sondern in die strategische Ausrichtung des Konzepts mit einfließen (vgl. hierzu auch Dani 2009, S. 56). Die zunehmende Digitalisierung der Industrie eröffnet eine Reihe von neuen Möglichkeiten, geht allerdings auch mit neuen Risikoaspekten einher.

Weiterhin erscheinen auf strategischer Ebene weitere Forschungsbestrebungen hinsichtlich der Koordination von SCRM sinnvoll. Begrüßenswert sind zu beobachtende Initiativen zur Etablierung von SCRM-Standards. Abzuwarten gilt es, ob es auch Entwicklungen hinsichtlich gesetzlicher Anforderungen für das Betreiben eines SCRM geben wird, wie es in den letzten Jahren im Bereich der Finanzmärkte zu beobachten war. Unabhängig von rechtlichen Vorgaben, erscheinen Forschungsbemühungen hinsichtlich der Auditierung von SCRM-Systemen vorteilhaft, um die Effektivität zu kontrollieren. Entsprechende Zertifikate könnten auch zur Verbreitung von SCRM innerhalb von Supply Chains beitragen.

Anhang

I: Fragebogen

1. Allgemeine Angaben

In diesem Abschnitt möchten wir zunächst Ihr Unternehmen und seine Tätigkeiten in der Windenergiebranche etwas näher kennenlernen.

1.1. Seit wie vielen Jahren ist Ihr Unternehmen in der Windenergiebranche tätig?

seit Jahren	☐ *keine Angabe*

1.2. Wie viele Mitarbeiter sind in Ihrem Unternehmen beschäftigt?

ca. Mitarbeiter, davon ca. % im Bereich der Windenergie	☐ *keine Angabe*

1.3. Wie hoch war der Umsatz Ihres Unternehmens im letzten Geschäftsjahr?

ca. Mio. €, davon ca. % im Bereich der Windenergie	☐ *keine Angabe*

1.4. Wie wird sich der Umsatzanteil Ihres Unternehmens im Bereich Windenergie in den kommenden fünf Jahren voraussichtlich entwickeln?

stark abnehmen	*abnehmen*	*gleich bleiben*	*zunehmen*	*stark zunehmen*	*keine Angabe*
☐	☐	☐	☐	☐	☐

1.5. Welche Art von Bauteilen/Leistungen stellt Ihr Unternehmen für Windenergieanlagen (WEA) her?

Onshore WEA	*Offshore WEA*	
☐	☐	*Komplettanlagen*
☐	☐	*Systeme* *(z.B. Rotorblätter, Turm, Antriebsstrang/Getriebe, Fundamentbauteile (Offshore, Onshore, Transition Piece, Feldverkabelung), Bremssysteme, Azimut- und Pitchsystem, Rotornabe, Umspannwerke,...)*
☐	☐	*Komponenten* *(z.B. Maschinenträger, Rotorwelle, Hydraulikanlagen, Lagersätze (Azimut-, Blatt- und Rotorlager), Umrichter, Schaltanlagen, Generator, Transformator, Gondelverkleidung und Spinner, Fundamenteinbauteil, Kupplung, Aufstiegshilfe, Filter, Drehgeber, Kabelbaum, Pumpen, USV-Anlage, Sensoren,...)*
☐	☐	*Spezifische Materialien* *(z.B. Verbindungselemente, Dichtungen, Klammern, Laminate, Gewebe, Riemen, Scheiben, Bleche, Federn, Drähte, Flanschen, Verzahnungsteile, Klebstoffe,...)*
☐	☐	*Sonstige Materialien* *(z.B. Schleifringe, Schwingungsdämpfer, Öle, Fette, Lacke, ...)*
☐	☐	*Dienstleistung bis zum Netzanschluss der Windenergieanlage* *(z.B. Konstruktion, Projektentwicklung, Logistik, Finanzierung, Zertifizierung, Bauleistungen,...)*
☐	☐	*Dienstleistung im Betrieb der Windenergieanlage* *(z.B. Betriebsführung, Überwachung, Wartung,...)*
☐	☐	*Sonstige:*

1.6. In welchen weiteren Branchen (außer der Windenergiebranche) ist Ihr Unternehmen vertreten? (Mehrfachnennungen möglich)

☐	*Maschinenbau*	☐	*Anlagenbau*
☐	*Hoch- und Tiefbau*	☐	*Prozessindustrie*
☐	*Metallindustrie*	☐	*Elektroindustrie*
☐	*Schiffbau*	☐	*Flugzeugbau*
☐	*Automobilbau*	☐	*Andere Branchen im Bereich der erneuerbaren Energien*
☐	*Dienstleistungssektor*	☐	*Sonstige:*

1.7. Wie wird in Ihrem Unternehmen der Wertschöpfungsprozess gesteuert?

☐	*Die Produktion von Erzeugnissen erfolgt Prognose-getrieben auf Lager (Build-to-Stock).*
☐	*Die Produktion von Erzeugnissen erfolgt auf Kundenauftrag (Build-to-Order).*
☐	*Wir produzieren Vorprodukte Prognose-getrieben auf Lager, die Montage erfolgt auf Kundenauftrag (Entkoppelte Produktion).*
☐	*Sonstige:*

1.8. In welcher Position sind Sie in Ihrem Unternehmen tätig?

Position:

2. Supply Chain-Risiken

In diesem Abschnitt möchten wir Ihre Einschätzung zu den Risiken, die typischerweise in den Wertschöpfungsnetzwerken der Windenergiebranche auftreten, erfragen (Supply Chain-Risiken).

2.1. Wie bewerten Sie die folgenden Supply Chain-Risiken hinsichtlich ihrer Eintrittswahrscheinlichkeit (Häufigkeit ihres Auftretens) sowie ihrer Schadenshöhe bezogen auf Ihr Unternehmen?

2.1.1. Versorgungsrisiken

	Häufigkeit							Schadenshöhe						
	sehr gering	→					*sehr hoch*	*sehr gering*	→					*sehr hoch*
	0	***1***	***2***	***3***	***4***	***5***	***6***	***0***	***1***	***2***	***3***	***4***	***5***	***6***
Ausfall/Totalverlust einer Zulieferung	☐	☐	☐	☐	☐	☐	☐	☐	☐	☐	☐	☐	☐	☐
Eine unvollständige Zulieferung	☐	☐	☐	☐	☐	☐	☐	☐	☐	☐	☐	☐	☐	☐
Qualität einer Zulieferung entspricht nicht der Erwartung/Vereinbarung	☐	☐	☐	☐	☐	☐	☐	☐	☐	☐	☐	☐	☐	☐
Eine verzögerte Zulieferung	☐	☐	☐	☐	☐	☐	☐	☐	☐	☐	☐	☐	☐	☐
Dauerhafter Lieferantenverlust (z.B. durch Insolvenz)	☐	☐	☐	☐	☐	☐	☐	☐	☐	☐	☐	☐	☐	☐
Bauteil ist am Markt langfristig nicht erhältlich	☐	☐	☐	☐	☐	☐	☐	☐	☐	☐	☐	☐	☐	☐
Preisanstieg eines Bauteils	☐	☐	☐	☐	☐	☐	☐	☐	☐	☐	☐	☐	☐	☐
Anstieg der Rohstoffpreise (z.B. Stahl, Beton, Kunststoffe,...)	☐	☐	☐	☐	☐	☐	☐	☐	☐	☐	☐	☐	☐	☐
Sonstige:	☐	☐	☐	☐	☐	☐	☐	☐	☐	☐	☐	☐	☐	☐

2.1.2. Nachfragerisiken

	Häufigkeit							Schadenshöhe						
	sehr gering	→					*sehr hoch*	*sehr gering*	→					*sehr hoch*
	0	***1***	***2***	***3***	***4***	***5***	***6***	***0***	***1***	***2***	***3***	***4***	***5***	***6***
Schwankung der Nachfragemenge	☐	☐	☐	☐	☐	☐	☐	☐	☐	☐	☐	☐	☐	☐
Zahlungsausfall / Insolvenz eines Kunden	☐	☐	☐	☐	☐	☐	☐	☐	☐	☐	☐	☐	☐	☐
Änderung von Spezifikationen nach Vertragsabschluss	☐	☐	☐	☐	☐	☐	☐	☐	☐	☐	☐	☐	☐	☐
Verlust von Kunden an internationale Wettbewerber	☐	☐	☐	☐	☐	☐	☐	☐	☐	☐	☐	☐	☐	☐
Verzögerter Abruf bestellter Leistungen durch den Kunden	☐	☐	☐	☐	☐	☐	☐	☐	☐	☐	☐	☐	☐	☐
Sonstige:	☐	☐	☐	☐	☐	☐	☐	☐	☐	☐	☐	☐	☐	☐

2.1.3. Steuerungsrisiken (intern)

	Häufigkeit							Schadenshöhe						
	sehr gering → *sehr hoch*							*sehr gering* → *sehr hoch*						
	0	***1***	***2***	***3***	***4***	***5***	***6***	***0***	***1***	***2***	***3***	***4***	***5***	***6***
Fehlerhafte Absatzprognose	☐	☐	☐	☐	☐	☐	☐	☐	☐	☐	☐	☐	☐	☐
Fehlerhafte Bedarfsplanung	☐	☐	☐	☐	☐	☐	☐	☐	☐	☐	☐	☐	☐	☐
Produktionsportfolio verfehlt den Marktbedarf (Menge/Art)	☐	☐	☐	☐	☐	☐	☐	☐	☐	☐	☐	☐	☐	☐
Störung/Verzögerung in der funktionsübergreifenden Kommunikation	☐	☐	☐	☐	☐	☐	☐	☐	☐	☐	☐	☐	☐	☐
Veralten (Obsoleszenz) von bereits produzierten Erzeugnissen	☐	☐	☐	☐	☐	☐	☐	☐	☐	☐	☐	☐	☐	☐
Sonstige:	☐	☐	☐	☐	☐	☐	☐	☐	☐	☐	☐	☐	☐	☐

2.1.4. Umfeldrisiken

	Häufigkeit							Schadenshöhe						
	sehr gering → *sehr hoch*							*sehr gering* → *sehr hoch*						
	0	***1***	***2***	***3***	***4***	***5***	***6***	***0***	***1***	***2***	***3***	***4***	***5***	***6***
Änderung von Förderungen (Einspeisevergütung, Subventionen,...)	☐	☐	☐	☐	☐	☐	☐	☐	☐	☐	☐	☐	☐	☐
Aufbau von Handelsschranken und Local Content-Vorschriften	☐	☐	☐	☐	☐	☐	☐	☐	☐	☐	☐	☐	☐	☐
Wechselkursschwankungen	☐	☐	☐	☐	☐	☐	☐	☐	☐	☐	☐	☐	☐	☐
Anstieg des Lohnniveaus	☐	☐	☐	☐	☐	☐	☐	☐	☐	☐	☐	☐	☐	☐
Höhere Gewalt (z.B. Naturereignisse, Unfälle, Unruhen, Streiks,...)	☐	☐	☐	☐	☐	☐	☐	☐	☐	☐	☐	☐	☐	☐
Ausfall der Finanzierung von Windenergieanlagen	☐	☐	☐	☐	☐	☐	☐	☐	☐	☐	☐	☐	☐	☐
Ausfall der langfristigen Finanzierung von betrieblichen Investitionen	☐	☐	☐	☐	☐	☐	☐	☐	☐	☐	☐	☐	☐	☐
Ausfall der kurzfristigen Zwischenfinanzierung der Produktion	☐	☐	☐	☐	☐	☐	☐	☐	☐	☐	☐	☐	☐	☐
Wissensabfluss an Wettbewerber	☐	☐	☐	☐	☐	☐	☐	☐	☐	☐	☐	☐	☐	☐
Bauteilversagen und -austausch während des Betriebs	☐	☐	☐	☐	☐	☐	☐	☐	☐	☐	☐	☐	☐	☐
Sonstige:	☐	☐	☐	☐	☐	☐	☐	☐	☐	☐	☐	☐	☐	☐

2.1.5. Prozessrisiken (intern)

	Häufigkeit							Schadenshöhe						
	sehr gering → *sehr hoch*							*sehr gering* → *sehr hoch*						
	0	**1**	**2**	**3**	**4**	**5**	**6**	**0**	**1**	**2**	**3**	**4**	**5**	**6**
Störung von Produktionsanlagen	☐	☐	☐	☐	☐	☐	☐	☐	☐	☐	☐	☐	☐	☐
Störung betrieblicher EDV-Systeme	☐	☐	☐	☐	☐	☐	☐	☐	☐	☐	☐	☐	☐	☐
Ausfall von Schlüsselpersonal	☐	☐	☐	☐	☐	☐	☐	☐	☐	☐	☐	☐	☐	☐
Fehlende Synchronisation zwischen Vertrieb und Leistungserstellung	☐	☐	☐	☐	☐	☐	☐	☐	☐	☐	☐	☐	☐	☐
Sonstige:	☐	☐	☐	☐	☐	☐	☐	☐	☐	☐	☐	☐	☐	☐

2.2. Wie bewerten Sie den Einfluss folgender Treiber auf die Supply Chain-Risiken Ihres Unternehmens?

	Einfluss						
	sehr gering → *sehr hoch*						
	0	**1**	**2**	**3**	**4**	**5**	**6**
Fehlende Reife der Supply Chains (SC)	☐	☐	☐	☐	☐	☐	☐
Geringe Reife der eigenen Organisationen	☐	☐	☐	☐	☐	☐	☐
Komplexität der Supply Chains	☐	☐	☐	☐	☐	☐	☐
Integration mit anderen Unternehmen der Supply Chain	☐	☐	☐	☐	☐	☐	☐
Abhängigkeit von anderen Unternehmen der SC	☐	☐	☐	☐	☐	☐	☐
Geringe Kooperationsbereitschaft innerhalb der SC	☐	☐	☐	☐	☐	☐	☐
Kurze Geschäftsbeziehung zwischen Hersteller und Zulieferer	☐	☐	☐	☐	☐	☐	☐
Starke Verhandlungsposition einiger Zulieferer	☐	☐	☐	☐	☐	☐	☐
Starke Verflechtung von Herstellern und Systemlieferanten	☐	☐	☐	☐	☐	☐	☐
Geringe Verfügbarkeit von Equipment für Transport und Errichtung	☐	☐	☐	☐	☐	☐	☐
Beschränkte Kapazitäten bei etablierten Lieferanten	☐	☐	☐	☐	☐	☐	☐
Geringe Anzahl von Lieferanten in der Branche verfügbar	☐	☐	☐	☐	☐	☐	☐
Single Sourcing	☐	☐	☐	☐	☐	☐	☐
Global Sourcing (Internationale Beschaffung)	☐	☐	☐	☐	☐	☐	☐
Weltweiter Wettbewerb	☐	☐	☐	☐	☐	☐	☐
Global verteilte Produktion	☐	☐	☐	☐	☐	☐	☐
Anhaltend schnelles Wachstum der Branche	☐	☐	☐	☐	☐	☐	☐
Local Content-Anforderungen	☐	☐	☐	☐	☐	☐	☐
Inkompatible Informationssysteme	☐	☐	☐	☐	☐	☐	☐
Keine stabilen Prozesse	☐	☐	☐	☐	☐	☐	☐
Kontinuierlicher technologischer Fortschritt	☐	☐	☐	☐	☐	☐	☐
Abhängigkeit von Personen mit besonderen Qualifikation	☐	☐	☐	☐	☐	☐	☐
Sonstige:	☐	☐	☐	☐	☐	☐	☐

3. Supply Chain Risikomanagement

In diesem Abschnitt steht die Eignung und Anwendung von Instrumenten des Supply Chain Risikomanagements (SCRM) im Vordergrund. Unter Supply Chain Risikomanagement verstehen wir den Baustein innerhalb des unternehmensübergreifenden Supply Chain Managements, der alle Strategien und Maßnahmen, alles Wissen, alle Institutionen, alle Prozesse sowie alle Technologien umfasst, die auf technischer, personeller und organisatorischer Ebene dazu geeignet sind, das Risiko innerhalb einer Supply Chain zu verkleinern.

Wir werden die Instrumente und Maßnahmen des Supply Chain Risikomanagements in Folgende zwei Kategorien unterteilen:

1. Risikoanalyse (umfasst alle Instrumente der Identifikation, Bewertung und Kontrolle)
2. Risikosteuerung (umfasst alle Maßnahmen)

3.1. Verfügt Ihr Unternehmen über ein unternehmensübergreifendes Supply Chain Risikomanagement?

☐	*Ja, Unternehmen koordiniert unternehmensübergreifendes SCRM*	☐	*Ja, aber ein anderes Unternehmen koordiniert unternehmensübergreifendes SCRM*
☐	*Nein, aber Einführung als koordinierendes Unternehmen geplant*	☐	*Nein, aber Einführung als nicht koordinierendes Unternehmen geplant*
☐	*Nein, auch keine Einführung geplant*	☐	*Sonstige:*

3.1.1. Falls Ihr Unternehmen über ein unternehmensübergreifendes Supply Chain Risikomanagement verfügt, wie ist dieses in Ihrer Organisation eingebettet?

☐	*Eigene Stabsfunktion*	☐	*In einer Linienfunktion (z.B. Produktion) integriert*
☐	*In einer Stabsstelle (z.B. Controlling) integriert*	☐	*Sonstige:*

3.2. Welche Stufen der Lieferkette, sowohl beschaffungs- als auch absatzseitig, betrachten Sie in Ihrem Supply Chain Risikomanagement?

Wertschöpfungstiefe	Risikoanalyse			Risikosteuerung		
	Keine Unternehmen	*Wenige wichtige Unternehmen*	*Alle Unternehmen*	*Keine Unternehmen*	*Wenige wichtige Unternehmen*	*Alle Unternehmen*
Weitere Ebenen (Tier N)	☐	☐	☐	☐	☐	☐
Partner von Partner (Tier 2)	☐	☐	☐	☐	☐	☐
Direkte Partner (Tier 1)	☐	☐	☐	☐	☐	☐
Eigenes Unternehmen	--------	--------	--------	--------	--------	--------
Logistikdienstleister	☐	☐	☐	☐	☐	☐
Kunden	☐	☐	☐	☐	☐	☐

Umfang der Integration auf den Stufen

3.3. Wie schätzen Sie die grundsätzliche Eignung der folgenden Instrumente und Maßnahmen des Supply Chain Risikomanagements ein? Beurteilen Sie bitte auch die Anwendungshäufigkeit dieser Instrumente und Maßnahmen in Ihrem Unternehmen.

3.3.1. Risikoanalyse

	Eignung							Anwendung						
	sehr gering → *sehr hoch*							*kaum* → *intensiv*						
	0	***1***	***2***	***3***	***4***	***5***	***6***	***0***	***1***	***2***	***3***	***4***	***5***	***6***
Finanzaudit	☐	☐	☐	☐	☐	☐	☐	☐	☐	☐	☐	☐	☐	☐
Prozessaudit	☐	☐	☐	☐	☐	☐	☐	☐	☐	☐	☐	☐	☐	☐
Qualitätsaudit	☐	☐	☐	☐	☐	☐	☐	☐	☐	☐	☐	☐	☐	☐
Kundenbewertung (Bonität, Auftragserwartung, Vertragsdauer,…)	☐	☐	☐	☐	☐	☐	☐	☐	☐	☐	☐	☐	☐	☐
Marktanalysen (Preisentwicklung, Komponentenverfügbarkeit, Nachfrageentwicklung,…)	☐	☐	☐	☐	☐	☐	☐	☐	☐	☐	☐	☐	☐	☐
Aufbau von Frühwarnsystemen in der Supply Chain	☐	☐	☐	☐	☐	☐	☐	☐	☐	☐	☐	☐	☐	☐
Einsatz von Risiko-Checklisten	☐	☐	☐	☐	☐	☐	☐	☐	☐	☐	☐	☐	☐	☐
Kreativ-intuitive Techniken (Brainstorming, Delphi-Methode, Mind-Mapping,…)	☐	☐	☐	☐	☐	☐	☐	☐	☐	☐	☐	☐	☐	☐
Supply Chain Mapping	☐	☐	☐	☐	☐	☐	☐	☐	☐	☐	☐	☐	☐	☐
Risikoportfolioanalyse	☐	☐	☐	☐	☐	☐	☐	☐	☐	☐	☐	☐	☐	☐
Sensitivitätsanalysen (Abschätzung des Risikos durch Variation von Risikogrößen)	☐	☐	☐	☐	☐	☐	☐	☐	☐	☐	☐	☐	☐	☐
Simulations- und Szenarioanalyse	☐	☐	☐	☐	☐	☐	☐	☐	☐	☐	☐	☐	☐	☐
Fehlermöglichkeits- und Einflussanalyse (FMEA)	☐	☐	☐	☐	☐	☐	☐	☐	☐	☐	☐	☐	☐	☐
Lieferantenbewertung	☐	☐	☐	☐	☐	☐	☐	☐	☐	☐	☐	☐	☐	☐
Sonstige:	☐	☐	☐	☐	☐	☐	☐	☐	☐	☐	☐	☐	☐	☐

3.3.2. Risikosteuerung

	Eignung							Anwendung						
	sehr gering → *sehr hoch*							*kaum* → *intensiv*						
	0	**1**	**2**	**3**	**4**	**5**	**6**	**0**	**1**	**2**	**3**	**4**	**5**	**6**
Collaborative Planning (gemeinsame Planung von Herstellern und Zulieferern)	☐	☐	☐	☐	☐	☐	☐	☐	☐	☐	☐	☐	☐	☐
Kontinuitätsplanung (Notfallpläne für die Aufrechterhaltung des Betriebs im Schadensfall)	☐	☐	☐	☐	☐	☐	☐	☐	☐	☐	☐	☐	☐	☐
Aufbau langfristig orientierter Zulieferer-Abnehmer-Beziehungen	☐	☐	☐	☐	☐	☐	☐	☐	☐	☐	☐	☐	☐	☐
Lokale/regionale Beschaffung	☐	☐	☐	☐	☐	☐	☐	☐	☐	☐	☐	☐	☐	☐
Multiple Sourcing	☐	☐	☐	☐	☐	☐	☐	☐	☐	☐	☐	☐	☐	☐
Auswahl zertifizierter Zulieferer (z.B. DIN ISO 9001 ff.)	☐	☐	☐	☐	☐	☐	☐	☐	☐	☐	☐	☐	☐	☐
Lieferantenentwicklung	☐	☐	☐	☐	☐	☐	☐	☐	☐	☐	☐	☐	☐	☐
Versicherung gegen das Eintreten einzelner Risiken	☐	☐	☐	☐	☐	☐	☐	☐	☐	☐	☐	☐	☐	☐
Vertragliche Regelungen (Rahmenverträge,...)	☐	☐	☐	☐	☐	☐	☐	☐	☐	☐	☐	☐	☐	☐
Schulungen des Personals zum Risikomanagement	☐	☐	☐	☐	☐	☐	☐	☐	☐	☐	☐	☐	☐	☐
Verbesserung der internen und externen Kommunikationsstruktur	☐	☐	☐	☐	☐	☐	☐	☐	☐	☐	☐	☐	☐	☐
Einsatz von Krisenmanagementteams	☐	☐	☐	☐	☐	☐	☐	☐	☐	☐	☐	☐	☐	☐
Räumliche Annäherung von Hersteller und Lieferanten	☐	☐	☐	☐	☐	☐	☐	☐	☐	☐	☐	☐	☐	☐
Puffer (Zeit, Bestände, Kapazität,...) im eigenen Unternehmen	☐	☐	☐	☐	☐	☐	☐	☐	☐	☐	☐	☐	☐	☐
Puffer (Zeit, Bestände, Kapazität,...) in der Supply Chain	☐	☐	☐	☐	☐	☐	☐	☐	☐	☐	☐	☐	☐	☐
Insourcing von kritischen Prozessen	☐	☐	☐	☐	☐	☐	☐	☐	☐	☐	☐	☐	☐	☐
Flexibilität der Produkte hinsichtlich Spezifikationen und Komponenten	☐	☐	☐	☐	☐	☐	☐	☐	☐	☐	☐	☐	☐	☐
Verwendung von Standardbauteilen	☐	☐	☐	☐	☐	☐	☐	☐	☐	☐	☐	☐	☐	☐
Standardisierung von unternehmensübergreifenden Prozessen	☐	☐	☐	☐	☐	☐	☐	☐	☐	☐	☐	☐	☐	☐
Aufschubstrategie (möglichst späte Produktindividualisierung)	☐	☐	☐	☐	☐	☐	☐	☐	☐	☐	☐	☐	☐	☐
Sonstige:	☐	☐	☐	☐	☐	☐	☐	☐	☐	☐	☐	☐	☐	☐

3.4. Welche Bedeutung haben die folgenden Hindernisse für Ihr Unternehmen bezüglich der Umsetzung eines Supply Chain Risikomanagements?

	Bedeutung						
	sehr gering → *sehr hoch*						
	0	**1**	**2**	**3**	**4**	**5**	**6**
Keine freien Managementkapazitäten	☐	☐	☐	☐	☐	☐	☐
Fehlende Top-Management Unterstützung	☐	☐	☐	☐	☐	☐	☐
Unklare organisatorische Einbettung	☐	☐	☐	☐	☐	☐	☐
Ungenügende Berücksichtigung in Zielvereinbarung der Mitarbeiter	☐	☐	☐	☐	☐	☐	☐
Wissen über SCRM ist nicht ausreichend	☐	☐	☐	☐	☐	☐	☐
Keine geeigneten Werkzeuge vorhanden	☐	☐	☐	☐	☐	☐	☐
Mangelhafte IT-Unterstützung	☐	☐	☐	☐	☐	☐	☐
Ungenügende finanzielle Mittel	☐	☐	☐	☐	☐	☐	☐
Unklare Koordination innerhalb der Supply Chain	☐	☐	☐	☐	☐	☐	☐
Mangelndes Vertrauen zu Supply Chain-Partnern	☐	☐	☐	☐	☐	☐	☐
Eingeschränkter Informationsaustausch mit Supply Chain-Partnern	☐	☐	☐	☐	☐	☐	☐
Mangelnde Transparenz in der Supply Chain	☐	☐	☐	☐	☐	☐	☐
Keine stabilen Beziehungen mit Supply Chain-Partnern	☐	☐	☐	☐	☐	☐	☐
Keine Notwendigkeit von SCRM	☐	☐	☐	☐	☐	☐	☐
Sonstige:	☐	☐	☐	☐	☐	☐	☐

4. Managementtrends

4.1. Welche Bedeutung besitzen die folgenden Managementtrends voraussichtlich in den kommenden Jahren für Ihr Unternehmen?

	Bedeutung *sehr gering → sehr hoch*						
	0	***1***	***2***	***3***	***4***	***5***	***6***
Lean Management (Managementansatz mit Fokus auf die Vermeidung von Verschwendung)	☐	☐	☐	☐	☐	☐	☐
Total Quality Management (umfassendes Qualitätsmanagement als zentrale Managementaufgabe)	☐	☐	☐	☐	☐	☐	☐
Corporate Social Responsibilitiy/Nachhaltigkeitsmanagement (unternehmerische Verantwortung für eine nachhaltige Entwicklung)	☐	☐	☐	☐	☐	☐	☐
Komplexitätsmanagement (Managementmethode mit besonderer Berücksichtigung unsicherer Ereignisse)	☐	☐	☐	☐	☐	☐	☐
Customer Relationship Management (konsequente Ausrichtung des Unternehmens auf seine Kundenbeziehungen)	☐	☐	☐	☐	☐	☐	☐
Compliance Management/Corporate Governance (Erfüllung aller internen und externen Verpflichtungen sowie verantwortungsvolle Unternehmensführung)	☐	☐	☐	☐	☐	☐	☐
Social Media Management (Nutzung von digitalen Medien und Technologien für den Informationsaustausch und gegenseitige Kommunikation)	☐	☐	☐	☐	☐	☐	☐
Change Management (bereichsübergreifende und weitreichende Veränderung zur Umsetzung neuer Strategien, Prozesse,…)	☐	☐	☐	☐	☐	☐	☐
Supply Chain Risikomanagement (Identifizierung, Bewertung, Steuerung und Kontrolle von Risiken)	☐	☐	☐	☐	☐	☐	☐
Wissensmanagement (Erwerb, Entwicklung, Transfer, Speicherung und Nutzung von Wissen)	☐	☐	☐	☐	☐	☐	☐
Innovationsmanagement (Planung, Steuerung und Kontrolle von Innovationen)	☐	☐	☐	☐	☐	☐	☐
Sonstige:	☐	☐	☐	☐	☐	☐	☐

Wenn Sie Interesse an den Ergebnissen dieser Befragung oder der Studie aus dem Jahr 2010 haben, bzw. für ein Experteninterview zur Verfügung stehen, hinterlassen Sie uns bitte an dieser Stelle Ihre Kontaktdaten:

- ☐ *Bitte senden Sie mir die Ergebnisse der aktuellen Umfrage zu.*
- ☐ *Bitte senden Sie mir die Studienergebnisse aus dem Jahr 2010 zu.*
- ☐ *Für ein vertiefendes Expertengespräch stehe ich zur Verfügung.*

Unternehmen:
Kontaktperson:
Anschrift:

E-Mail:
Telefon:
Fax:

Wir sichern Ihnen zu, dass Ihre Kontaktdaten nur der Zusendung der Ergebnisse dienen.

Wir bedanken uns herzlich für die Beantwortung unserer Fragen!

II: Leitfaden Experteninterviews

Zugrunde liegende Forschungsfrage: Wie wird Supply Chain Risikomanagement (SCRM) in Unternehmen aus rechtlicher Sicht umgesetzt und implementiert?

„Unter Supply Chain Risk Management verstehen wir den Baustein innerhalb des unternehmensübergreifenden Supply Chain Managements, der alle Strategien und Maßnahmen, alles Wissen, alle Institutionen, alle Prozesse sowie alle Technologien umfasst, die auf technischer, personeller und organisatorischer Ebene dazu geeignet sind, das Risiko innerhalb einer Supply Chain zu verkleinern." (Kersten et al. 2007, S. 1171)

1. Gibt es eine rechtliche Grundlage auf der die Einführung von SCRM basiert?
    a. Wenn ja, welche?
    b. Wenn nein, lässt sich aus Gesetzen zum allg. bzw. finanziellen Risikomanagement Handlungsempfehlungen für die SCRM-Einführung ableiten?
2. Lassen sich aus Gesetzen bzw. aus herrschender wirtschaftlicher Praxis für folgende Aspekte Empfehlungen geben?
    a. Welche Risiken muss ein SCRM umfassen (finanzielle/operative)?
    b. Welche Informationen dürfen mit Supply Chain-Partnern ausgetauscht werden? Gibt es Unterschiede in den Supply Chain-Stufen?
3. Wie sollte SCRM organisatorisch eingebettet werden?
    a. Ist eine SCRM-Strategie erforderlich? Wie kann die Risikoeinstellung bewertet werden?
    b. Ist es relevant wie SCRM gesteuert wird (*eigene Stabsfunktion, Linienfunktion (z.B. Produktion), Stabsstelle (z.B. Controlling))*? Welche Organe müssen involviert sein?
    c. Wer ist am SCRM beteiligt? Gibt es eine Gratifikation (z.B. Einkäufer oder Supply Chain-Partner)?
    d. Wie muss berichtet werden?
    e. Welche Systeme sollen eingesetzt werden?
4. Weitere Aspekte
    a. Möchten Sie Punkte, die wir in unserem bisherigen Gespräch nicht abgedeckt haben, ergänzen?
    b. Haben Sie weitere Wünsche oder Anregungen, die das Vorhaben/Projekt betreffen?

<u>Vielen Dank für dieses Gespräch!</u>

III: Gesprächsleitfaden Fallstudien

1. Verfügt Ihr Unternehmen über ein unternehmensübergreifendes Supply Chain Risikomanagement (SCRM)?
    a. Welche Aspekte umfasst Ihr SCRM?
    b. Wann wurde dieses eingeführt/Seit wann befindet sich Ihr Unternehmen im Einführungsprozess und wie sieht die weitere Planung aus/Bestehen konkrete Pläne zur Einführung?
    c. Wie lange hat der Einführungsprozess gedauert?
    d. Mit welchem Aufwand war der Einführungsprozess verbunden (Mann-Monate)?
    e. Nimmt ein Unternehmen in der Supply Chain (SC) dabei eine Koordinationsrolle ein?
    f. Welche Meilensteine waren/sind zur Einführung erforderlich?
    g. Wer war/ist an der Einführung beteiligt/verantwortlich?
    h. Was war/ist das Ziel? Was das Ergebnis der Einführung? Wie können die Abweichungen erklärt werden (Erfolgsfaktoren und Hindernisse)?

2. Wie ist/wird Ihr unternehmensübergreifendes SCRM in Ihrer Organisation eingebettet?
    a. Verfügt Ihr Unternehmen über eine SCRM-Strategie?
    b. Wenn möglich: Erläuterung durch Organigramm.
    c. Wer ist/wird am SCRM beteiligt? Gibt es eine Gratifikation?
    d. Wie wird berichtet?
    e. Welche Systeme werden eingesetzt?

3. Welche Stufen der Lieferkette, sowohl beschaffungs- als auch absatzseitig, betrachten Sie in Ihrem SCRM?
    a. Existiert ein Unterschied zwischen Risikoanalyse und -steuerung?
    b. Welche Informationen tauschen Sie aus?

4. Wie gehen Sie in Ihrer SCRM-Organisation mit folgenden Risikotreibern um?
    a. SC-Netzwerk (z.B. Komplexität der SC)
    b. Technologie (z.B. inkompatible Informationssysteme)
    c. Personal (z.B. Abhängigkeit von Personen mit besonderen Qualifikation)
    d. Organisation (z.B. keine stabilen Prozesse)
    e. Sonstiges (z.B. weltweiter Wettbewerb)

5. Weitere Aspekte
    a. Möchten Sie Punkte, die wir in unserem bisherigen Gespräch nicht abgedeckt haben, ergänzen bzw. haben Sie weitere Anregungen, die das Projekt betreffen?

<u>Vielen Dank für dieses Gespräch!</u>

IV: Berücksichtigte Methoden mit SCRM-Prozessphasenzuordnung

Methodenname	SCRM-Prozessphase			
	Identifikation	Analyse	Steuerung	Kontrolle
5-'whys'	Jüttner 2005, S. 128	Jüttner 2005, S. 128		
Abweichungsanalyse	Burger & Buchhart 2002, S. 52; Weber et al. 2001, S. 62			
Analytical-Hierarchy-Process (AHP)		Buscher et al. 2007, S. 355; Gaudenzi & Borghesi 2006, S. 120; Zirkler et al. 2008, S. 15		
Audit	Bergener 2006, S. 269; Böger 2010, S. 119; Fiege 2006, S. 110; Schubert 2004, S. 164	Böger 2010, S. 119		Wloka 2012, S. 28f.
Balanced-Scorecard				Burger & Buchhart 2002, S. 209; Fiege 2006, S. 197
Bayessche-Netzwerke		Buscher et al. 2007, S. 355; Lockamy & McCormack 2010, S. 598; Pai et al. 2003, S. 4561		
Befragung-der-beteiligten-Projektgruppe	Bergener 2006, S. 267; Burger & Buchhart 2002, S. 69; Schubert 2004, S. 164		Ziegenbein 2007, S. 60	
Benchmarking	Burger & Buchhart 2002, S. 203	Burger & Buchhart 2002, S. 203	Matook et al. 2009, S. 249	Burger & Buchhart 2002, S. 203
Besichtigungsanalyse	Bergener 2006, S. 263; Burger & Buchhart 2002, S. 68; Fiege 2006, S. 110; Schubert 2004, S. 164			
Bewertungsskalen		Bergener 2006, S. 290; Böger 2010, S. 119; Burger & Buchhart 2002, S. 103; Fiege 2006, S. 182f.		
Bilanzanalyse	Fiege 2006, S. 148			
Brainstorming	Bergener 2006, S. 264; Böger 2010, S. 119; Burger & Buchhart 2002, S. 68; Schorcht 2004, S. 115; Schubert 2004, S. 164; Ziegenbein 2007, S. 51		Schorcht 2004, S. 187; Ziegenbein 2007, S. 60	
Capital-Asset-Pricing-Model		Romeike 2004b, S. 185		

Methodenname	SCRM-Prozessphase			
	Identifikation	Analyse	Steuerung	Kontrolle
Cash-Flow-At-Risk		Burger & Buchhart 2002, S. 103; Fiege 2006, S. 167		
Change-Based-Risk-Management		Brühwiler 2003, S. 178		
Checklisten	Bergener 2006, S. 265; Böger 2010, S. 119; Burger & Buchhart 2002, S. 68; Fiege 2006, S. 110; Schorcht 2004, S. 115; Schubert 2004, S. 164; Ziegenbein 2007, S. 51		Schorcht 2004, S. 187; Ziegenbein 2007, S. 60	
Credible-Worst-Case-Analyse		Brühwiler 2003, S. 164		
Critical-Incidents-Reporting-System		Brühwiler 2003, S. 173		
Decomposition	Narasimhan & Talluri 2009, S. 115			
Delphi-Methode	Fiege 2006, S. 110; Schubert 2004, S. 164; Ziegenbein 2007, S. 51	Buscher et al. 2007, S. 355; Brühwiler 2003, S. 161; Schorcht 2004, S. 157	Ziegenbein 2007, S. 60	
Diskontinuitäten-Matrix	Fiege 2006, S. 110			
Dokumentations-analyse	Bergener 2006, S. 265; Böger 2010, S. 119; Burger & Buchhart 2002, S. 68; Schubert 2004, S. 164			
Drei-Werte-Verfahren		Bergener 2006, S. 299; Romeike 2004b, S. 185; Wildemann 2006, S. 112		
Entscheidungs-baumverfahren		Wildemann 2006, S. 112	Schorcht 2004, S. 217	
Erfolgsfaktoren-analyse	Weber et al. 2001, S. 56			
Event-Tree-Analysis	Burger & Buchhart 2002, S. 89; White 1995, S. 36	Schorcht 2004, S. 157; Schubert 2004, S. 232; White 1995, S. 40; Ziegenbein 2007, S. 54		
Expertenschätzung		Böger 2010, S. 119; Romeike 2004b, S. 185; Ziegenbein 2007, S. 54		
Extremwerttheorie		Gleißner 2011, S. 135; Trippner 2006, S. 14		
Fault-Tree-Analysis	Bergener 2006, S. 271; Böger 2010, S. 119; Burger & Buchhart 2002, S. 90; White 1995, S. 36	Böger 2010, S. 119; Brühwiler 2003, S. 167; Schorcht 2004, S. 157; Schubert 2004, S. 232; White 1995, S. 40; Ziegenbein 2007, S. 54		

Methodenname	SCRM-Prozessphase			
	Identifikation	Analyse	Steuerung	Kontrolle
FMEA	Bergener 2006, S. 274; Böger 2010, S. 119; Ruta 1999, S. 71	Böger 2010, S. 119; Brühwiler 2003, S. 182; White 1995, S. 40; Ziegenbein 2007, S. 54	Sinha et al. 2004, S. 160	
Frühaufklärungs-systeme	Burger & Buchhart 2002, S. 73			
Frühwarnsystem	Bergener 2006, S. 272; Böger 2010, S. 119; Burger & Buchhart 2002, S. 68; Schubert 2004, S. 164			
Fuzzy-Logic		Buscher et al. 2007, S. 355; Pai et al. 2003, S. 4562		
Gap-Analyse	Fiege 2006, S. 110; Wildemann 2006, S. 108			
Hazard Analysis of Critical Control Points		Hertlein et al. 2007, S. 81	Hertlein et al. 2007, S. 81	
HAZOP	Böger 2010, S. 119	Böger 2010, S. 119; Brühwiler 2003, S. 188; White 1995, S. 40		
Input-Output-Analyse	Fiege 2006, S. 110			
Interdependenz-Analyse		Wildemann 2006, S. 112		
Interview	Bergener 2006, S. 267; Böger 2010, S. 119; Ziegenbein 2007, S. 51	Böger 2010, S. 119; Romeike 2004b, S. 185	Ziegenbein 2007, S. 60	
Konkurrenzanalyse	Fiege 2006, S. 110; Schubert 2004, S. 216			
Korrekturverfahren		Bergener 2006, S. 281; Wildemann 2006, S. 112		
Korrelationsanalyse	Burger & Buchhart 2002, S. 80			
Kosten-Nutzen-Analyse			Schorcht 2004, S. 217; Ziegenbein 2007, S. 60	
Lieferantenbewertung		Böger 2010, S. 119		
Methode-635	Bergener 2006, S. 264; Schorcht 2004, S. 115		Ziegenbein 2007, S. 60	
Mind-Mapping	Bergener 2006, S. 264		Bergener 2006, S. 264; Hermann 1996, S. 346	
Mitarbeiterschulungen	Fiege 2006, S. 110			

Methodenname	SCRM-Prozessphase			
	Identifikation	Analyse	Steuerung	Kontrolle
Morphologischer-Kasten	Bergener 2006, S. 264; Schorcht 2004, S. 115		Fiege 2006, S. 122; Ziegenbein 2007, S. 60	
Multivariate-Diskriminanzanalysen	Fiege 2006, S. 127			
Near-Miss-Analyse	Berg et al. 2008, S. 300			
Netzplantechnik	Böger 2010, S. 119; Fiege 2006, S. 110; Schubert 2004, S. 164; Ziegenbein 2007, S. 52	Böger 2010, S. 119; Romeike 2004b, S. 185; Schorcht 2004, S. 135; Schubert 2004, S. 232		
Nutzwertanalyse		Romeike 2004b, S. 185; Schorcht 2004, S. 157	Schorcht 2004, S. 217; Ziegenbein 2007, S. 60	
Organisationsanalyse	Burger & Buchhart 2002, S. 69; Fiege 2006, S. 110			
Pareto-Diagramm		Gleißner 2011, S. 135; Hertlein et al. 2007, S. 128		
PESTEL-Analyse	Orros & Smith 2012, S. 269			
Portfolioanalyse	Schubert 2004, S. 164	Fiege 2006, S. 179; Schorcht 2004, S. 157; Wildemann 2006, S. 112		
Post-Mortem-Analyse	Schieg 2007, S. 145			
Potentialanalyse	Fiege 2006, S. 110			
Probabilistic-Event-Analyse		Schorcht 2004, S. 157; Wildemann 2006, S. 112		
Problemlösungsbaum	Schorcht 2004, S. 115			
Produktlebenszyklusanalyse	Fiege 2006, S. 110; Schubert 2004, S. 164			
Prognoseverfahren	Schubert 2004, S. 197			
Program-Evaluation-and-Review-Technique		Schorcht 2004, S. 157; Wildemann 2006, S. 112		
Projektverflechtungsgraph		Wildemann 2006, S. 112		
Prozesskettenanalyse	Böger 2010, S. 119			
Realoption		Wildemann 2006, S. 112		
Relevanzbaum	Fiege 2006, S. 110			
Risiko-Indikatoren-Methode	Böger 2010, S. 119	Böger 2010, S. 119; Romeike 2004b, S. 185		Drabänder 2004, S. 350

Methodenname	SCRM-Prozessphase			
	Identifikation	Analyse	Steuerung	Kontrolle
Risikoinventar	Bergener 2006, S. 269; Burger & Buchhart 2002, S. 52			
Risikolandschaft	Bergener 2006, S. 277; Burger & Buchhart 2002, S. 93	Schubert 2004, S. 232		
Risikoprofile		Bergener 2006, S. 300; Böger 2010, S. 119		
Risikorangliste		Wildemann 2006, S. 112		
Schadenskataloge	Schubert 2004, S. 167			
Sensitivitäts-analyse	Fiege 2006, S. 66/S. 110	Bergener 2006, S. 288; Böger 2010, S. 119; Burger & Buchhart 2002, S. 68; Fiege 2006, S. 167; Romeike 2004b, S. 185; Schorcht 2004, S. 135; Schubert 2004, S. 232; White 1995, S. 40		
Simulations-modelle	Fiege 2006, S. 110	Bergener 2006, S. 295; Brühwiler 2003, S. 196; Romeike 2004b, S. 185; Schorcht 2004, S. 157; White 1995, S. 40; Ziegenbein 2007, S. 54		
Six-Sigma	Jüttner 2005, S. 128; Kleindorfer & Saad 2005, S. 57			
Stärken-Schwächen-Analyse	Schubert 2004, S. 216			
Statistische-Prozesslenkung	Schubert 2004, S. 164; Ziegenbein 2007, S. 53			
Statistische-Risikomaße		Böger 2010, S. 119; Ziegenbein 2007, S. 54		
Stochastische-Risikoanalyse		Bergener 2006, S. 283; Burger & Buchhart 2002, S. 128		
SWOT-Analyse	Fiege 2006, S. 110; Schubert 2004, S. 164; Wildemann 2006, S. 108			
Synektik	Romeike 2004a, S. 174			
Szenariotechnik	Bergener 2006, S. 275; Böger 2010, S. 119; Burger & Buchhart 2002, S. 68; Fiege 2006, S. 110	Bergener 2006, S. 287; Böger 2010, S. 119; Brühwiler 2003, S. 161; Burger & Buchhart 2002, S. 68; Fiege 2006, S. 167; Romeike 2004b, S. 185; Schorcht 2004, S. 157; Schubert 2004, S. 232		

Methodenname	SCRM-Prozessphase			
	Identifikation	Analyse	Steuerung	Kontrolle
Technologie-analyse	Wildemann 2006, S. 108			
Umweltanalyse	Burger & Buchhart 2002, S. 84			
Ursachen-Wirkungs-Diagramm	Böger 2010, S. 119; Ziegenbein 2007, S. 52	Böger 2010, S. 119; Brühwiler 2003, S. 162; Schubert 2004, S. 221		
Value-at-Risk		Bergener 2006, S. 296; Brühwiler 2003, S. 195; Romeike 2004b, S. 185; Schubert 2004, S. 232		
Value-Stream-Maps	Böger 2010, S. 119; Schubert 2004, S. 164	Böger 2010, S. 119		
Workshop	Bergener 2006, S. 268; Böger 2010, S. 119	Böger 2010, S. 119	Schorcht 2004, S. 187	Schorcht 2004, S. 223
Zeitreihenanalyse	Burger & Buchhart 2002, S. 80			

V: Bewertete Methodenzuordnung

Situative Faktoren	Ausprägungen	5-"whys"	Abweichungsanalyse	Analytical-Hierarchy-Process(AHP)	Audit	Balanced-Scorecard	Bayessche-Netzwerke	Befragung-der-beteiligten-Projektgruppen	Benchmarking	Besichtigungsanalyse	Bewertungsskalen	Bilanzanalyse	Brainstorming	Capital-Asset-Pricing-Model	Cash-Flow-At-Risk	Change-Based-Risk-Management	Checklisten	Credible-Worst-Case-Analyse	Critical-Incidents-Reporting-System	Decomposition	Delphi-Methode	Diskontinuitäten-Matrix	Dokumentationsanalyse
Unterneh-mensgröße	Klein	1	1	X	X	0	X	1	X	1	1	X	1	0	0	0	1	1	0	X	X	X	0
	Mittel	1	1	1	1	1	0	1	1	1	1	1	1	1	0	1	1	1	1	0	0	0	0
	Groß	0	1	1	1	1	1	0	1	1	1	1	0	1	1	1	0	0	1	1	1	1	1
Unterneh-mensform	Börsen-notiert	1	1	1	1	1	1	1	1	1	1	1	0	1	1	0	0	0	1	1	1	1	0
	Nicht-börsen-notiert	1	1	1	1	1	1	1	1	1	1	1	1	0	1	1	1	1	1	1	1	1	1
Fertigungs-tiefe	Niedrig	0	1	1	1	1	1	1	1	1	1	1	1	1	1	1	1	1	0	1	1	0	1
	Hoch	1	1	1	1	1	1	1	1	1	1	1	1	1	1	1	1	1	1	1	1	1	1
Fertigungs-typ	Lager-produkti-on	1	1	1	1	1	1	1	1	1	1	1	1	1	1	1	1	1	1	1	1	1	1
	Auftrags-produkti-on	1	1	1	1	1	1	1	1	1	1	1	1	1	1	0	1	1	1	1	1	0	1
	Pro-gramm-fertigung	1	1	1	1	1	1	1	1	1	1	1	1	1	1	1	1	1	1	1	1	1	1
Supply Chain-Komplexi-tät	Niedrig	1	1	1	1	1	0	1	1	1	1	1	1	1	0	1	1	1	1	1	1	1	1
	Hoch	X	1	X	1	0	1	0	X	0	1	1	0	0	1	1	0	0	0	1	0	0	0
Zulieferer-anzahl	Niedrig	1	1	1	1	1	1	1	1	1	1	1	1	1	1	1	1	1	1	1	1	1	1
	Hoch	1	1	1	1	0	1	0	0	0	1	1	1	1	1	1	0	1	1	1	0	0	0
Schnittstel-len	Wenig-ausge-prägt	1	0	0	X	1	X	1	X	1	1	1	1	1	0	0	1	1	0	0	1	0	0
	Automati-siert	1	1	1	1	1	1	1	1	1	1	1	1	1	1	1	1	1	1	1	1	1	1
Internatio-nalität	National	1	1	1	1	1	1	1	1	1	1	1	1	1	1	1	1	1	1	1	1	1	1
	Global	1	1	1	1	1	1	0	0	0	1	1	1	0	1	1	0	1	0	1	1	1	0
Rahmen-bedingun-gen	Stabil	1	1	1	1	1	1	1	1	1	1	1	1	1	1	1	1	1	1	1	1	1	1
	Volatil	1	1	1	1	0	1	1	0	1	1	0	1	1	0	0	0	1	1	1	0	0	0
Standards	Einge-führt	1	1	1	1	1	1	1	1	1	1	1	1	1	1	1	1	1	1	1	1	1	1
	Nicht-eingeführt	1	0	1	X	0	0	1	1	1	1	1	1	0	0	0	0	1	0	1	1	1	0

Legende: X – nicht empfehlenswert, 0 – möglich, 1 – empfehlenswert

Situative Faktoren	Ausprägungen	Drei-Werte-Verfahren	Entscheidungsbaumverfahren	Erfolgsfaktorenanalyse	Event-Tree-Analysis	Expertenschätzung	Extremwerttheorie	Fault-Tree-Analysis	FMEA	Frühaufklärungssysteme	Frühwarnsystem	Fuzzy-Logic	Gap-Analyse	Hazard Analysis of Critical Control Points	HAZOP	Input-Output-Analyse	Interdependenz-Analyse	Interview	Konkurrenzanalyse	Korrekturverfahren	Korrelationsanalyse	Kosten-Nutzen-Analyse
Unternehmensgröße	Klein	X	0	X	0	1	0	0	X	0	0	1	0	X	X	0	0	1	0	1	X	1
	Mittel	0	1	0	1	1	1	1	0	1	1	1	1	1	0	1	1	1	0	1	1	1
	Groß	1	1	1	1	1	1	1	1	1	1	1	1	1	1	1	1	0	1	0	1	1
Unternehmensform	Börsennotiert	0	1	0	0	0	1	0	1	1	1	1	1	1	1	1	1	1	1	1	1	1
	Nicht-börsennotiert	1	1	1	1	1	1	1	1	1	1	1	1	1	1	1	1	1	1	1	1	1
Fertigungstiefe	Niedrig	1	1	1	1	1	0	1	1	1	1	1	1	1	0	1	1	1	1	0	1	1
	Hoch	1	1	1	1	1	1	1	1	1	1	1	1	1	1	1	1	1	1	1	1	1
Fertigungstyp	Lagerproduktion	1	1	1	1	1	1	1	1	1	1	1	1	1	1	1	1	1	1	1	1	1
	Auftragsproduktion	1	1	1	1	1	1	1	1	1	1	1	1	1	1	1	1	1	1	1	1	1
	Programmfertigung	1	1	1	1	1	1	1	1	1	1	1	1	1	1	1	1	1	1	1	1	1
Supply Chain-Komplexität	Niedrig	1	1	1	1	1	1	1	1	1	1	1	1	1	1	1	1	1	1	1	1	1
	Hoch	0	X	0	0	1	0	0	0	1	1	1	0	1	0	1	0	1	0	1	1	1
Zuliefereranzahl	Niedrig	1	1	1	1	1	1	1	1	1	1	1	1	1	1	1	1	1	1	1	1	1
	Hoch	0	0	1	0	1	1	0	1	1	1	1	1	0	0	1	1	0	1	1	1	1
Schnittstellen	Wenig-ausgeprägt	1	1	0	0	1	0	1	0	0	0	0	0	0	0	0	0	1	1	0	0	1
	Automatisiert	1	0	1	1	1	1	1	1	1	1	1	1	1	1	1	1	1	1	1	1	1
Internationalität	National	1	1	1	1	1	1	1	1	1	1	1	1	1	1	1	1	1	1	1	1	1
	Global	1	1	0	1	1	1	1	0	1	1	1	1	1	1	1	0	0	0	1	1	1
Rahmenbedingungen	Stabil	1	1	1	1	1	1	1	1	1	1	1	1	1	1	1	1	1	1	1	1	1
	Volatil	0	0	0	1	1	0	0	0	0	0	1	0	0	0	0	1	1	0	1	1	1
Standards	Eingeführt	1	1	1	1	1	1	1	1	1	1	1	1	1	1	1	1	1	1	1	1	1
	Nicht-eingeführt	1	0	0	1	1	0	0	0	0	0	0	1	0	0	0	1	1	1	0	0	0

Situative Faktoren	Ausprägungen	Lieferantenbewertung	Methode-635	Mind-Mapping	Mitarbeiterschulungen	Morphologischer-Kasten	Multivariate-Diskriminanzanalysen	Near-Miss-Analyse	Netzplantechnik	Nutzwertanalyse	Organisationsanalyse	Pareto-Diagramm	PESTEL-Analyse	Portfolioanalyse	Post-Mortem-Analyse	Potentialanalyse	Probabilistic-Event-Analyse	Problemlösungsbaum	Produktlebenszyklusanalyse	Prognoseverfahren	Program-Evaluation-and-Review-Technique	Projektverflechtungsgraph	Prozesskettenanalyse	Realoption
Unternehmensgröße	Klein	1	1	1	1	0	X	1	1	1	1	1	1	X	1	X	X	1	0	0	0	1	0	0
	Mittel	1	1	1	1	1	1	1	1	1	1	1	1	1	1	1	0	1	1	1	1	1	0	1
	Groß	1	1	1	1	1	1	1	1	1	0	1	1	1	1	1	1	1	1	1	1	0	1	1
Unternehmensform	Börsennotiert	1	0	0	1	0	1	1	1	0	1	0	1	1	1	1	1	0	1	0	0	0	1	1
	Nicht-börsennotiert	1	1	1	1	1	1	1	1	1	1	1	1	1	1	1	1	1	1	1	1	1	1	1
Fertigungstiefe	Niedrig	1	1	1	1	1	0	1	1	1	1	0	1	1	1	1	1	1	1	1	1	0	0	1
	Hoch	1	1	1	1	1	1	1	1	1	1	1	1	1	1	1	1	1	1	1	1	1	1	1
Fertigungstyp	Lagerproduktion	1	1	1	1	1	1	1	1	1	1	1	1	1	1	1	1	1	1	1	1	1	1	1
	Auftragsproduktion	1	1	1	1	1	1	1	1	1	1	1	1	1	1	1	1	1	0	1	1	1	1	1
	Programmfertigung	1	1	1	1	1	1	1	1	1	1	1	1	1	1	1	1	1	1	1	1	1	1	1
Supply Chain-Komplexität	Niedrig	1	1	1	1	1	1	1	1	1	1	1	1	1	1	1	1	1	1	1	1	1	1	1
	Hoch	1	0	0	1	1	1	1	0	1	1	0	1	1	1	1	0	0	1	0	0	0	0	1
Zuliefereranzahl	Niedrig	1	1	1	1	1	1	1	1	1	1	1	1	1	1	1	1	1	1	1	1	1	1	1
	Hoch	1	1	1	1	1	1	0	0	1	1	1	1	1	1	1	0	0	1	1	1	0	1	1
Schnittstellen	Wenig-ausgeprägt	1	1	1	1	1	0	0	0	1	1	0	1	0	1	0	0	1	1	0	0	0	0	0
	Automatisiert	1	1	1	1	1	1	1	1	1	1	1	1	1	1	1	1	1	1	1	1	1	1	1
Internationalität	National	1	1	1	1	1	1	1	1	1	1	1	1	1	1	1	1	1	1	1	1	1	1	1
	Global	1	0	1	1	1	1	1	1	1	1	1	0	1	1	0	1	1	1	1	1	0	0	1
Rahmenbedingungen	Stabil	1	1	1	1	1	1	1	1	1	1	1	1	1	1	1	1	1	1	1	1	1	1	1
	Volatil	1	1	0	1	0	0	1	0	1	0	1	0	0	1	0	0	1	0	0	1	1	0	1
Standards	Eingeführt	1	1	1	1	1	1	1	1	1	1	1	1	1	1	1	1	1	1	1	1	1	1	1
	Nicht-eingeführt	1	1	0	1	0	0	0	0	0	0	0	1	0	1	0	1	1	1	0	0	1	0	1

Situative Faktoren	Ausprägungen	Relevanzbaum	Risiko-Indikatoren-Methode	Risikoinventar	Risikolandschaft	Risikoprofile	Risikorangliste	Schadenskataloge	Sensitivitätsanalyse	Simulationsmodelle	Six-Sigma	Stärken-Schwächen-Analyse	Statistische-Prozesslenkung	Statistische-Risikomaße	Stochastische-Risikoanalyse	SWOT-Analyse	Synektik	Szenariotechnik	Technologieanalyse	Umweltanalyse	Ursachen-Wirkungs-Diagramm	Value-at-Risk	Value-Stream-Maps	Workshop	Zeitreihenanalyse
Unterneh-mensgröße	Klein	1	X	1	0	1	0	1	0	X	0	0	1	1	1	0	0	X	1	X	1	0	0	1	0
	Mittel	1	0	1	1	1	1	1	1	0	1	1	1	1	1	1	1	0	1	0	1	1	1	1	1
	Groß	1	1	1	1	1	1	1	1	1	1	1	1	1	1	1	1	1	1	1	1	1	1	1	1
Unterneh-mensform	Börsen-notiert	0	1	0	0	0	0	0	0	1	1	1	1	1	0	0	0	1	0	1	1	0	1	0	1
	Nicht-börsen-notiert	1	1	1	1	1	1	1	1	1	1	1	1	1	1	1	1	1	1	1	1	1	1	1	1
Fertigungs-tiefe	Niedrig	1	1	1	1	1	1	1	1	1	1	1	1	1	1	1	1	1	1	1	0	1	0	1	1
	Hoch	1	1	1	1	1	1	1	0	1	1	1	1	1	1	1	1	1	1	1	1	1	1	1	1
Fertigungs-typ	Lager-produkti-on	1	1	1	1	1	1	1	1	1	1	1	1	1	1	1	1	1	1	1	1	1	1	1	1
	Auftrags-produkti-on	1	1	1	1	1	1	1	1	1	1	1	1	1	1	1	1	1	1	1	1	1	1	1	1
	Pro-gramm-fertigung	1	1	1	1	1	1	1	1	1	1	1	1	1	1	1	1	1	1	1	1	1	1	1	1
Supply Chain-Komplexi-tät	Niedrig	1	1	1	1	1	1	1	1	1	1	1	1	1	1	1	1	1	1	1	1	1	1	1	1
	Hoch	0	1	1	1	0	1	1	0	1	1	1	1	1	1	1	0	0	1	1	0	1	0	1	1
Zulieferer-anzahl	Niedrig	1	1	1	1	1	1	1	1	1	1	1	1	1	1	1	1	1	1	1	1	1	1	1	1
	Hoch	0	1	0	1	0	0	1	1	1	1	1	1	1	1	1	1	0	1	1	0	1	0	1	1
Schnittstel-len	Wenig-ausge-prägt	1	0	1	0	1	1	1	0	0	0	0	1	0	0	1	1	0	1	0	0	0	0	1	0
	Automati-siert	1	1	1	1	1	1	1	1	1	1	1	1	1	1	1	1	1	1	1	1	1	1	1	1
Internatio-nalität	National	1	1	1	1	1	1	1	1	1	1	1	1	1	1	1	1	1	1	1	1	1	1	1	1
	Global	1	1	1	1	1	1	1	1	1	1	1	1	1	1	1	1	0	1	1	0	1	0	1	1
Rahmen-bedingun-gen	Stabil	1	1	1	1	1	1	1	1	1	1	1	1	1	1	1	1	1	1	1	1	1	1	1	1
	Volatil	1	0	1	1	1	1	1	1	1	1	1	1	1	1	0	1	0	1	0	0	0	1	1	0
Standards	Einge-führt	1	1	1	1	1	1	1	1	1	1	1	1	1	1	1	1	1	1	1	1	1	1	1	1
	Nicht-eingeführt	1	0	1	0	0	0	1	0	1	0	1	0	1	1	1	1	0	1	0	0	0	1	1	1

VI: Regelbasis der strukturellen Ebene

<table>
<tr><th rowspan="2">Situativer Faktor</th><th rowspan="2">Ausprägung</th><th colspan="2">Vorbereitung/ SCRM-Prozessphasen</th><th rowspan="2">Regel (Organisation – Aufbauorganisatorische Ausgestaltung /Interdisziplinarität)</th></tr>
<tr><th>Zentral/ niedrig</th><th>Dezentral /hoch</th></tr>
<tr><td rowspan="3">Unternehmensgröße</td><td>Klein</td><td>1</td><td>0</td><td>WENN ein Unternehmen eine kleine Größe hat, DANN ist eine zentrale aufbauorganisatorische Ausgestaltung sinnvoll (vgl. Kersten et al. 2008b, S. 219).</td></tr>
<tr><td>Mittel</td><td>1</td><td>0</td><td>WENN ein Unternehmen eine mittlere Größe hat, DANN ist eine zentrale aufbauorganisatorische Ausgestaltung sinnvoll (vgl. Barodte et al. 2008, S. 135).</td></tr>
<tr><td>Groß</td><td>0</td><td>1</td><td>WENN ein Unternehmen eine große Größe hat, DANN ist eine dezentrale aufbauorganisatorische Ausgestaltung anzustreben (vgl. Norrman & Jansson 2004, S. 442ff.).</td></tr>
<tr><td rowspan="2">Unternehmensform</td><td>Börsennotiert</td><td>0</td><td>1</td><td>WENN Unternehmen börsennotiert sind und die entsprechenden rechtlichen Auflagen zum Risikomanagement umsetzen müssen, DANN bietet sich eine dezentrale aufbauorganisatorische Ausgestaltung an (vgl. Kern & Hartung 2008, S. 59).</td></tr>
<tr><td colspan="4">Nicht-börsennotiert*</td></tr>
<tr><td colspan="5">Fertigungstiefe*</td></tr>
<tr><td colspan="5">Fertigungstyp*</td></tr>
<tr><td rowspan="2">SC-Komplexität</td><td colspan="4">Niedrig*</td></tr>
<tr><td>Hoch</td><td>0</td><td>1</td><td>WENN eine Supply Chain eine hohe Komplexität aufweist, DANN ist eine dezentrale aufbauorganisatorische Ausgestaltung anzustreben (vgl. Norrman & Jansson 2004, S. 442ff.).</td></tr>
<tr><td rowspan="2">Zulieferanzahl</td><td colspan="4">Niedrig*</td></tr>
<tr><td>Hoch</td><td>0</td><td>1</td><td>WENN eine Supply Chain über eine hohe Anzahl von Zulieferern verfügt, DANN ist eine dezentrale aufbauorganisatorische Ausgestaltung anzustreben (vgl. Berry & Collier 2007, S. 1009).</td></tr>
<tr><td colspan="5">Schnittstellen*</td></tr>
<tr><td rowspan="2">Internationalität</td><td colspan="4">National*</td></tr>
<tr><td>Global</td><td>0</td><td>1</td><td>WENN eine Supply Chain global ausgerichtet ist, DANN ist eine dezentrale aufbauorganisatorische Ausgestaltung anzustreben (vgl. Berry & Collier 2007, S. 1009).</td></tr>
<tr><td rowspan="2">Rahmenbedingungen</td><td colspan="4">Stabil*</td></tr>
<tr><td>Volatil</td><td>0</td><td>1</td><td>WENN volatile Rahmenbedingungen vorherrschen, DANN ist eine dezentrale aufbauorganisatorische Ausgestaltung anzustreben (vgl. Berry & Collier 2007, S. 1009).</td></tr>
<tr><td rowspan="2">Standards</td><td>Eingeführt</td><td>0</td><td>1</td><td>WENN Standards eingeführt sind, DANN ermöglicht dies die Koordination von dezentral verankertem SCRM (vgl. Kleindorfer & Saad 2005, S. 56).</td></tr>
<tr><td colspan="4">Nicht-eingeführt*</td></tr>
</table>

Legende: * – keine Regel hinterlegt, 0 – nicht empfehlenswert, 1 – empfehlenswert

Situativer Faktor	Ausprägung	Vorbereitung			Regel (Organisation – Zusammenarbeit mit SC-Partnern)
		Gemeinsames SCRM	Kooperatives SCRM	Unabhängiges SCRM	
Unternehmensgröße	Klein*				
	Mittel*				
	Groß	1	0	0	WENN ein Unternehmen eine große Größe hat, DANN ist ein gemeinsames SCRM anzustreben (vgl. Berg et al. 2008, S. 299).
Unternehmensform*					
Fertigungstiefe	Niedrig	1	0	0	WENN ein Unternehmen über eine niedrige Fertigungstiefe verfügt, DANN sollte ein gemeinsames SCRM betrieben werden (vgl. Harland et al. 2003, S. 55).
	Hoch*				
Fertigungstyp*					
SC-Komplexität	Niedrig	1	0	0	WENN eine Supply Chain über eine niedrige Komplexität verfügt, DANN sollte ein gemeinsames SCRM betrieben werden (vgl. Harland et al. 2003, S. 60).
	Hoch	0	1	0	WENN eine Supply Chain über eine hohe Komplexität verfügt, DANN sollte ein kooperatives SCRM angestrebt werden (vgl. Harland et al. 2003, S. 60).
Zulieferanzahl	Niedrig	1	0	0	WENN eine niedrige Anzahl von Zulieferern existiert, DANN kann ein gemeinsames SCRM betrieben werden (vgl. Kajüter 2003b, S. 327).
	Hoch	0	1	0	WENN eine hohe Anzahl von Zulieferern existiert, DANN kann unter der Voraussetzung, dass die Einführung in mehreren Stufen vorgenommen wird, zumindest ein kooperatives SCRM betrieben werden (vgl. Kajüter 2003b, S. 327).
Schnittstellen	Wenig ausgeprägt	0	0	1	WENN Schnittstellen wenig ausgeprägt sind, DANN eignet sich ein unabhängiges SCRM (vgl. Pfohl et al. 2010, S. 41).
	Automatisiert	1	0	0	WENN ein regelmäßiger Informationsaustausch durch automatisierte Schnittstellen sichergestellt ist, DANN sollte ein gemeinsames SCRM betrieben werden (vgl. Jüttner 2005, S. 136).
Internationalität*					
Rahmenbedingungen	Stabil	1	0	0	WENN in der Supply Chain stabile Rahmenbedingungen vorherrschen, DANN kann ein gemeinsames SCRM betrieben werden (vgl. Baumgarten et al. 2005, S. 19).
	Volatil	0	1	0	WENN in der Supply Chain volatile Rahmenbedingungen vorherrschen, DANN sollte ein kooperatives SCRM betrieben werden (vgl. Baumgarten et al. 2005, S. 19).
Standards	Eingeführt	1	0	0	WENN Standards eingeführt sind, DANN kann ein gemeinsames SCRM betrieben werden (vgl. Kajüter 2003b, S. 327).
	Nicht-eingeführt	0	0	1	WENN Standards nicht eingeführt sind, DANN eignet sich ein unabhängiges SCRM (vgl. Kajüter 2003b, S. 326).

Situativer Faktor	Ausprägung	SCRM-Prozessphasen: Intensiv	SCRM-Prozessphasen: Bei Bedarf	Regel (Organisation – Zusammenarbeit mit Supply Chain (SC)-Partnern)
Unternehmensgröße	Klein	0	1	WENN ein Unternehmen eine kleine Größe hat, DANN ist aufgrund des Aufwands nur eine Zusammenarbeit mit SC-Partnern bei Bedarf angebracht (vgl. Kaufmann & Germer 2001, S. 182).
	Mittel	0	1	WENN ein Unternehmen eine mittlere Größe hat, DANN ist aufgrund des Aufwands nur eine Zusammenarbeit mit SC-Partnern bei Bedarf angebracht (vgl. Kaufmann & Germer 2001, S. 182).
	Groß	1	0	WENN ein Unternehmen eine große Größe hat, DANN ist eine möglichst intensive Zusammenarbeit mit SC-Partnern vorteilhaft (vgl. Kaufmann & Germer 2001, S. 182).
Unternehmensform*				
Fertigungstiefe	Niedrig	1	0	WENN ein Unternehmen über eine niedrige Fertigungstiefe verfügt, DANN sollte ein gemeinsames SCRM betrieben werden (vgl. Harland et al. 2003, S. 55).
	Hoch*			
Fertigungstyp*				
SC-Komplexität	Niedrig	1	0	WENN eine niedrige SC-Komplexität vorherrscht, DANN ist eine möglichst intensive Zusammenarbeit mit SC-Partnern vorteilhaft (vgl. Kaufmann & Germer 2001, S. 182).
	Hoch	0	1	WENN eine hohe SC-Komplexität vorherrscht, DANN ist aufgrund des Aufwandes nur eine Zusammenarbeit mit SC-Partnern bei Bedarf angebracht (vgl. Kaufmann & Germer 2001, S. 182).
Zuliefereranzahl	Niedrig	1	0	WENN eine niedrige Anzahl von Zulieferern existiert, DANN ist eine möglichst intensive Zusammenarbeit mit SC-Partnern vorteilhaft (vgl. Kaufmann & Germer 2001, S. 182).
	Hoch	0	1	WENN eine hohe Anzahl von Zulieferern existiert, DANN ist aufgrund des Aufwandes nur eine Zusammenarbeit mit SC-Partnern bei Bedarf angebracht (vgl. Kaufmann & Germer 2001, S. 182).
Schnittstellen	Wenig ausgeprägt	0	1	WENN Schnittstellen wenig ausgeprägt sind, DANN empfiehlt sich die Zusammenarbeit mit SC-Partnern bei Bedarf (vgl. Pfohl et al. 2010, S. 41).
	Automatisiert	1	0	WENN automatisierte Schnittstellen existieren, DANN ist eine intensive Zusammenarbeit mit SC-Partnern vorteilhaft (vgl. Hallikas & Virolainen 2004, S. 58).
Internationalität	National	1	0	WENN die SC national ausgestaltet ist, DANN ist eine möglichst intensive Zusammenarbeit mit SC-Partnern vorteilhaft (vgl. Kaufmann & Germer 2001, S. 184).
	Global	0	1	WENN die SC global ausgestaltet ist, DANN ist aufgrund des Aufwandes nur eine Zusammenarbeit mit SC-Partnern bei Bedarf angebracht (vgl. Kaufmann & Germer 2001, S. 184).
Rahmenbedingungen	Stabil	1	0	WENN stabilen Rahmenbedingungen existieren, DANN ist eine intensive Zusammenarbeit mit SC-Partnern vorteilhaft (vgl. Hallikas & Virolainen 2004, S. 58).
	Volatil	0	1	WENN in der SC volatile Rahmenbedingungen vorherrschen, DANN kann eine Zusammenarbeit über dritte Dienstleister erfolgen. Eine Zusammenarbeit mit SC-Partnern erfolgt dann bei Bedarf (vgl. Baumgarten et al. 2005, S. 19).
Standards	Eingeführt	1	0	WENN Standards eingeführt sind, DANN ist eine intensive Zusammenarbeit mit SC-Partnern vorteilhaft (vgl. Hallikas & Virolainen 2004, S. 58).
	Nicht-eingeführt	0	1	WENN in einer SC keine Standards eingeführt sind, DANN kann eine Zusammenarbeit über dritte Dienstleister erfolgen. Eine Zusammenarbeit mit SC-Partnern erfolgt dann bei Bedarf (vgl. Baumgarten et al. 2005, S. 19).

Situativer Faktor	Ausprägung	Vorbereitung/ SCRM-Prozessphasen: Integration in existierende Software	Vorbereitung/ SCRM-Prozessphasen: Einsatz zusätzlicher Software	**Regel (IT – Software-Einsatz)**
Unternehmensgröße	Klein	1	0	WENN ein Unternehmen eine kleine Größe hat, DANN ist die Integration in existierende Software vorzuziehen (vgl. Kersten et al. 2009, S. 148).
	Mittel*			
	Groß	0	1	WENN ein Unternehmen eine große Größe hat, DANN empfiehlt sich die Investition in zusätzliche Software (vgl. Norrman & Jansson 2004, S. 443).
Unternehmensform	Börsennotiert	0	1	WENN ein Unternehmen börsennotiert ist und die gesetzlichen Regelungen zum Risikomanagement erfüllen muss, DANN ist der Einsatz zusätzlicher Software sinnvoll (vgl. Kirk 1999, S. 20).
	Nicht-börsennotiert*			
Fertigungstiefe*				
Fertigungstyp*				
SC-Komplexität	Niedrig*			
	Hoch	0	1	WENN eine Supply Chain über eine hohe Komplexität verfügt, DANN empfiehlt sich der Einsatz zusätzlicher Software (vgl. Norrman & Jansson 2004, S. 443).
Zuliefereranzahl	Niedrig*			
	Hoch	0	1	WENN eine Supply Chain über eine hohe Anzahl von Zulieferern verfügt, DANN empfiehlt sich der Einsatz zusätzlicher Software (vgl. Baumgarten et al. 2005, S. 15).
Schnittstellen	Wenig-ausgeprägt	0	1	WENN Schnittstellen wenig ausgeprägt sind, ist dies häufig aufgrund von vielen unterschiedlichen Softwares in der Supply Chain der Fall, DANN lohnt sich die Investition in eine zusätzliche Software, um dem Problem von Medienbrüchen vorzubeugen (vgl. Wengert & Schittenhelm 2013, S. 18).
	Automatisiert	1	0	WENN Schnittstellen automatisiert sind, DANN kann eine Integration in existierende Software vorgenommen werden (vgl. Erben & Romeike 2004, S. 284).
Internationalität*				
Rahmenbedingungen*				
Standards	Eingeführt	1	0	WENN Standards eingeführt sind, DANN kann eine Integration in existierende Software vorgenommen werden (vgl. Erben & Romeike 2004, S. 284).
	Nicht-eingeführt	0	1	WENN keine Standards eingeführt sind, DANN wird der Einsatz zusätzlicher Software erforderlich, um zusätzliche Daten zu erheben (vgl. Baumgarten et al. 2005, S. 15).

Situativer Faktor	Ausprägung	Vorbereitung/ SCRM-Prozessphasen		Regel (IT – IT-Unterstützung des Berichtswesens)
		Automatisiert	Manuell	
Unternehmensgröße	Klein	0	1	WENN ein Unternehmen eine kleine Größe hat, DANN ist eher eine manuelle Umsetzung des Berichtswesens anzustreben (vgl. Kersten et al. 2009, S. 148).
	Mittel*			
	Groß	1	0	WENN ein Unternehmen eine große Größe hat, DANN ist eine Automatisierung des Berichtswesens anzustreben (vgl. Berg et al. 2008, S. 299).
Unternehmensform	Börsennotiert	1	0	WENN ein Unternehmen börsennotiert ist und die gesetzlichen Regelungen zum Risikomanagement erfüllen muss, DANN ist die Automatisierung des Berichtswesens mit Hilfe von IT sinnvoll (vgl. Kirk 1999, S. 20).
	Nicht-börsennotiert*			
Fertigungstiefe*				
Fertigungstyp*				
SC-Komplexität	Niedrig*			
	Hoch	1	0	WENN eine Supply Chain über eine hohe Komplexität verfügt, DANN ist eine Automatisierung des Berichtswesens anzustreben (vgl. Berry & Collier 2007, S. 1009).
Zuliefereranzahl	Niedrig*			
	Hoch	1	0	WENN eine Supply Chain über eine hohe Anzahl von Zulieferern verfügt, DANN ist eine Automatisierung des Berichtswesens anzustreben (vgl. Baumgarten et al. 2005, S. 15).
Schnittstellen*				
Internationalität	National*			
	Global	1	0	WENN eine Supply Chain global ausgerichtet ist, DANN ist eine Automatisierung des Berichtswesens anzustreben (vgl. Berry & Collier 2007, S. 1009).
Rahmenbedingungen	Stabil*			
	Volatil	1	0	WENN volatile Rahmenbedingungen vorherrschen, DANN ist eine Automatisierung des Berichtswesens anzustreben (vgl. Berry & Collier 2007, S. 1009).
Standards	Eingeführt*			
	Nicht-eingeführt	1	0	WENN keine Standards eingeführt sind, DANN wird der Einsatz zusätzlicher Software erforderlich, um zusätzliche Daten zu erheben und zu berichten (vgl. Baumgarten et al. 2005, S. 15).

Situativer Faktor	Ausprägung	Vorbereitung: Unternehmensleitung	Vorbereitung: Risikokomitee	Vorbereitung: RM-verantwortlicher	**Regel (Personal – Verantwortlichkeit)** (RM = Risikomanagement)
Unternehmensgröße	Klein	1	0	0	WENN ein Unternehmen eine kleine Größe hat, DANN erfolgt keine Delegation von der Unternehmensleitung (vgl. Kersten et al. 2008b, S. 219).
	Mittel	1	0	0	WENN ein Unternehmen eine mittlere Größe hat, DANN erfolgt keine Delegation von der Unternehmensleitung (vgl. Barodte et al. 2008, S. 135).
	Groß	0	0	1	WENN ein Unternehmen eine große Größe hat, DANN eignet sich eine Delegation auf Risikomanagementverantwortliche (vgl. Norrman & Jansson 2004, S. 442ff.).
Unternehmensform	Börsennotiert	0	0	1	WENN Unternehmen börsennotiert sind und die entsprechenden rechtlichen Auflagen zum Risikomanagement umsetzen müssen, DANN bietet sich eine Delegation auf Risikomanagementverantwortliche an, um eine entsprechende Durchdringung der Organisation zu erhalten (vgl. Kern & Hartung 2008, S. 59).
	Nicht-börsennotiert*				
Fertigungstiefe*					
Fertigungstyp*					
SC-Komplexität	Niedrig*				
	Hoch	0	0	1	WENN eine Supply Chain eine hohe Komplexität aufweist, DANN eignet sich eine Delegation auf Risikomanagementverantwortliche (vgl. Norrman & Jansson 2004, S. 442ff.).
Zulieferer-anzahl	Niedrig*				
	Hoch	0	0	1	WENN eine Supply Chain über eine hohe Anzahl von Zulieferern verfügt, DANN bietet sich eine Delegation auf Risikomanagementverantwortliche an (vgl. Berry & Collier 2007, S. 1009).
Schnittstellen	Wenig-ausgeprägt*				
	Automatisiert	0	1	0	WENN eine Zusammenarbeit mit SC-Partnern aufgrund von automatisierten Schnittstellen möglich ist, DANN sollte diese durch Risikokomitees gesteuert werden (vgl. Kajüter 2003b, S. 328).
Internationalität	National*				
	Global	0	0	1	WENN eine Supply Chain global ausgerichtet ist, DANN bietet sich eine Delegation auf Risikomanagementverantwortliche an (vgl. Berry & Collier 2007, S. 1009).
Rahmenbedingungen	Stabil*				
	Volatil	0	0	1	WENN volatile Rahmenbedingungen vorherrschen, DANN bietet sich eine Delegation auf Risikomanagementverantwortliche an (vgl. Berry & Collier 2007, S. 1009).
Standards	Eingeführt	0	1	0	WENN eine Zusammenarbeit mit SC-Partnern aufgrund von eingeführten Standards möglich ist, DANN sollte diese durch Risikokomitees gesteuert werden (vgl. Kajüter 2003b, S. 328).
	Nicht-eingeführt*				

Situativer Faktor	Ausprägung	SCRM-Prozessphasen: Unternehmensleitung	SCRM-Prozessphasen: RM-verantwortlicher	SCRM-Prozessphasen: MA	**Regel (Personal – Verantwortlichkeit)** (MA = Mitarbeiter)
Unternehmensgröße	Klein	1	0	0	WENN ein Unternehmen eine kleine Größe hat, DANN erfolgt keine Delegation von der Unternehmensleitung (vgl. Kersten et al. 2008b, S. 219).
	Mittel	1	0	0	WENN ein Unternehmen eine mittlere Größe hat, DANN erfolgt keine Delegation von der Unternehmensleitung (vgl. Barodte et al. 2008, S. 135).
	Groß	0	1	0	WENN ein Unternehmen eine große Größe hat, DANN eignet sich eine Delegation auf Risikomanagementverantwortliche (vgl. Burger & Buchhardt 2002, S. 262).
Unternehmensform	Börsennotiert	0	1	0	WENN Unternehmen börsennotiert sind und die entsprechenden rechtlichen Auflagen zum Risikomanagement umsetzen müssen, DANN bietet sich eine Delegation auf Risikomanagementverantwortliche an, um eine entsprechende Durchdringung der Organisation zu erhalten (vgl. Kern & Hartung 2008, S. 59).
	Nicht-börsennotiert*				
Fertigungstiefe*					
Fertigungstyp*					
SC-Komplexität	Niedrig*				
	Hoch	0	1	0	WENN eine Supply Chain eine hohe Komplexität aufweist, DANN eignet sich eine Delegation auf Risikomanagementverantwortliche in der Risikosteuerungsphase (vgl. Norrman & Jansson 2004, S. 449).
Zulieferer-anzahl	Niedrig*				
	Hoch	0	1	0	WENN eine Supply Chain über eine hohe Anzahl von Zulieferern verfügt, DANN bietet sich eine Delegation auf Risikomanagementverantwortliche an (vgl. Berry & Collier 2007, S. 1009).
Schnittstellen	Wenig-ausgeprägt*				
	Automatisiert	0	1	0	WENN eine Zusammenarbeit mit SC-Partnern aufgrund von automatisierten Schnittstellen möglich ist, DANN sollte in den jeweiligen Unternehmen Risikomanagementverantwortliche als Ansprechpartner definiert sein (vgl. Kajüter 2003b, S. 328).
Internationalität*					
Rahmenbedingungen	Stabil*				
	Volatil	0	1	0	WENN volatile Rahmenbedingungen vorherrschen, DANN bietet sich eine Delegation auf Risikomanagementverantwortliche an (vgl. Berry & Collier 2007, S. 1009).
Standards	Eingeführt	0	1	0	WENN eine Zusammenarbeit mit SC-Partnern aufgrund von eingeführten Standards möglich ist, DANN sollte in den jeweiligen Unternehmen Risikomanagementverantwortliche als Ansprechpartner definiert sein (vgl. Kajüter 2003b, S. 328).
	Nicht-eingeführt*				

Situativer Faktor	Ausprägung	Vorbereitung: Etabliert	Vorbereitung: Individuell	Regel (Personal – Wissensmanagement)
Unternehmensgröße	Klein*			
	Mittel*			
	Groß	1	0	WENN ein Unternehmen eine große Größe hat, DANN ist die Etablierung eines Wissensmanagements sinnvoll (vgl. Norrman & Jansson 2004, S. 449f.).
Unternehmensform*				
Fertigungstiefe	Niedrig	1	0	WENN ein Unternehmen über eine niedrige Fertigungstiefe verfügt und eine hohe Abhängigkeit von seinen Zulieferern hat, DANN sollte ein Wissensmanagement im Idealfall auch in Zusammenarbeit mit Zulieferern etabliert werden (vgl. Manuj & Mentzer 2008, S. 214).
	Hoch*			
Fertigungstyp*				
SC-Komplexität	Niedrig*			
	Hoch	1	0	WENN eine Supply Chain über eine hohe Komplexität verfügt, DANN ist die Etablierung eines Wissensmanagements sinnvoll (vgl. Harland et al. 2003, S. 60).
Zuliefereranzahl	Niedrig*			
	Hoch	1	0	WENN eine Supply Chain über eine hohe Anzahl von Zulieferern verfügt, DANN ist die Etablierung eines Wissensmanagements sinnvoll (vgl. Harland et al. 2003, S. 60).
Schnittstellen*				
Internationalität	National*			
	Global	1	0	WENN eine Supply Chain global aufgestellt ist und Zulieferer über lokales Wissen verfügen, DANN sollte ein Wissensmanagement im Idealfall auch in Zusammenarbeit mit Zulieferern etabliert werden (vgl. Manuj & Mentzer 2008, S. 214).
Rahmenbedingungen*				
Standards*				

Situativer Faktor	Ausprägung	SCRM-Prozessphasen Unternehmensleitung	RM-verantwortlicher	Führungsebene	MA	Regel (Personal – Involviertes Personal)
Unternehmensgröße	Klein	1	0	0	0	WENN ein Unternehmen eine kleine Größe hat, DANN werden die Aufgaben des SCRM direkt von der Unternehmensleitung abgearbeitet (vgl. Kersten et al. 2008b, S. 219).
	Mittel	0	0	0	1	WENN ein Unternehmen eine mittlere Größe hat, DANN kann eine Involvierung aller Mitarbeiter handhabbar sein (vgl. Barodte et al. 2008, S. 135).
	Groß	0	0	0	1	WENN ein Unternehmen eine große Größe hat, DANN sollte eine Involvierung aller Mitarbeiter angestrebt werden (vgl. Berg et al. 2008, S. 298).
Unternehmensform	Börsennotiert	0	0	0	1	WENN Unternehmen börsennotiert sind und die entsprechenden rechtlichen Auflagen zum Risikomanagement umsetzen müssen, DANN bietet sich eine Involvierung von Ansprechpartnern auf Mitarbeiterebene an (vgl. Kern & Hartung 2008, S. 62).
	Nicht-börsennotiert*					
Fertigungstiefe*						
Fertigungstyp*						
SC-Komplexität	Niedrig*					
	Hoch	0	0	1	0	WENN eine hohe Supply Chain-Komplexität vorliegt, DANN bietet sich eine Involvierung der Führungsebene an (vgl. Hallikas & Virolainen 2004, S. 57).
Zuliefereranzahl	Niedrig*					
	Hoch	0	0	1	0	WENN eine hohe Anzahl von SC-Partnern existiert, DANN bietet sich eine Involvierung der Führungsebene an (vgl. Hallikas & Virolainen 2004, S. 57).
Schnittstellen	Wenig-ausgeprägt	0	0	0	1	WENN Schnittstellen wenig ausgeprägt sind, DANN bietet sich eine Involvierung aller Mitarbeiter an, um die Beziehung zu SC-Partnern zu pflegen (vgl. Hallikas et al. 2002, S. 3529).
	Automatisiert	0	1	0	0	WENN automatisierte Schnittstellen existieren, DANN Involvierung eines Risikomanagementverantwortlichens zur Abstimmung mit SC-Partnern in allen SCRM-Prozessphasen (vgl. Hallikas & Virolainen 2004, S. 61f.).
Internationalität*						
Rahmenbedingungen	Stabil	0	1	0	0	WENN stabilen Rahmenbedingungen existieren, DANN Involvierung eines Risikomanagementverantwortlichens zur Abstimmung mit SC-Partnern in allen SCRM-Prozessphasen (vgl. Hallikas & Virolainen 2004, S. 61f.).
	Volatil	0	0	1	0	WENN volatile Rahmenbedingungen vorherrschen, DANN bietet sich eine Involvierung der Führungsebene an (vgl. Berry & Collier 2007, S. 1009).
Standards	Eingeführt	0	1	0	0	WENN Standards eingeführt sind, DANN Involvierung eines Risikomanagementverantwortlichen zur Abstimmung mit SC-Partnern in allen SCRM-Prozessphasen (vgl. Hallikas & Virolainen 2004, S. 61f.).
	Nicht-eingeführt	0	0	0	1	WENN Standards nicht eingeführt sind, DANN bietet sich eine Involvierung aller Mitarbeiter an, um die Beziehung zu SC-Partnern zu pflegen (vgl. Hallikas et al. 2002, S. 3529).

VII: Leitfaden Expertenworkshop

Bitte überprüfen Sie die folgenden Fragen auf Verständlichkeit und ordnen Sie Ihr Unternehmen ein:

1. Wie ist in Ihrem Unternehmen das Supply Chain Risikomanagement (SCRM) aufbauorganisatorisch eingegliedert?
   a. Zentral
   b. Dezentral
   c. Keine Angabe

2. Wie würden Sie mehrheitlich Ihre Kooperation mit Ihren direkten Zulieferern und Kunden charakterisieren?
   a. Strategisch
   b. Neutral
   c. Wettbewerbsorientiert
   d. Keine Angabe

3. Nutzen Sie regelmäßig existierende Software zur Unterstützung Ihres SCRM?
   a. Ja
   b. Nein
   c. Keine Angabe

4. Werden die Ergebnisse Ihres SCRM mit Hilfe von Software-Unterstützung berichtet?
   a. Ja
   b. Nein
   c. Keine Angabe

5. Wer ist für das SCRM bei Ihnen verantwortlich?
   a. Unternehmensleitung
   b. Risikomanagementverantwortlicher
   c. Mitarbeiter
   d. Keine Angabe

6. Verfügt Ihr Unternehmen für ein SCRM über ein etabliertes Wissensmanagement?
   a. Ja
   b. Nein
   c. Keine Angabe

7. Führen Sie die folgenden SCRM-Phasen bereichsübergreifend aus?
   a. Keine Angabe
   b.

Identifikation		Bewertung		Steuerung		Kontrolle	
Ja	Nein	Ja	Nein	Ja	Nein	Ja	Nein

8. Tauschen Sie regelmäßig für eine der folgenden SCRM-Phasen Daten mit Ihren direkten Zulieferern oder Kunden aus?
   a. Keine Angabe
   b.

Identifikation		Bewertung		Steuerung		Kontrolle	
Ja	Nein	Ja	Nein	Ja	Nein	Ja	Nein

9. Nutzen Sie regelmäßig existierende Software zur Unterstützung einer der folgenden SCRM-Phasen?
   a. Keine Angabe
   b.

Identifikation		Bewertung		Steuerung		Kontrolle	
Ja	Nein	Ja	Nein	Ja	Nein	Ja	Nein

10. Werden die Ergebnisse der folgenden SCRM-Phasen mit Hilfe von IT-Unterstützung berichtet?
    a. Keine Angabe
    b.

Identifikation		Bewertung		Steuerung		Kontrolle	
Ja	Nein	Ja	Nein	Ja	Nein	Ja	Nein

11. Wer ist für die folgenden SCRM-Phasen bei Ihnen verantwortlich?
    a. Keine Angabe
    b.

Identifikation		
Unternehmensleitung	Risikomanagementverantwortlicher	Mitarbeiter
Bewertung		
Unternehmensleitung	Risikomanagementverantwortlicher	Mitarbeiter
Steuerung		
Unternehmensleitung	Risikomanagementverantwortlicher	Mitarbeiter
Kontrolle		
Unternehmensleitung	Risikomanagementverantwortlicher	Mitarbeiter

12. Wer ist in den folgenden SCRM-Phasen personell involviert?
    a. Keine Angabe
    b.

Identifikation			
Unternehmensleitung	Risikomanagementverantwortlicher	Führungsebene	Mitarbeiter
Bewertung			
Unternehmensleitung	Risikomanagementverantwortlicher	Führungsebene	Mitarbeiter
Steuerung			
Unternehmensleitung	Risikomanagementverantwortlicher	Führungsebene	Mitarbeiter
Kontrolle			
Unternehmensleitung	Risikomanagementverantwortlicher	Führungsebene	Mitarbeiter

Vielen Dank für dieses Gespräch!

Literaturverzeichnis

Abrams, M., 1949. Possibilities and Problems of Group Interviewing, in: Public Opinion Quarterly, 13(3), S. 502-506.

Adam, D., 1998. Produktionsmanagement, Wiesbaden: Gabler.

AiF, 2014. IGF-Leitfaden, http://www.aif.de/index.php?id=130&L=0, 15.07.2014.

Alavi, M. & Napier, H.A., 1993. An Experiment in Applying the Adaptive Design Approach to DSS Development, in: Sprague, R.H. & Watson, H.J. (Hrsg.) Decision Support Systems: Putting Theory into Practice, Englewood Cliffs et al.: Prentice-Hall, S. 74-84.

Arbeitskreis SGB e.V. ("Externe und Interne Überwachung der Unternehmung" der Schmalenbach-Gesellschaft für Betriebswirtschaft e.V.), 2000. Auswirkungen des KonTraG auf die Unternehmensüberwachung: KonTraG und Vorstand – KonTraG und Interne Revision – KonTraG und Aufsichtsrat – KonTraG und Wirtschaftsprüfer, in: Der Betrieb: Betriebswirtschaft, Steuerrecht, Wirtschaftsrecht, Arbeitsrecht, 53(37), S. 1.

Arbi, F.E., Ahlemann, F., Kaiser, M., 2013. Standardisierung: Vom Chaos zur einheitlichen Projektabwicklung, in: Ahlemann, F. & Eckl, C. (Hrsg.) Strategisches Projektmanagement: Praxisleitfaden, Fallstudien und Trends, Berlin et al.: Springer, S. 59-86.

Arrow, K.J., 1965. Aspects of the Theory of Risk-Bearing, Helsinki: Yrjö Jahnsson Lectures.

Barodte, B., Montagne, E., Boutellier, R., 2008. Risikomanagement für kleine und mittlere Unternehmen: angepasster Risikomanagementprozess als Brücke zwischen Theorie und Praxis, in: Der Schweizer Treuhänder: Monatsschrift für Wirtschaftsprüfung, Rechnungswesen, Unternehmens- und Steuerberatung, 82(3), S. 135-141.

Baumgarten, H., Krystek, U., Richter, M., 2005. Frühaufklärungs-Kooperationen: Im Rahmen des Chancen- und Risikomanagements für die Supply Chain Collaboration, in: Logistik Management, 7(2), S. 10-20.

Bea, F.X. & Haas, J., 2009. Strategisches Management, Stuttgart: Lucius & Lucius.

Beckmann, H., 2004. Supply Chain Management: Grundlagen, Konzept und Strategien, in: Beckmann, H. (Hrsg.) Supply Chain Management: Strategien und Entwicklungstendenzen in Spitzenunternehmen, Berlin et al.: Springer, S. 1-97.

Beierle, C. & Kern-Isberner, G., 2008. Methoden wissensbasierter Systeme: Grundlagen, Algorithmen, Anwendungen, Wiesbaden: Springer.

Bellmann, K. & Himpel, F., 2006. Fallstudien zum Produktionsmanagement, Wiesbaden: Gabler.

Berg, E., Knudsen, D., Norrman, A., 2008. Assessing performance of supply chain risk management programmes: a tentative approach, in: International Journal of Risk Assessment and Management, 9(3), S. 288-310.

Bergener, R.F., 2006. Gestaltung des leistungswirtschaftlichen Risikocontrollings: Eine theoretische und empirische Untersuchung, München: TCW.

Berry, A.J. & Collier, P.M., 2007. Risk in supply chains: exploratory case studies in the automotive industry, in: International Journal of Risk Assessment and Management, 7(8), S. 1005-1026.

Blaxter, L., Hughes, C., Malcolm, T., 2006. How to research, Berkshire: Open University Press.

Böger, M., 2010. Gestaltungsansätze und Determinanten des Supply Chain Risk Managements – eine explorative Analyse am Beispiel von Deutschland und den USA, in: Kersten, W. (Hrsg.) Supply Chain, Logistics and Operations Management, Band 1, Lohmar et al.: EUL.

Bohnstedt, J., 2012. Vertragsrecht im Einkauf: Ein Leitfaden für die Praxis. Wiesbaden: Gabler.

Bolstorff, P. & Rosenbaum, R., 2007. Supply chain excellence: a handbook for dramatic improvement using the SCOR model, New York: AMACOM.

Bortz, J. & Döring, N., 2006. Forschungsmethoden und Evaluation: für Human- und Sozialwissenschaftler, Heidelberg: Springer Medizin Verlag.

Böttcher, J. & Lange, J.H., 2012. Projektfinanzierung eines Windparks, in: Böttcher, J. (Hrsg.) Handbuch Windenergie: Onshore-Projekte: Realisierung, Finanzierung, Recht und Technik, München: Oldenbourg, S. 9-44.

Bowersox, D.J., 1969. Physical Distribution Development, Current Status, and Potential, in: Journal of Marketing, 33(1), S. 63-70.

Brabänder, E., Exeler, S., Ochs, H., Scholz, T., 2004. Gestaltung prozessorientierter Risikomanagement-Systeme, in: Romeike, F. & Finke, R.B. (Hrsg.) Erfolgsfaktor Risiko-Management: Chancen für Industrie und Handel – Methoden, Beispiele, Checklisten, Wiesbaden: Gabler, S. 329-353.

Brühwiler, B., 2003. Risikomanagement als Führungsaufgabe. ISO 31000 mit ONR 49000 wirksam umsetzen, Bern et al.: Haupt.

Brühwiler, B. & Romeike, F., 2010. Praxisleitfaden Risikomanagement: ISO 31000 und ONR 49000 sicher anwenden, Berlin: Erich Schmidt.

Bukowitz, W.R. & Williams, R.L., 2002. Wissensmanagement: Effizientes Knowledge-Management aufbauen und integrieren, München et al.: Financial Times Prentice Hall.

Burger, A. & Buchhart, A., 2002. Risiko-Controlling, München et al.: Oldenbourg.

Buscher, U., Wels, A., Winter, D.H., 2007. Eine bibliografische Analyse zum Supply Chain Risikomanagement unter besonderer Berücksichtigung der Risikoquantifizierung, in: Otto, A. & Obermaier, R. (Hrsg.) Logistik Management: Analyse, Bewertung und Gestaltung logistischer Systeme, Wiesbaden: Deutscher Universitätsverlag, S. 347-375.

BWE (Bundesverband WindEnergie), 2014. Windindustrie in Deutschland: BWE-Branchenreport, Berlin: BWE.

Ceryno, P.S., Scavarda, L.F., Klingebiel, K., Yüzgülec, G., 2013. Supply Chain Risk Management: A Content Analysis Approach, in: International Journal of Industrial Engineering and Management, 4(3), S. 141-150.

Chapman, P., Christopher, M., Jüttner, U., Peck, H., Wilding, R., 2002. Identification and managing supply chain vulnerability, in: Logistics and Transportation Focus, 4(4), S. 59-64.

Child, J., 1970. More myths of management organization?, in: Journal of Management Studies, 7(3), S. 376-390.

Christopher, M., 2005. Logistics and Supply Chain Management: Creating Value-Adding Networks, Harlow et al.: Prentice Hall.

Christopher, M. & Peck, H., 2004. Building the Resilient Supply Chain, in: The International Journal of Logistics Management, 15(2), S. 1-13.

Churchman, C.W. & Ackoff, R.L., 1954. An Approcimate Measure of Value, in: Journal of the Operations Research Society of America, 2(2), S. 172-187.

Cleff, T., 2008. Deskriptive Statistik und moderne Datenanalyse: Eine computergestützte Einführung mit Excel, SPSS und STATA, Wiesbaden: Gabler.

Coenenberg, A.G., 1999. Kostenrechnung und Kostenanalyse, Landsberg/Lech: Verlag Moderne Industrie.

Colicchia, C. & Strozzi, F., 2012. Supply chain risk management: a new methodology for a systematic literature review, in: Supply Chain Management: An International Journal, 17(4), S. 403-418.

Collins, K.M.T., 2010. Advanced Sampling Designs in Mixed Research: Current Practices and Emerging Trends in the Social and Behavioral Sciences, in: Tashakkori, A. & Teddlie, C. (Hrsg.) SAGE Handbook of Mixed Methods in Social & Behavioral Research, Thousand Oaks et al.: SAGE., S. 353-378.

Creswell, J.W., 2009. Research Design: Qualitative, Quantitative, and Mixed Methods Approaches, Thousand Oaks et al.: SAGE.

Creswell, J.W. & Clark, V.L.P., 2011. Designing and conducting mixed methods research, Thousand Oaks et al.: SAGE.

Crouhy, M., Galai, D., Mark, R., 2006. The Essentials of Risk Management, New York et al.: McGraw-Hill.

Dani, S., 2009. Predicting and Managing Supply Chain Risks, in: Zsidisin, G.A. & Ritchie, B. (Hrsg.) Supply Chain Risk: A Handbook of Assessment, Management, and Performance, New York: Springer, S. 53-66.

Daniel, A., 2001. Implementierungsmanagement. Ein anwendungsorientierter Gestaltungsansatz, Wiesbaden: Gabler.

Davis, D.F., Golicic, S.L., Boerstler, C.N., 2011. Benefits and challenges of conducting multiple methods research in marketing, in: Journal of the Academy of Marketing Science, 39, S. 467-479.

Denk, R., Exner-Merkelt, K., Ruthner, R. (Hrsg.) 2008. Corporate Risk Management: Unternehmensweites Risikomanagement als Führungsaufgabe, Wien: Linde.

Deutscher Bundestag, 1998. Begründung zum Entwurf eines Gesetzes zur Kontrolle und Transparenz im Unternehmensbereich, Bundestag-Drucksache 13/9712.

Diederichs, M., 2012. Risikomanagement und Risikocontrolling, München: Vahlen.

Dörmer, J., 2013. Produktionsprogrammplanung bei variantenreicher Fließproduktion, Wiesbaden: Springer.

DRS (Deutschen Rechnungslegungs Standard), 2012. Deutschen Rechnungslegungs Standard Nr. 20, http://www.drsc.de/docs/press_releases/2012/120928_DRS20_nearfinal.pdf, 01.10.2014.

Eberle, A.O., 2005. Risikomanagement in der Beschaffungslogistik: Gestaltungsempfehlungen für ein System, Bamberg: Difo-Druck.

Eisenhardt, K.M., 1989. Building Theories from Case Study Research, in: Academy of Management Review, 14(4), S. 532-550.

Elfgen, R. & Sieler, C., 2001. Risikomanagement als Beratungsleistung: Der Aufbau von Risikomanagement-Systemen in Industrieunternehmen, in: Lange, K.W. & Wall, F. (Hrsg.) Risikomanagement nach dem KonTraG, München: Vahlen, S. 375-397.

Erben, R.F. & Romeike, F., 2004. Risikoreporting mit Unterstützung von Risk Management-Informationssystemen (RMIS), in: Romeike, F. & Finke, R.B. (Hrsg.) Erfolgsfaktor Risiko-Management: Chancen für Industrie und Handel – Methoden, Beispiele, Checklisten, Wiesbaden: Gabler, S. 275-297.

Ertel W., 2013. Grundkurs Künstliche Intelligenz: Eine praxisorientierte Einführung, Wiesbaden: Springer.

European Commission, 2006. The new SME definition: User guide and model declaration, http://ec.europa.eu/enterprise/policies/sme/files/sme_definition/sme_user_guide_en.pdf, 15.07.2014.

Fiege, S., 2006. Risikomanagement- und Überwachungssystem nach KonTraG: Prozess, Instrumente, Träger, Wiesbaden: Deutscher Universitätsverlag.

Finlay, P., 1994. Introducing Decision Support Systems, Cambridge: Blackwell.

Flick, U., 2004. Triangulation: eine Einführung, Wiesbaden: VS Verlag für Sozialwissenchaften.

Flick, U., 2008. Triangulation: eine Einführung, Wiesbaden: VS Verlag für Sozialwissenchaften.

Flick, U., 2009. An introduction to qualitative research, Thousand Oaks et al.: SAGE.

Flick, U., 2010. Triangulation, in: Mey, G. & Mruck, K. (Hrsg.) Handbuch Qualitative Forschung in der Psychologie, Wiesbaden: Springer, S. 278-289.

Gaudenzi, B. & Borghesi, A., 2006. Managing risks in the supply chain using the AHP method, in: The International Journal of Logistics Management, 17(1), S. 114-136.

Geis, W., 1990. Ausgewählte Vergleiche regelbasierter Expertensysteme mit konventionellen Verfahren zur betrieblichen Entscheidungsunterstützung, Erlangen-Nürnberg: Friedrich-Alexander-Universität.

Ghadge, A., Dani, S., Kalawsky, R., 2012. Supply chain risk management: present and future scope, in: The International Journal of Logistics Management, 23(3), S. 313-339.

Gibson, B.J., Mentzer, J.T., Cook, R.L., 2005. Supply Chain Management: The Pursuit of a Consensus Definition, in: Journal of Business Logistics, 26(2), S. 17-25.

Giunipero, L.C. & Eltantawy, R.A., 2004. Securing the upstream supply chain: a risk management approach, in: International Journal of Physical Distribution & Logistics Management, 34(9), S. 698-713.

Gleißner, W., 2011. Grundlagen des Risikomanagements im Unternehmen: Controlling, Unternehmensstrategie und wertorientiertes Management, München: Vahlen.

Gleißner, W. & Pflaum, R., 2008. Risiken konzernweit managen: Die organisatorische Verankerung des Risikomanagements bei EnBW, in: Roselieb, F. & Dreher, M. (Hrsg.) Krisenmanagement in der Praxis: Von erfolgreichen Krisenmanagern lernen, Berlin: Erich Schmidt, S. 181-210.

Gleißner, W. & Romeike, F., 2005. Risikomanagement: Umsetzung, Werkzeuge, Risikobewertung: Controlling, Qualitätsmanagement und Balanced Scorecard als Plattform für den Aufbau, Freiburg et al.: Haufe.

Golicic, S.L. & Davis, D.F., 2012. Implementing mixed methods research in supply chain management, in: International Journal of Physical Distribution & Logistics Management, 42(8/9), S. 726-741.

Goll, J., 2011. Methoden und Architekturen der Softwaretechnik, Wiesbaden: Vieweg+Teubner.

Grewe, A., 2012. Implementierung neuer Anreizsysteme: Grundlagen, Konzept und Gestaltungsempfehlungen, München et al.: Rainer Hampp.

Grob, H.L. & Bensberg, F., 2007. Entscheidungstheorie und Entscheidungsunterstützungssysteme: ET + EUS, Münster: Selbstverlag.

Günterberg, B. & Wolter, H.-J., 2002. Unternehmensgrößenstatistik 2001/2002: Daten und Fakten, http://www.ifm-bonn.org/assets/documents/IfM-Materialien-157.pdf, 27.03.2014.

Haberfellner, R., Nagel, P., Becker, M., Büchel, A., von Massow, H., 2002. Systems Engineering, Zürich: Verlag Industrielle Organisation.

Hair, J., Money, A., Page, M., Samouel, P., 2007. Research Methods for Business, New York et al.: Wiley.

Haller, M., 1986a. Risiko-Management: Eckpunkte eines integrierten Konzepts, in: Jacob, H. & Müller, W. (Hrsg.) Risiko-Management: Schriften zur Unternehmensführung, Wiesbaden: Gabler, S. 7-43.

Haller, M., 1986b. Ausblick: Künftige Entwicklung im Risiko-Management, in: Jacob, H. & Müller, W. (Hrsg.) Risiko-Management: Schriften zur Unternehmensführung, Wiesbaden: Gabler, S. 117-127.

Hallikas, J. & Virolainen, V.-M., 2004. Risk Management in Supplier Relationships and Networks, in: Brindley, C. (Hrsg.) Supply Chain Risk, Aldershot: Ashgate, S. 43-65.

Hallikas, J., Virolainen, V.-M., Tuominen, M., 2002. Understanding risk and uncertainty in supplier networks: a transaction cost approach, in: International Journal of Production Research, 40(15), S. 3519-3531.

Hallikas, J., Karvonen, I., Pulkkinen, U., Virolainen, V.-M., Tuominen, M., 2004. Risk management processes in supplier networks, in: International Journal of Production Economics, 90(1), S. 47-58.

Hammond, J.S., 1979. A Practitioner-Oriented Framework for Implementation, in: Doktor, R., Schultz, R.L., Slevin, D.P. (Hrsg.) The Implementation of Management Science, Amsterdam et al.: North-Holland.

Harland, C., Brenchley, R., Walker, H., 2003. Risk in supply networks, in: Journal of Purchasing & Supply Management, 9(2), S. 51-62.

Heitmann, M., 2007. IT-Sicherheit in vertikalen FE-Kooperationen der Automobilindustrie, Wiesbaden: Deutscher Universitätsverlag.

Hellbrück, R.P., 2011. Angewandte Statistik mit R: eine Einführung für Ökonomen und Sozialwissenschaftler, Wiesbaden: Gabler.

Hendricks, K.B. & Singhal, V.R., 2005. An Empirical Analysis of the Effect of Supply Chain Disruptions on Long-Run Stock Price Performance and Equity Risk of the Firm, in: Production and Operations Management, 14(1), S. 35-52.

Hendricks, K.B., Singhal, V.R., Zhang, R., 2009. The effect of operational slack, diversification, and vertical relatedness on the stock market reaction to supply chain disruptions, in: Journal of Production Management, 27(3), S. 233-246.

Hermann, D.C., 1996. Strategisches Risikomanagement kleiner und mittlerer Unternehmen, Berlin: Köster.

Hertlein, M., Kaßube, A., Linz, T., Till, F., 2007. Risikomanagement, Schopfheim: Maas & Peither GMP.

Heusler, K.F., 2004. Implementierung von Supply Chain Management. Kompetenzorientierte Analyse aus der Perspektive eines Netzwerkakteurs, Wiesbaden: Deutscher Universitätsverlag.

Hotwanger, B., 2008. Supply Chain Risk Management und dessen systemische Umsetzung in Unternehmen, in: Fachhochschule Wien (Hrsg.) Supply Chain Risk Management, Schriftenreihe zur Wirtschaftswissenschaftlichen Forschung und Praxis, 8, S. 23-39.

Hwang, C.-L. & Yoon, K., 1981. Multiple Attribute Decision Making: Methods and Applications – A State-of-the-Art Survey, in Beckmann, M. & Künzi, H.P. (Hrsg.) Lecture Notes in Economics and Mathematical Systems, 186, Berlin et al.: Springer.

ISO (the International Organization for Standardization), 2009. ISO 31000:2009(E): Risk management: Principles and guidelines, Genf: ISO.

Jakoby, W., 2010. Projektmanagement für Ingenieure: Gestaltung technischer Innovationen als systemische Problemlösung in strukturierten Projekten, Wiesbaden: Vieweg + Teubner.

Johannson, L., 1994. How Can a TQEM Approach Add Value to Your Supply Chain?, in: Environmental Quality Management, 3(4), S. 521-530.

Johnson, M.E., 2001. Learning from Toys: Lessons in Managing Supply Chain Risk from the Toy Industry, in: California Management Review, 43(3), S. 106-124.

Johnson, R.B., Onwuegbuzie, A.J., Turner, L.A., 2007. Toward a Definition of Mixed Methods Research, in: Journal of Mixed Methods Research, 1(2), S. 112-133.

Jonen, A., 2007. Semantische Analyse des Risikobegriffs: Strukturierung der betriebswirtschaftlichen Risikodefinitionen und literaturempirische Auswertung, Beiträge zur Controlling-Forschung, Lehrstuhl für Unternehmensrechnung und Controlling, Technische Universität Kaiserslautern, Nr. 11.

Jones, G.R. & Bouncken, R.B., 2008. Organisation: Theorie, Design und Wandel, München: Pearson Studium.

Jüttner, U., 2005. Supply chain risk management: Understanding the business requirements from a practitioner perspective, in: The International Journal of Logistics Management, 16(1), S. 120-141.

Jüttner, U., Peck, H., Christopher, M., 2003. Supply Chain Risk Management: Outlining an Agenda for Future Research, in: International Journal of Logistics Research and Applications, 6(4), S. 197-210.

Kahraman, C., 2008. Multi-Criteria Decision Making Methods and Fuzzy Sets, in: Kahraman, C. (Hrsg.) Fuzzy Multi-Criteria Decision Making: Theory and Applications with Recent Developments, New York: Springer, S. 1-18.

Kajüter, P., 2003a. Instrumente zum Risikomanagement in der Supply Chain, in: Stölzle, W. & Otto, A. (Hrsg.) Supply Chain Controlling in Theorie und Praxis: Aktuelle Konzepte und Unternehmensbeispiele. Wiesbaden: Gabler, S. 107-135.

Kajüter, P., 2003b. Risk Management in Supply Chains, in: Seuring, S., Goldbach, M., Müller, M., Schneidewind, U., (Hrsg.) Strategy and Organization in Supply Chains, Heidelberg: Physica, S. 321-336.

Kajüter, P., 2007. Risikomanagement in der Supply Chain: Ökonomische, regulatorische und konzeptionelle Grundlagen, in: Vahrenkamp, R. & Siepermann, C. (Hrsg.) Risikomanagement in Supply Chains, Berlin: Erich Schmidt, S. 13-28.

Kaufmann, L. & Germer, T., 2001. Controlling internationaler Supply Chains: Positionierung, Instrumente, Perspektiven, in: Arnold, U., Mayer, R., Urban, G. (Hrsg.) Supply Chain Management: Unternehmensübergreifende Prozesse – Kollaboration – IT-Standards, Bonn: Lemmens, S. 177-192.

Kaya, M., 2007. Verfahren der Datenerhebung, in: Albers, S., Klapper, D., Konradt, U., Walter, A., Wolf, J. (Hrsg.) Methodik der empirischen Forschung, Wiesbaden: Gabler, S. 49-64.

Kelle, U. & Erzberger, C., 2010. Qualitative und quantitative Methoden: kein Gegensatz, in: Flick, U., von Kardorff, E., Steinke, I. (Hrsg.) Qualitative Forschung: ein Handbuch, Reinbek bei Hamburg: Rowohlt-Taschenbuch-Verl., S. 299-309.

Kendal, S. & Creen, M., 2007. An Introduction to Knowledge Engineering, London: Springer.

Kern, E.-M. & Hartung, T., 2008. Geschäftsprozessorientiertes Risikomanagement am Beispiel der industriellen Produktion, in: Himpel, F., Kaluza, B., Wittmann, J. (Hrsg.) Spektrum des Produktions- und Innovationsmanagements: Komplexität und Dynamik im Kontext von Interdependenz und Kooperation, Festgabe für Klaus Bellmann zum 65. Geburtstag, Wiesbaden: Gabler, S. 55-66.

Kersten, W., Schröder, K., Hohrath, P., Späth, H., 2006. Wissensmanagement als Instrument des Supply Chain Risk Managements, in: Pfohl, H.-C. & Wimmer, T. (Hrsg.) Wissenschaft und Praxis im Dialog: Steuerung von Logistiksystemen – auf dem Weg zur Selbststeuerung, Tagungsband Wissenschaftssymposium Logistik, Hamburg: DVV Media Group, S. 233-253.

Kersten, W., Held, T., Meyer, C.M., Hohrath, P., 2007. Komplexitäts- und Risikomanagement als Methodenbausteine des Supply Chain Managements, in: Hausladen, I. & Mauch, C. (Hrsg.) Management am Puls der Zeit: Strategien, Konzepte und Methoden, München: TCW Transfer-Centrum, S. 1159-1182.

Kersten, W., Höbig, M., Scholl, J., Hohrath, P., Schwarz, B., 2008a. Supply Chain Risk Management in der deutschen Windenergiebranche, Studie, Hamburg: Institut für Logistik und Unternehmensführung, Technische Universität Hamburg-Harburg.

Kersten, W., Schröder, M., Hohrath, P., Winter, M., Böger, M., 2008b. Risikomanagement in dezentral organisierten Supply Chains von kleinen und mittelständischen Unternehmen, in: Pfohl, H.-C. & Wimmer, T. (Hrsg.) Wissenschaft und Praxis im Dialog: Robuste und sichere Logistiksysteme, Hamburg: DVV, S. 213-231.

Kersten, W., Böger, M., Hohrath, P., Singer, C., 2009. Supply Chain Risk Management für kleine und mittelständische Unternehmen, in: Wolf-Kluthausen, H. (Hrsg.) Jahrbuch Logistik, Korschenbroich: Jahrbuch Logistik, S. 146-150.

Kersten, W., Höbig, M., Scholl, J., Hohrath, P., 2011a. Supply Chain Risk Management in der deutschen Windenergiebranche (Neuauflage), Studie, Hamburg: Institut für Logistik und Unternehmensführung, Technische Universität Hamburg-Harburg.

Kersten, W., Hohrath, P., Böger, M., Singer, C., 2011b. A Supply Chain Risk Management Process, in: International Journal of Logistics Systems and Management, Vol. 8, No. 2, pp. 152-166.

Kersten, W., Feser, M., Klotzbach, M. 2012a. Supply Chain Risk Management: Konzept und Implementierung in der Praxis, in: Wimmer, T. & Fontius, J. (Hrsg.) Tagungsband zum 29. Deutscher Logistik-Kongress 2012, Hamburg: DVV Media Group, S. 404-431.

Kersten, W., Feser, M., Shaheen, W.A., Scholl, J., Ostermann, E., Frerichs, H., Hohrath, P., 2012b. Supply Chain Risk Management in der deutschen Windenergiebranche (3. Auflage), Studie, Hamburg: Institut für Logistik und Unternehmensführung, Technische Universität Hamburg-Harburg.

Kersten, W., Feser, M., Schröder, M., 2013a. Schlussbericht zum Projekt „Situationsadäquate Implementierung eines Supply Chain Risk Managements", Hamburg: Technische Universität Hamburg-Harburg.

Kersten, W., Schröder, M., Feser, M., Klotzbach, M., 2013b. Implementierung eines Supply Chain Risk Managements, in: Kersten, W. & Wittmann, J. (Hrsg.) Kompetenz, Interdisziplinarität und Komplexität in der Betriebswirtschaftslehre: Festgabe für Klaus Bellmann zum 70. Geburtstag, Wiesbaden: Springer, S. 133-147.

Kieser, A., 2006. Der situative Ansatz, in: Kieser, A. & Ebers, M. (Hrsg.) Organisationstheorien, Stuttgart: Kohlhammer, S. 215-245.

Kieser, A. & Walgenbach, P., 2010. Organisation, Stuttgart: Schäffer-Poeschel.

Kirk, D.L., 1999. Enforcement time nears for German Law, in: Business Insurance, 33(36), S. 19-20.

Klaus, P., 2008. Stand und Entwicklungsperspektiven des Logistikmanagements, in: Arnold, D., Isermann, H., Kuhn, A., Tempelmeier, H., Furmanns, K. (Hrsg.) Handbuch Logistik, Berlin et al.: Springer, S. 882-890.

Kleindorfer, P.R. & Saad, G.H., 2005. Managing Disruption Risks in Supply Chains, in: Production and Operations Management, 14(1), S. 53-68.

Knechel, W.R., 2007. The business risk audit: Origins, obstacles and opportunities, in: Accounting, Organizations and Society, 32(4-5), pp. 383-408.

Knight, F.H., 1921. Risk, Uncertainty and Profit, Boston et al.: Houghton Mifflin.

Kolb, S., 1991. Erklärungsfähigkeit und Wissensakquisition, in: Biethahn, J. & Hoppe, U. (Hrsg.) Entwicklung von Expertensystemen: Eine Einführung, Wiesbaden: Gabler, S. 137-170.

Kouvelis, P. & Rosenblatt, M.J., 2005. A mathematical programming model for global supply chain management: Conceptual approach and managerial insights, in: Geunes, J., Pardalos, P.M., Romeijn, H.E. (Hrsg.) Supply Chain Management: Models, Applications, and Research Directions, Dordrecht: Kluwer Academic Publishers, S. 245-278.

Kraljic, P., 1983. Purchasing must become supply management, in: Harvard Business Review, 61(5), S. 109-117.

Kramme, R. & Kramme, H., 2011. Die Rolle der Technik in der Medizin und ihre gesundheitspolitische Bedeutung, in: Kramme, R. (Hrsg.) Medizintechnik: Verfahren – Systeme – Informationsverarbeitung, Berlin et al.: Springer, S. 3-6.

Kratzheller, J.B., 1997. Risiko und Risk Management aus organisationswissenschaftlicher Perspektive, Wiesbaden: Deutscher Universitätsverlag.

Krüger, W., 1994. Organisation der Unternehmung, Stuttgart et al.: Kohlhammer.

Kuckartz, U., 2014. Qualitative Inhaltsanalyse: Methoden, Praxis, Computerunterstützung, Weinheim et al.: Beltz Juventa.

Küßner, M., 1999. Überwindung von Implementierungsbarrieren, in: Zeitschrift für Plannung, 10(3), S. 269-282.

Küting, K., 2011. Unbestimmte Rechtsbegriffe im HGB und in den IFRS: Konsequenzen für Bilanzpolitik und Bilanzanalyse, in: Betriebs Berater, 66(34), S. 2091-2095.

La Londe, B.J. & Masters, J.M., 1994. Emerging Logistics Strategies: Blueprints for the Next Century, in: International Journal of Physical Distribution & Logistics Management, 24(7), S. 35-47.

Lambert, D.M. & Cooper, M.C., 2000. Issues in Supply Chain Management, in: Industrial Marketing Management, 29(1), S. 65-83.

Lambert, D.M., Cooper, M.C., Pagh, J.D., 1998. Supply Chain Management: Implementation Issues and Research Opportunities, in: The International Journal of Logistics Management, 9(2), S. 1-19.

Lamnek, S., 1993. Qualitative Sozialforschung: Band 2 Methoden und Techniken, Weinheim: Psychologie Verlags Union.

Lamnek, S., 2005. Qualitative Sozialforschung: Lehrbuch, Weinheim: Beltz.

Langley, C.J., Coyle, J.J., Gibson, B.J., Novack, R.A., Bardi, E.J., 2008. Managing Supply Chains: A Logistics Approach, Mason: South-Western.

Larson, P.D., Poist, R.F., Halldorsson, A., 2007. Perspectives on Logistics vs. SCM: A Survey of SCM Professionals, in: Journal of Business Logistics, 28(1), S. 1-24.

Laux, H., 2005. Entscheidungstheorie, Berlin et al.: Springer.

Laux, H., Gillenkirch, R.M., Schenk-Mathes, H.Y., 2012. Entscheidungstheorie, Berlin et al.: Springer.

Likert, R., 1932. A Technique for the Measurement of Attitudes, in: Archives of Psychology, 22(140), S. 3-55.

Lockamy, A. & McCormack, K., 2010. Analysing risks in supply networks to facilitate outsourcing decisions, in: International Journal of Production Research, 48(2), S. 593–611.

Lord, M.A., 1993. Implementing Strategy Through Project Management, in: Long Range Planning, 26(1), S. 76-85.

Lorenz, M., 2008. Einführung in die rechtlichen Grundlagen des Risikomanagements, in: Romeike, F. (Hrsg.) Rechtliche Grundlagen des Risikomanagements: Haftungs- und Strafvermeidung für Corporate Compliance, Berlin: Erich Schmidt, S. 3-29.

Luhmann, N., 1991. Soziologie des Risikos, Berlin et al.: W. de Gruyter.

Magnus, K., 2007. Erfolgreiche Supply-Chain-Kooperation zwischen Einzelhandel und Konsumgüterherstellern, Wiesbaden: Deutscher Universitätsverlag.

Mangold, W., 1962. Gruppendiskussion, in: König, R. & Maus, H. (Hrsg.) Handbuch der empirischen Sozialforschung, Band 1, Stuttgart: Enke, S. 209-225.

Manuj, I. & Mentzer, J.T., 2008. Global Supply Chain Risk Management Strategies, in: International Journal of Physical Distribution & Logistics Management, 38(3), S. 192-223.

March, J.G. & Shapira, Z., 1987, Managerial Perspectives on Risk and Risk Taking, in: Management Science, 33(11), S. 1404-1418.

Massingham, P., 2010. Knowledge risk management: a framework, in: Journal of Knowledge Management, 14(3), S. 464-485.

Matook, S., Lasch, R., Tamaschke, R., 2009. Supplier development with benchmarking as part of a comprehensive supplier risk management framework, in: International Journal of Operations & Production Management, 29(3), S. 241-267.

Mayring, P., 2008. Qualitative Inhaltsanalyse: Grundlagen und Techniken, Wenheim et al.: Beltz.

Mayring, P., 2010. Qualitative Inhaltsanalyse, in: Flick, U., von Kardorff, E., Steinke, I. (Hrsg.) Qualitative Forschung: ein Handbuch, Reinbeck bei Hamburg: Rowohlt-Taschenbuch, S. 468-474.

McGrath, J.E., 1981. Dilemmatics: „The Study of Research Choices and Dilemmas“, in: American Behavioral Scientist, 25(2), S. 179-210.

Mentzer, J.T., DeWitt, W., Keebler, J.S., Min, S., Nix, N.W., Smith, C.D., Zacharia, Z.G., 2001. Defining Supply Chain Management, in: Journal of Business Logistics, 22(2), S. 1-26.

Merschmann, U., 2007. Die Beziehung zwischen Unsicherheit, Supply-Chain-Flexibilität und Erfolg, Lohmar et al.: EUL.

Merton, R.K., Fiske, M., Kendall, P.L., 1956. The focussed interview: A manual of problems and procedures, Glencoe: Free Press.

Micheli, G.J.L., Cagno, E., Zorzini, M., 2008. Supply Risk Management vs Supplier Selection to Manage the Supply Risk in the EPC Supply Chain, in: Management Research News, 31(11), S. 846-866.

Mikus, B., 2001a. Risiken und Risikomanagement: Ein Überblick, in: Götze, U., Henselmann, K., Mikus, B. (Hrsg.) Risikomanagement, Heidelberg: Physica, S. 3-27.

Mikus, B., 2001b. Zur Integration des Risikomanagements in den Führungsprozeß, in: Götze, U., Henselmann, K., Mikus, B. (Hrsg.) Risikomanagement, Heidelberg: Physica, S. 67-94.

Mittra, S.S., 1986. Decision Support Systems: Tools and Techniques, New York et al.: Wiley.

Morrison, J., 2009. International Business: Challenges in a Changing World, Basingstoke et al.: Palgrave Macmillan.

Mucchielli, R., 1973. Das Gruppeninterview: Teil 1: Theoretische Einführung, Salzburg: Müller Verlag.

Müller, J., 1990. Arbeitsmethoden der Technikwissenschaften: Systematik, Heuristik, Kreativität, Berlin et al.: Springer.

Münzel, C. & Jenny, H., 2005. Riskmanagement für kleine und mittlere Unternehmen: Wegleitung zur Einführung und zum Unterhalt eines Riskmanagement-Systems, Zürich et al.: Schulthess.

Myers, M.D., 2009. Qualitative Research in Business & Management, Thousand Oaks et al.: SAGE.

Narasimhan, R. & Talluri, S., 2009. Editorial: Perspectives on risk management in supply chains, in: Journal of Operations Management, 27(2), S. 114-118.

Norrman, A. & Jansson, U., 2004. Ericsson's proactive supply chain risk management approach after a serious sub-supplier accident, in: International Journal of Physical Distribution & Logistics Management, 34(5), S. 434-456.

Norrman, A. & Lindroth, R., 2002. Supply chain risk management: purchasers' vs planners' views on sharing capacity investment risks in the telecom industry, in: Proceedings of the 11th International Annual IPSERA Conference, Twente University, 25-27 March, S. 577-595.

Norrman, A. & Lindroth, R., 2004. Categorization of Supply Chain Risk and Risk Management, in: Brindley, C. (Hrsg.) Supply Chain Risk, Aldershot: Ashgate, S. 14-27.

Nutt, P.C., 1986. Tactics of implementation, in: Academy of Management Journal, Vol. 29, No. 2, S. 230-261.

Oliver, R.K. & Webber, D., 1982. Supply-chain management: logistics catches up with strategy, in: Christopher, M. (Hrsg.) Logistics: The Strategic Issues, New York et al.: Chapman & Hall, S. 63-75.

Onwuegbuzie, A.J. & Collins, K.M.T., 2007. A Typology of Mixed Methods Sampling Designs in Social Science Research, in: The Qualitative Report, 12(2), S. 281-316.

Orros, G.C. & Smith, J., 2012. Enterprise risk management for health insurance from an acturial perspective, in: British Actuarial Journal, 17(2), S. 259-314.

Otto, A., 2002. Management und Controlling von Supply Chains: Ein Modell auf der Basis der Netzwerktheorie, Wiesbaden: Deutscher Universitätsverlag.

Pai, R.R., Kallepalli, V.R., Caudill, R.J., Zhou, M., 2003. Methods Toward Supply Chain Risk Analysis, in: Systems, Man and Cybernetics, IEEE International Conference, 5, S. 4560-4565.

Park, Y.W., Hong, P., Roh, J.J., 2013. Supply chain lessons from the catastrophic natural disaster in Japan, in: Business Horizons, 56, S. 75-85.

Parvis-Trevisany, N., 2006. Implementierung von Controllinginstrumenten, Wiesbaden: Deutscher Universitätsverlag.

Paulsson, U., 2004. Supply Chain Risk Management, in: Brindley, C. (Hrsg.) Supply Chain Risk, Aldershot: Ashgate, S. 79-96.

Paulsson, U., 2007. On Managing Disruption Risks in the Supply Chain: the DRISC Model, Lund: Dep. of Industrial Management and Logistics, Engineering Logistics, Lund Univ.

Peck, H., 2005. Drivers of supply chain vulnerability: an integrated framework, in: International Journal of Physical Distribution & Logistics Management, 35(4), S. 210-232.

Peck, H., 2006. Reconciling supply chain vulnerability, risk and supply chain management, in: International Journal of Logistics: Research and Applications, 9(2), S. 127-142.

Peck, H. & Jüttner, U., 2000. Strategy and Relationships: Defining the Interface in Supply Chain Contexts, in: The International Journal of Logistics Management, 11(2), S. 33-44.

Pfohl, C., Köhler, H., Thomas, D., 2010. State of the art in supply chain risk management research: empirical and conceptual findings and a roadmap for the implementation in practice, in: Logistics Research, 2(1), S. 33-44.

Picot, A., Reichwald, R., Wigand, R., 2008. Information, Organization and Management, Berlin et al.: Springer.

Porst, R., 2008. Fragebogen: Ein Arbeitsbuch, Wiesbaden: VS Verlag für Sozialwissenschaften.

Porter, M.E., 1998. On competition, Boston: Harvard Business School Publishing.

Power, D., 2005. Supply chain management integration and implementation: a literature review, in: Supply Chain Management: An International Journal, 10(4), S. 252-263.

Probst, G., 1992. Organisation: Strukturen, Lenkungsinstrumente und Entwicklungsperspektiven, Landsberg/Lech: Verlag Moderne Industrie.

Punter, A., 2003. Supply Chain Failures: A Study of the nature, causes and complexity of supply chain disruptions, http://www.airmic.com/sites/default/files/supply_chain_failures_2013_FINAL_web.pdf, 28.11.2014.

Quambusch, L., 1989. Handelshemmnisse, nicht-tarifäre, in: Macharzina, K. & Welge, M.K. (Hrsg.) Handwörterbuch Export und Internationale Unternehmung, Stuttgart: Schäffer-Poeschel, Sp. 782-799.

Rao, S. & Goldsby, T.J., 2009. Supply chain risks: a review and typology, in: The International Journal of Logistics Management, 20(1), S. 97-123.

Rave, K., 2012. Windenergie: die treibende Kraft, in: Böttcher, J. (Hrsg.) Handbuch Windenergie: Onshore-Projekte: Realisierung, Finanzierung, Recht und Technik, München: Oldenbourg, S. 1-7.

Rehkugler, H. & Schindel, V., 1985. Entscheidungstheorie: Erklärung und Gestaltung betrieblicher Entscheidungen, München: Florentz.

Reichert, T., 2011. Projektmanagement: Die häufigsten Fehler, die wichtigsten Erfolgsfaktoren, Freiburg et al.: Haufe.

Reinersmann, M., 1997. Wissensbasierte Entscheidungsunterstützungssysteme: Ein interdisziplinärer Ansatz zur Entwicklung eines problem- und benutzerorientierten Gestaltungskonzepts, Bochum: Brockmeyer.

Reiß, M., 1995. Implementierung, in: Corsten, H. & Reiß, M. (Hrsg.) Handbuch Unternehmensführung: Kozepte – Instrumente – Schnittstellen, Wiesbaden: Gabler, S. 291-301.

Rice, J. & Caniato, F., 2003. Building a Secure and Resilient Supply Network, in: Supply Chain Management Review, 7(5), S. 22-33.

Rich, E. & Knight, K., 1991. Artificial Intelligence, New York et al.: McGraw-Hill.

Ritchie, B. & Brindley, C., 2000. Disintermediation, disintegration and risk in the SME global supply chain, in: Management Decision, 38(8), S. 575-583.

Ritchie, B. & Brindley, C., 2004. Risk Characteristics of the Supply Chain: A Contingency Framework, in: Brindley, C. (Hrsg.) Supply Chain Risk, Aldershot et al.: Ashgate, S. 28-42.

Ritchie, B. & Brindley, C., 2007. An emergent framework for supply chain risk management and performance measurement, in: Journal of the Operational Research Society, 58, S. 1398-1411.

Rogler, S., 2002. Risikomanagement im Industriebetrieb: Analyse von Beschaffungs-, Produktions- und Absatzrisiken, Wiesbaden: Deutscher Universitätsverlag.

Romeike, F., 2004a. Risikoidentifikation und Risikokategorien, in: Romeike, F. & Finke, R.B. (Hrsg.) Erfolgsfaktor Risiko-Management: Chancen für Industrie und Handel – Methoden, Beispiele, Checklisten, Wiesbaden: Gabler, S. 165-180.

Romeike, F., 2004b. Bewertung und Aggregation von Risiken, in: Romeike, F. & Finke, R.B. (Hrsg.) Erfolgsfaktor Risiko-Management: Chancen für Industrie und Handel – Methoden, Beispiele, Checklisten, Wiesbaden: Gabler, S. 183-198.

Ruddat, M., 2012. Auswertung von Fokusgruppen mittels Zusammenfassung zentraler Diskussionsaspekte, in: Schulz, M., Mack, B., Renn, O. (Hrsg.) Fokusgruppen in der empirischen Sozialwissenschaft: Von der Konzeption bis zur Auswertung, Wiesbaden: Springer VS, S. 195-206.

Ruta, A., 1999. Fehlermöglichkeits- und Einflussanalyse FMEA für die Produktionslogistik, Fortschrittsberichte VDI Reihe, 2(518), Düsseldorf: VDI.

Saliger, E., 1993. Betriebswirtschaftliche Entscheidungstheorie: Einführung in die Logik individueller und kollektiver Entscheidungen, München: Oldenbourg.

Schieg, M., 2007. Post-mortem analysis on the analysis and evaluation of risks in construction project management, in: Journal of Business Economics and Management, 8(2), S. 145-153.

Schmidt, P. & Opp, K.-D., 1976. Einführung in die Mehrvariablenanalyse: Grundlagen der Formulierung und Prüfung komplexer sozialwissenschaftlicher Aussagen, Reinbek: Rowohlt.

Schorcht, H., 2004. Risikomanagement und Risikocontrolling junger Unternehmen in Wachstumsbranchen: Konzeption eines theoriegeleiteten Handlungsrahmens für die praxisinduzierte Unternehmenssteuerung, Berlin: Logos.

Schreier, M. & Odag, Ö., 2010. Mixed Methods, in: Mey, G. & Mruck, K. (Hrsg.) Handbuch Qualitative Forschung in der Psychologie, Wiesbaden: Springer, S. 263-277.

Schubert, M., 2004. Risikomanagement im Beschaffungsmarketing, Köln: Fördergesellschaft Produkt-Marketing.

Schulte-Zurhausen, M., 2010. Organisation, München: Franz Vahlen.

Schulz, M., 2012. Quick and easy!? Fokusgruppen in der angewandten Sozialwissenschaft, in: Schulz, M., Mack, B., Renn, O. (Hrsg.) Fokusgruppen in der empirischen Sozialwissenschaft: Von der Konzeption bis zur Auswertung, Wiesbaden, Springer VS, S. 9-22.

Seibt, D., 1980. Implementierung, organisatorische, in: Grochla, E. (Hrsg.) Handwörterbuch der Organisation, Stuttgart: Poeschel, Sp. 853-862.

Sheffi, Y., 2005. The Resilient Enterprise: Overcoming Vulnerability for Competitive Advantage, Cambridge: MIT Press.

Sieben, G. & Schildbach, T., 1994. Betriebswirtschaftliche Entscheidungstheorie, Düsseldorf: Werner.

Siggelkow, N., 2007. Persuasion with case studies, in: Academy of Management Journal, 50(1), S. 20-24.

Simon, H.A., 1957. Models of Man: social and rational – mathematical essays on rational human behavior in a social setting, New York et al.: Wiley.

Singer, C., 2012. Flexibilitätsmanagement zur Bewältigung von Unsicherheit in der Supply Chain, in: Kersten, W. (Hrsg.) Supply Chain, Logistics and Operations Management, Band 8, Lohmar et al.: EUL.

Singhal, P., Agarwal, G., Mittal, M.L., 2011. Supply Chain Risk Management: review, classification and future research directions, in: International Journal of Business Science and Applied Management, 6(3), S. 15-42.

Sinha, P.R., Whitman, L.E., Malzahn, D., 2004. Methodology to mitigate supplier risk in an aerospace supply chain, in: Supply Chain Management: An International Journal, 9(2), S. 154-168.

Skjott-Larsen, T., Schary, P.B., Mikkola, J.H., Kotzab, H., 2007. Managing the Global Supply Chain, Copenhagen: Business School Press.

Sodhi, M.S. & Tang, C.S., 2012. Managing Supply Chain Risk, New York et al.: Springer.

Spectaris 2013. SPECTARIS Jahrbuch 2013/2014: Die deutsche Medizintechnik-Industrie, Berlin: Deutscher Industrieverband für optische, medizinische und mechatronische Technologien e.V. (Spectaris).

Stadtler, H., 2005. Supply Chain Management – An Overview, in: Stadtler, H. & Kilger, C. (Hrsg.) Supply Chain Management and Advanced Planning: Concepts, Models, Software, and Case Studies, Berlin et al.: Springer, S. 9-36.

Staehle, W.H., 1973. Organisation und Führung sozio-technischer Systeme: Grundlagen einer Situationstheorie, Stuttgart: Enke.

Stockhorst, J., 2012. Verfügbarkeit von hoch qualifizierten Arbeitskräften abseits von Ballungsräumen: Regionale Restriktionen und Chancen für Hochtechnologieunternehmen der Medizintechnik, Münster: Lit.

Stütz, S., 2011. Kleine und mittlere Industrieunternehmen in der ökonomischen Theorie, Lohmar et al.: Eul.

Supply Chain Council, 2012. Supply Chain Operations Reference Model, Revision 11.0.

Svensson, G., 2000. A conceptual framework for the analysis of vulnerability in supply chains, in: International Journal of Physical Distribution & Logistics Management, 30(9), S. 731-749.

Svensson, G., 2004. Key areas, causes and contingency planning of corporate vulnerability in supply chains: A qualitative approach, in: International Journal of Physical Distribution & Logistics Management, 34(9), S. 728-748.

Sydow, J., 2010. Über Netzwerke, Allianzsysteme, Verbünde, Kooperationen und Konstellationen, in: Sydow, J. (Hrsg.) Management von Netzwerkorganisationen, Wiesbaden, Gabler, S. 1-6.

Tang, C.S., 2006. Review: Perspectives in supply chain risk management, in: International Journal of Production Economics, 103(2), S. 451-488.

Tang, C.S. & Tomlin, B., 2008. The power of flexibility for mitigating supply chain risks, in: International Journal of Production Economics, 116(1), S. 12-27.

Tang, O. & Musa, S.N., 2011. Identifying risk issues and research advancements in supply chain risk management, in: International Journal of Production Economics, 133(1), S. 25-34.

Tashakkori, A. & Teddlie, C., 1998. Mixed Methodology: Combining Qualitative and Quantitative Approaches, Thousand Oaks et al.: SAGE.

Taylor, F.W., 1913. Die Grundsätze wissenschaftlicher Betriebsführung, München et al.: Oldenbourg.

Tiemeyer, E., 2013. IT-Anforderungsmanagement, in: Tiemeyer, E. & Bergmann, R. (Hrsg.) Handbuch IT-Management: Konzepte, Methoden, Lösungen und Arbeitshilfen für die Praxis, München: Hanser, S. 311-338.

Töllner, A., Jungmann, T., Bücker, M., Brutscheck, T., 2010. Modelle und Modellierung, in: Bandow, G. & Holzmüller, H.H. (Hrsg.) „Das ist gar kein Modell“ Unterschiedliche Modelle und Modellierungen in Betriebswirtschaftslehre und Ingenieurwissenschaften, Wiesbaden: GWV, S. 3-21.

Trippner, K., 2006. Systematische Risikobewertung in versorgungslogistischen Systemen in der Automobilindustrie: Analyse internationaler Hersteller in China, Cottbus: Dissertation der Technischen Universität Cottbus.

Turban, E., 1988. Decision Support and Expert Systems: Managerial Perspectives, New York: Macmillian.

Tzeng, G.H. & Huang, J.J., 2011. Multiple Attribute Decision Making: Methods and Applications, Boca Raton et al.: CRC Press.

Ulrich, H., 1970. Die Unternehmung als produktives soziales System: Grundlagen der allgemeinen Unternehmenslehre, Bern et al.: Paul Haupt.

Vahs, D., 2007. Organisation: Einführung in die Organisationstheorie und -praxis, Stuttgart: Schäffer-Poeschel.

Vogler, K. & Wagner, S.M., 2005. Ein situativer Ansatz zum Management von Risiken in Supply Chains, in: Boutellier, R. & Wagner, S.M. (Hrsg.) Chancen nutzen, Risiken managen: Herausforderungen für die Beschaffung und das Supply Chain Management, Aarau: Verlag SVME – Schweizerischer Verband für Materialwirtschaft und Einkauf, SVME-Schriftenreihe zur Materialwirtschaft, 14, S. 61–94.

Wagner, S.M. & Bode, C., 2007. Empirische Untersuchung von SC-Risiken und SC-Risikomanagement in Deutschland, in: Vahrenkamp, R. & Siepermann, C. (Hrsg.) Risikomanagement in Supply Chains, Berlin: Erich Schmidt, S. 59-79.

Weber, M., 1946. From Max Weber: Essays in Sociology, in: Gerth, H.H. & Mills, C.W. (Hrsg.) New York: Oxford University Press.

Weber, J. & Liekweg, A., 2001. Risiko(management) und Rationalität der Führung in unterschiedlichen Kontexten, in: Lange, K.W. & Wall, F. (Hrsg.) Risikomanagement nach dem KonTraG: Aufgaben und Chancen aus betriebswirtschaftlicher und juristischer Sicht, München: Vahlen, S. 459-503.

Weber, J., Weißenberger, B.E., Liekweg, A., 2001. Risk Tracking & Reporting: Ein umfassender Ansatz unternehmerischen Chancen- und Risikomanagements, in: Götze, U. & Betz, S. (Hrsg.) Risikomanagement, Heidelberg: Physica, S. 47-65.

Weidenhaupt, T.M., 1991. Grundlagen von Expertensystemen, in: Biethahn, J. & Hoppe, U. (Hrsg.) Entwicklung von Expertensystemen: Eine Einführung, Wiesbaden: Gabler, S. 9-31.

Welge, M.K., 1988. Controlling, Stuttgart: Poeschel.

Wengert, H. & Schittenhelm, F.A., 2013. Corporate Risk Management, Berlin et al.: Springer.

Wesseler, M., 2012. Entscheidungstheorie: Von der klassischen Spieltheorie zur Anwendung kooperativer Konzepte, Wiesbaden: Gabler.

White, D., 1995. Application of systems thinking to risk management: a review of the literature, in: Management Decision, 33(10), S. 35-45.

Wild, J.J. & Wild, K.L., 2012. International Business: The Challenge of Globalization, Harlow: Pearson Education Ltd.

Wildemann, H., 2006. Risikomanagement und Rating, München: TCW Transfer-Centrum.

Winter, P., 2008. Standards im Risikomanagement, in: Romeike, F. (Hrsg.) Rechtliche Grundlagen des Risikomanagements: Haftungs- und Strafvermeidung für Corporate Compliance, Berlin: Erich Schmidt, S. 71-100.

Wißler, F.E., 2006. Ein Verfahren zur Bewertung technischer Risiken in der Phase der Entwicklung komplexer Serienprodukte, Heimsheim: IPA-IAO-Forschung und Praxis.

Witte, T., 1989. Implementierung von Planungstechniken, in: Szyperski, N. (Hrsg.) Handwörterbuch der Planung, Stuttgart: Poeschel, Sp. 655-665.

Wittmann, E., 2000. Integriertes Risikocontrolling im Konzern, in: Horváth, P. (Hrsg.) Strategische Steuerung: Erfolgreiche Konzepte und Tools in der Controllingpraxis, Stuttgart: Schäffer-Poeschel, S. 285-295.

Wloka, M., 2012. Leitfaden zur Auditierung von Managementsystemen: Kommentar zur DIN EN ISO 19011: Änderungen gegenüber der DIN EN ISO 19011:2002, Berlin et al.: Beuth.

Wrona, T., 2005. Die Fallstudienanalyse als wissenschaftliche Forschungsmethode, in: ESCP-EAP Working Paper Series, Nr. 10, Berlin: Europäische Wirtschaftshochschule (ESCP-EAP).

Yin, R.K., 2003. Case study research: design and methods, Thousand Oaks et al.: SAGE.

Yoon, K.P., Hwang, C.-L., 1995. Multiple Attribute Decision Making: An Introduction, Thousand Oaks et al.: SAGE.

Zeyer, U., 1996. Implementierungsmanagement: Ein konzeptioneller Ansatz am Beispiel der Implementierung von Lean Management, München et al.: Rainer Hampp.

Ziegenbein, A., 2007. Supply Chain Risiken: Identifikation, Bewertung und Steuerung, Zürich: Vdf Hochschulverlag.

Zirkler, B., Weiss, M., Scharrer, C., 2008. Risikomanagement im Anlagengeschäft und dessen besondere Bedeutung bei dem Einsatz von Produktplattformen, in: Controlling, 20(1), S. 13–21.

Zsidisin, G.A., 2003. Managerial Perceptions of Supply Risk, in: The Journal of Supply Chain Management: A Global Review of Purchasing and Supply, 39(1), S. 14-25.

Zsidisin, G.A. & Smith, M.E., 2005. Managing supply risk with early supplier involvement: a case study and research propositions, in: The Journal of Supply Chain Management, 41(4), S. 44-57.

Zsidisin, G.A., Ellram, L.M., Carter, J.R., Cavinato, J.L., 2004. An analysis of supply risk assessment techniques, in: International Journal of Physical Distribution & Logistics Management, 34(5), S. 397-413.

Gesetze

Aktiengesetz (AktG), vom 06.09.1965, zuletzt geändert durch Art. 26 des Gesetzes vom 23.07.2013 (Bundesgesetzblatt Teil I, S. 2586).

Bundesdatenschutzgesetz (BDSG), vom 14.01.2003, zuletzt geändert durch Art. 1 des Gesetzes vom 14.08.2009 (Bundesgesetzblatt Teil I, S. 2814).

Bürgerliches Gesetzbuch (BGB), neugefasst vom 02.01.2002, zuletzt geändert durch Art. 4 Abs. 5 des Gesetzes vom 01.10.2013 (Bundesgesetzblatt Teil I, S. 3719).

Gesetz betreffend die Gesellschaften mit beschränkter Haftung (GmbHG), vom 20.04.1892, zuletzt geändert durch Art. 27 des Gesetzes vom 23.07.2013 (Bundesgesetzblatt Teil I, S. 2586).

Gesetz für den Ausbau erneuerbarer Energien (Erneuerbare-Energien-Gesetz – EEG), vom 21.07.2014, zuletzt geändert durch Art. 4 des Gesetzes vom 22.07.2014 (Bundesgesetzblatt Teil I, S. 1218).

Gesetz gegen unlauteren Wettbewerb (UWG), vom 03.03.2010, zuletzt geändert durch Art. 6 des Gesetzes vom 01.10.2013 (Bundesgesetzblatt Teil I, S. 3714).

Gesetz über die Haftung für fehlerhafte Produkte (Produkthaftungsgesetz – ProdHaftG), vom 15.12.1989, zuletzt geändert durch Art. 9 Abs. 3 des Gesetzes vom 19.07.2002 (Bundesgesetzblatt Teil I, S. 2674).

Gesetz über Medizinprodukte (Medizinproduktegesetz – MPG), vom 02.08.1994, zuletzt geändert durch das Gesetz vom 19.10.2012 (Bundesgesetzblatt Teil I, S. 2192).

Handelsgesetzbuch (HGB), vom 10.05.1897, zuletzt geändert durch Art. 1 des Gesetzes vom 04.10.2013 (Bundesgesetzblatt Teil I, S. 3746).

Strafgesetzbuch (StGB), vom 13.11.1998, zuletzt geändert durch Art. 5 Abs. 18 des Gesetzes vom 10.10.2013 (Bundesgesetzblatt Teil I, S. 3799).

Lebenslauf

Name	Feser
Vorname	Max
Geburtsdatum	02.01.1983
Geburtsort, -land	Hamburg, Deutschland
08.1989 – 07.1993	Ludwig-Frahm-Schule in Hamburg
08.1993 – 06.2002	Heinrich Heine Gymnasium in Hamburg
10.2002 – 07.2003	Zivildienst in Hamburg
10.2003 – 09.2009	Studium am Karlsruher Institut für Technologie Abschluss: Dipl.-Wi.-Ing.
01.2010 – 12.2014	Berufstätigkeit am Institut für Logistik und Unternehmensführung an der Technischen Universität Hamburg-Harburg
02.2015 – heute	Berufstätigkeit bei der Contrium Consulting AG in Hamburg

SUPPLY CHAIN, LOGISTICS AND OPERATIONS MANAGEMENT

Herausgegeben von Prof. Dr. Dr. h. c. Wolfgang Kersten, Hamburg

Band 16
Wolfgang Kersten, Thorsten Blecker and Christian M. Ringle (Eds.)
Sustainability and Collaboration in Supply Chain Management – A Comprehensive Insight into Current Management Approaches
Lohmar – Köln 2013 • 396 S. • € 66,- (D) • ISBN 978-3-8441-0266-6

Band 17
Thorsten Blecker, Wolfgang Kersten and Christian M. Ringle (Eds.)
Pioneering Solutions in Supply Chain Performance Management – Concepts, Technologies and Applications
Lohmar – Köln 2013 • 340 S. • € 63,- (D) • ISBN 978-3-8441-0267-3

Band 18
Insa Mareen Wente
Supply Chain Risikomanagement: Umsetzung, Ausrichtung und Produktpriorisierung – Eine explorative Analyse am Beispiel der Automobilindustrie
Lohmar – Köln 2013 • 240 S. • € 56,- (D) • ISBN 978-3-8441-0271-0

Band 19
Nikolaus Christian Wagenstetter
Nutzung von Analogien für die Entwicklung von Logistikinnovationen – Konzeption eines Vorgehens zur Anwendung von Analogien in der Logistik
Lohmar – Köln 2015 • 304 S. • € 59,- (D) • ISBN 978-3-8441-0414-1

Band 20
Henning Skirde
Kostenorientierte Bewertung modularer Produktarchitekturen
Lohmar – Köln 2015 • 256 S. • € 57,- (D) • ISBN 978-3-8441-0424-0

Band 21
Max Feser
Entwicklung eines Modells zur situationsadäquaten Implementierung von Supply Chain Risikomanagement
Lohmar – Köln 2015 • 252 S. • € 57,- (D) • ISBN 978-3-8441-0432-5